設計技術シリーズ

磁気浮上技術の原理と応用

一般社団法人 電気学会
磁気浮上技術調査専門委員会 編

Principles and Applications of Magnetic Levitation Technology
- Magnetic Levitation Systems and Magnetic Bearings -

Edited by
The Magnetic Levitation Technical Investigating R&D Committee
The Institute of Electrical Engineers of Japan

科学情報出版株式会社

まえがき

　物体を非接触で浮かせるということは長年の人類の夢であった．20世紀前半には磁気の作用で物体を浮かせる磁気浮上のアイデアはすでに出されていたが，安定して浮かせ続けるために必要な材料，素子，制御などの要素技術が実現していなかった．その後20世紀後半に磁気浮上に必要な技術が実現し，一気に様々な研究が行われるようになった．

　電気学会産業応用部門において1988年に磁気浮上を初めて専門に扱う「磁気浮上方式調査専門委員会（松村委員長）」が発足した．そして1993年「磁気浮上と磁気軸受」として本にまとめられた．この本は磁気浮上技術に携わる人の必読書となってきたが，発刊から20年以上経ち，その間，多くの技術革新がなされてきた．そこで，磁気浮上関係の初代から数えて13代目の委員会である「磁気浮上技術調査専門委員会」において磁気浮上技術についての本の出版をする運びとなった．新しく本を出版するにあたり，本書が大学の4回生から大学院生，企業で磁気浮上に携わり始めた技術者に必要な知識を提供することを目的とした．まず，磁気浮上の原理の理解に必要な電気工学，機械工学の基礎事項をまとめ，それをふまえて磁気浮上の理論を示した．そして委員会で調査を行った磁気浮上応用技術について解説を行った．さらに実際にシステムを設計する技術者のためにシステムの設計手法および実際の設計例の紹介について書かれている．

　本書が磁気浮上に関係する技術者の助けとなり，研究開発の発展に寄与することを願って締めくくらせて頂きたい．

　注：本書は多くの著者によって執筆されているため，著者の技術分野の慣用の違いから，ほぼ同じ意味でも異なる用語が使われている場合がある．また，数式に使用する記号についても内容が電気，機械，制御などの分野にわたるため統一表記が難しい．よって，数式の記号については原則として各節の中で定義している．

2018年3月

大橋　俊介

磁気浮上技術調査専門委員会構成 （委員は五十音順）

委　員　長	大橋　俊介	（関西大学）
幹　　　事	栗田　伸幸	（群馬大学）
同	長谷川　均	（鉄道総研）
幹事補佐	杉元　紘也	（東京工業大学）
同	丸山　裕	（東芝）
委　　　員	朝間　淳一	（静岡大学）
同	小豆澤照男	（ティー・エイ・ラボ）
同	上野　哲	（立命館大学）
同	大崎　博之	（東京大学）
同	大島　政英	（諏訪東京理科大学）
同	大路　貴久	（富山大学）
同	岡　宏一	（高知工科大学）
同	小沼　弘幸	（茨城工業高等専門学校）
同	柿木　稔男	（崇城大学）
同	桑田　厳	（IHI）
同	小森　望充	（九州工業大学）
同	坂本　茂	（日立製作所）
同	軸丸　武弘	（IHI）
同	進士　忠彦	（東京工業大学）
同	杉浦　壽彦	（慶應義塾大学）
同	鈴木　晴彦	（福島工業高等専門学校）
同	竹本　真紹	（北海道大学）
同	田中　慶一	（日立ハイテクノロジーズ）
同	千葉　明	（東京工業大学）
同	成田　正敬	（東海大学）
同	土方規実雄	（東京都市大学）
同	増澤　徹	（茨城大学）
同	水野　毅	（埼玉大学）
同	森下　明平	（工学院大学）
同	山本　雅之	（エドワーズ）
途中退任		
委　　　員	遠嶋　成文	（IHI）

編集幹事および執筆者一覧

編集幹事

大橋　俊介　　　　栗田　伸幸

長谷川　均　　　　杉元　紘也

丸山　裕

執筆者（各章五十音順，○：章幹事）

第1章　　小豆澤照男　　　○大橋　俊介

第2章　　上野　哲　　　　坂本　茂　　　　杉元　紘也
　　　　　　　水野　毅　　　○森下　明平

第3章　　上野　哲　　　　大路　貴久　　　大橋　俊介
　　　　　○岡　　宏一　　　　長谷川　均　　　成田　正敬
　　　　　　　水野　毅　　　　森下　明平　　　山本　雅之

第4章　　上野　哲　　　　大路　貴久　　　岡　　宏一
　　　　　　　柿木　稔男　　　栗田　伸幸　　　進士　忠彦
　　　　　　　鈴木　晴彦　　○長谷川　均　　　増澤　徹
　　　　　　　水野　毅　　　　森下　明平　　　山本　雅之

第5章　○朝間　淳一　　　大島　政英　　　千葉　明
　　　　　　　長谷川　均　　　土方規実雄

第6章　　小沼　弘幸　　　桑田　厳　　　○坂本　茂
　　　　　　　進士　忠彦　　　杉浦　壽彦　　　杉元　紘也
　　　　　　　丸山　裕　　　　森下　明平

— VII —

目　　次

第1章　磁気浮上とは

1.1　磁気浮上から磁気支持へ ･･････････････････････････････ 3

1.2　学会での取組み経緯 ･･････････････････････････････････ 5

1.3　本書の構成学会 ･･････････････････････････････････････ 7

参考文献 ･･ 8

第2章　磁気浮上・磁気軸受の基礎理論

2.1　電磁力 ･･ 11

2.2　線形制御理論 ･･････････････････････････････････････ 22

　2.2.1　状態方程式 (state equation) ･･････････････････ 22

　2.2.2　可制御性 (controllability) ･･････････････････ 26

　2.2.3　可観測性 (observability) ･･････････････････ 27

　2.2.4　極配置 (pole assignment) ･･････････････････ 32

　2.2.5　最適レギュレータ (optimal regulator) ･･････････ 35

　2.2.6　オブザーバ (observer) ･･････････････････････ 36

　2.2.7　サーボ系 ･･････････････････････････････････ 40

　2.2.8　積分形最適レギュレータ ･･････････････････････ 41

　2.2.9　H_∞制御 ･･････････････････････････････････ 42

2.3　ベクトル制御のための座標変換 ････････････････････ 46

　2.3.1　三相量の空間ベクトル表示 ･･････････････････ 46

　2.3.2　三相－二相変換 (αβ 変換) ･･････････････････ 47

　2.3.3　回転座標変換 (dq 変換) ････････････････････ 48

　2.3.4　二相巻線モデルおよびインダクタンス行列 ････ 49

　2.3.5　d 軸電流による軸方向力発生のメカニズム ･･･ 52

　2.3.6　d 軸電流により発生する軸方向力の一般式の導出 ･･･ 53

2.4　機械振動の基礎 ････････････････････････････････ 55

－ IX －

目次

2.4.1　振動で重要な概念‥‥‥‥‥‥‥‥‥‥‥‥‥‥‥ 55

2.4.2　1自由度系‥‥‥‥‥‥‥‥‥‥‥‥‥‥‥‥‥‥ 56

2.4.3　多自由度系 ‥‥‥‥‥‥‥‥‥‥‥‥‥‥‥‥‥ 59

2.4.4　モード解法 ‥‥‥‥‥‥‥‥‥‥‥‥‥‥‥‥‥ 61

2.4.5　回転体の振動 ‥‥‥‥‥‥‥‥‥‥‥‥‥‥‥‥ 62

2.4.6　振動問題解決に重要な手法‥‥‥‥‥‥‥‥‥‥‥ 67

参考文献‥‥‥‥‥‥‥‥‥‥‥‥‥‥‥‥‥‥‥‥‥‥‥‥ 70

第3章　磁気浮上の理論と分類

3.1　電磁力発生機構と能動形磁気浮上・磁気軸受機構の基礎理論 ‥‥ 75

3.1.1　磁気力の制御方式‥‥‥‥‥‥‥‥‥‥‥‥‥‥ 75

3.1.2　安定問題と浮上制御理論 ‥‥‥‥‥‥‥‥‥‥‥ 80

3.1.3　磁気軸受における制御理論 ‥‥‥‥‥‥‥‥‥‥ 94

3.1.4　柔軟構造体の解析と浮上制御 ‥‥‥‥‥‥‥‥‥106

3.2　吸引制御方式（EMS）‥‥‥‥‥‥‥‥‥‥‥‥‥‥‥109

3.2.1　電磁石式 ‥‥‥‥‥‥‥‥‥‥‥‥‥‥‥‥‥109

3.2.2　永久磁石併用式 ‥‥‥‥‥‥‥‥‥‥‥‥‥‥117

3.3　永久磁石変位制御方式 ‥‥‥‥‥‥‥‥‥‥‥‥‥‥128

3.3.1　ギャップ制御形吸引力制御機構を用いた磁気浮上機構‥‥‥128

3.3.2　ギャップ制御形反発力制御機構を用いた磁気浮上機構‥‥‥131

3.3.3　回転形モータを利用した磁路制御形磁気浮上機構‥‥‥‥‥131

3.4　誘導方式の理論と分類 ‥‥‥‥‥‥‥‥‥‥‥‥‥‥134

3.4.1　コイル軌道方式 ‥‥‥‥‥‥‥‥‥‥‥‥‥‥135

3.4.2　シート軌道方式 ‥‥‥‥‥‥‥‥‥‥‥‥‥‥143

3.5　渦電流併用方式 ‥‥‥‥‥‥‥‥‥‥‥‥‥‥‥‥‥145

3.6　高温超電導方式 ‥‥‥‥‥‥‥‥‥‥‥‥‥‥‥‥‥151

3.6.1　超電導現象 ‥‥‥‥‥‥‥‥‥‥‥‥‥‥‥‥151

3.6.2　超電導体の種類 ‥‥‥‥‥‥‥‥‥‥‥‥‥‥151

3.6.3　マイスナー効果 ‥‥‥‥‥‥‥‥‥‥‥‥‥‥152

3.6.4　ピン止め浮上　‥‥‥‥‥‥‥‥‥‥‥‥‥‥‥‥‥‥152

参考文献　‥‥‥‥‥‥‥‥‥‥‥‥‥‥‥‥‥‥‥‥‥‥‥‥‥‥‥154

第4章　磁気回路専用形

4.1　回転形　‥‥‥‥‥‥‥‥‥‥‥‥‥‥‥‥‥‥‥‥‥‥‥‥163

4.1.1　1自由度能動制御磁気軸受　‥‥‥‥‥‥‥‥‥‥‥163

4.1.2　弾性ロータの制御　‥‥‥‥‥‥‥‥‥‥‥‥‥‥‥167

4.1.3　血液ポンプへの応用　‥‥‥‥‥‥‥‥‥‥‥‥‥‥171

4.1.4　ターボ分子ポンプへの応用　‥‥‥‥‥‥‥‥‥‥176

4.2　平面形　‥‥‥‥‥‥‥‥‥‥‥‥‥‥‥‥‥‥‥‥‥‥‥181

4.2.1　EMS浮上式鉄道（HSST）　‥‥‥‥‥‥‥‥‥‥‥181

4.2.2　磁気浮上式搬送機　‥‥‥‥‥‥‥‥‥‥‥‥‥‥‥183

4.2.3　XYステージ他　‥‥‥‥‥‥‥‥‥‥‥‥‥‥‥‥188

4.2.4　渦電流を用いた振動減衰　‥‥‥‥‥‥‥‥‥‥‥189

4.2.5　磁束集束を利用した磁路制御式磁気浮上機構　‥‥‥191

4.2.6　永久磁石による薄板鋼板の振動抑制　‥‥‥‥‥‥196

4.2.7　反磁性材料の磁気支持と磁気回路　‥‥‥‥‥‥‥197

参考文献　‥‥‥‥‥‥‥‥‥‥‥‥‥‥‥‥‥‥‥‥‥‥‥‥‥202

第5章　磁気回路兼用形

5.1　回転形　－ベアリングレスモータの原理・制御概要・座標変換－　‥209

5.1.1　ベアリングレスモータの定義と基本原理　‥‥‥‥‥209

5.1.2　誘導機形ベアリングレスモータ　‥‥‥‥‥‥‥‥‥215

5.1.3　永久磁石形ベアリングレスモータ　‥‥‥‥‥‥‥220

5.1.4　同期リラクタンス形ベアリングレスモータ　‥‥‥‥232

5.1.5　ホモポーラ形・コンシクエントポール形ベアリングレスモータ‥236

5.2　平面運動　‥‥‥‥‥‥‥‥‥‥‥‥‥‥‥‥‥‥‥‥‥‥244

5.2.1　EDS浮上式鉄道（JRマグレブ），EMS（トランスラピッド）‥‥244

目次

　　5.2.2　搬送機応用、薄板鋼板浮上搬送 ･････････････････････ 248

参考文献 ･･･ 251

第6章　実機設計・製作のための解析と応用

6.1　電磁構造連成 ･･･････････････････････････････････････ 257

　6.1.1　解析方法 ･･････････････････････････････････････ 257

　6.1.2　解析結果 ･･････････････････････････････････････ 260

　6.1.3　磁気剛性 ･･････････････････････････････････････ 262

　6.1.4　磁気減衰 ･･････････････････････････････････････ 262

　6.1.5　振動解析方法 ･････････････････････････････････ 266

　6.1.6　本節のまとめ ･････････････････････････････････ 268

6.2　非線形振動 ･･･ 269

　6.2.1　磁気力の非線形特性とそれに起因する振動特性 ･･･････ 269

　6.2.2　主共振ピークの傾き ･･･････････････････････････ 270

　6.2.3　分調波共振と高調波共振 ･･･････････････････････ 271

　6.2.4　係数励振とオートパラメトリック共振 ･･･････････ 272

　6.2.5　結合共振 ･･････････････････････････････････････ 275

　6.2.6　内部共振 ･･････････････････････････････････････ 276

　6.2.7　非線形共振を考慮した設計の必要性 ･････････････ 278

6.3　磁気浮上系の設計例, 制御系 ･････････････････････････ 279

　6.3.1　設計モデル ････････････････････････････････････ 279

　6.3.2　電流制御形と電圧制御形 ･･･････････････････････ 280

　6.3.3　電磁解析による電磁石設計 ･････････････････････ 282

　6.3.4　ゼロパワー制御系の設計 ･･･････････････････････ 283

　6.3.5　実機評価 ･･････････････････････････････････････ 284

　6.3.6　制御系設計時に注意する基本的事項 ･････････････ 284

6.4　エレベータ非接触案内装置の制御系と設計 ･････････････ 287

　6.4.1　制御対象 ･･････････････････････････････････････ 287

　6.4.2　安定化制御 ････････････････････････････････････ 291

－ XII －

6.4.3　機械系共振対策　‥‥‥‥‥‥‥‥‥‥‥‥‥‥293
　　　6.4.4　実機エレベータの案内特性　‥‥‥‥‥‥‥‥‥297
　　6.5　血液ポンプの設計例　‥‥‥‥‥‥‥‥‥‥‥‥‥‥‥301
　　　6.5.1　血液ポンプ　‥‥‥‥‥‥‥‥‥‥‥‥‥‥‥‥301
　　　6.5.2　体内埋め込み形血液ポンプ用磁気軸受の設計　‥‥‥‥302
　　　6.5.3　磁気軸受を用いた体内埋め込み形血液ポンプの試作例‥‥303
　　　6.5.4　体外設置形血液ポンプ用磁気軸受の設計　‥‥‥‥‥305
　　　6.5.5　磁気軸受を用いた体外設置形血液ポンプの試作例‥‥‥306
　　　6.5.6　ベアリングレスモータを用いた血液ポンプの設計例‥‥307
　　6.6　ベアリングレスドライブの設計例　‥‥‥‥‥‥‥‥‥310
　　　6.6.1　コンシクエントポール形ベアリングレスモータの
　　　　　　基本構造と動作原理‥‥‥‥‥‥‥‥‥‥‥‥‥310
　　　6.6.2　固定子，回転子および巻線の設計　‥‥‥‥‥‥‥311
　　　6.6.3　制御システムの構成と原理　‥‥‥‥‥‥‥‥‥316
　　　6.6.4　ドライブ方式，インバータ結線　‥‥‥‥‥‥‥317
　　　6.6.5　干渉を考慮したダイナミクスのモデル化とコントローラの設計‥318
　　　6.6.6　製作例・実験方法‥‥‥‥‥‥‥‥‥‥‥‥‥‥320
　　6.7　磁気浮上式フライホイールの設計例　‥‥‥‥‥‥‥‥323
　　　6.7.1　エネルギー貯蔵に用いられるフライホイール　‥‥‥323
　　　6.7.2　機械式二次電池の設計‥‥‥‥‥‥‥‥‥‥‥‥323
　　　6.7.3　機械式二次電池の試作と評価　‥‥‥‥‥‥‥‥328
　　6.8　本章のまとめ　‥‥‥‥‥‥‥‥‥‥‥‥‥‥‥‥‥334
参考文献‥‥‥‥‥‥‥‥‥‥‥‥‥‥‥‥‥‥‥‥‥‥‥‥336

索引　‥‥‥‥‥‥‥‥‥‥‥‥‥‥‥‥‥‥‥‥‥‥342

第 1 章
磁気浮上とは

1.1 磁気浮上から磁気支持へ

「磁気浮上」は物体が非接触で支持される現象である．Magnet（ic）の「Mag」は Magic，Levitation は摩訶不思議な浮遊現象に由来する言葉である．昔々あるところで，地中から発掘された着磁物質が鉄粉や鉄鉱石に吸着したり，着磁物質同士で反発したりする現象を見出した先人が，霊能者よろしく手を触れずに物体を移動させる「手品」を見せていたのではないかと推測される．

古代より，ギリシャ人やローマ人は天然の磁石が鉄を引き付ける現象を知っていたが，その後何世紀もの間，磁気的現象は摩訶不思議なものであった．磁気的現象を最初に体系的に考察したのは，1600 年にウィリアム・ギルバートが発表した著書「磁石について」だと言われている[(1.1)]．

この書籍は，ガリレオに影響し，磁鉄鉱の天然磁石の極に鉄の板を吸着させた，ガリレオ作とされる装置がフィレンツェのガリレオ博物館に所蔵されているとのことである．19 世紀に入ると，1831 年にファラデーが電磁誘導現象を発見，鉄の心棒にコイルを巻いて検流計に接続し，鉄心の両端に棒磁石を近づけたり離したりすることでコイルに電流が流れること，さらに，コイルの中心部に永久磁石を出し入れすることでもコイルに電流が流れることを発表した．その後，マクスウェルがファラデーの電場と磁場の概念を定式化して電磁気学を確立した[(1.2)]．

電磁気学の進展に応じて，永久磁石あるいは電磁石と鉄心間に作用する電磁力の解析手法が確立し，電磁石の電流を制御して強磁性体に吸引力を作用させる技術は電磁弁やアクチュエータとして実用化されてきた．

電磁力の作用方向を鉛直にして可動体もしくは電磁石の自重相当の電磁力を発生させて浮上させようという試みは，制御工学という概念が認知され，電磁石電流を制御して鉄球を吊り下げるという制御系の安定化問題として発展し，実用化が検討される段階になったと考えられる．1930 年代になると，ドイツで常電導吸引式磁気浮上とリニア同期モータを組み合わせた磁気浮上式鉄道が提案されている．その後，電力変換器技術や大電力用の高速スイッチング素子が開発されるに至って，移動

－ 3 －

第1章 磁気浮上とは

体支持装置の摩擦低減のための非接触支持手法として実用システムの開発が進められた．2005 年には，ドイツが開発した吸引制御式の磁気浮上高速鉄道が上海空港アクセスとして開業し，国内でも愛知万博会場アクセスとしてリニモ（愛知高速鉄道東部丘陵線）が開業した．

　一方，超電導技術の進展により超高速鉄道向けの誘導反発式磁気浮上システムの開発が進められた．高速鉄道を指向した誘導反発式磁気浮上システムは，1960 年代に米国で提案されたが，ほぼ同時期に研究をスタートさせた旧国鉄による超電導磁気浮上式鉄道の開発が東海旅客鉄道に引き継がれ，山梨実験線での走行実験を経て，2014 年に東京－名古屋間の開業に向けて建設が始まっている．また，1986 年の高温超電導フィーバーを端緒に，酸化物超電導体の磁束のピン止め現象を応用したシステムの提案が盛んに行われたが，その後はフライホイール用磁気軸受としての開発がすすめられている．

　希土類磁石など永久磁石の高性能化や制御技術の進展により，制御用電磁石と併用した複合磁石による省エネルギーの磁気浮上システムや磁気軸受システム，更には，磁気軸受と回転モータを共用するベアリングレスモータ，防振・制振装置などの実用化開発が進められている．

　このように，物体を電磁力により非接触で支持する磁気浮上システムは，移動体や回転体の機械的支持機構における摩擦摩耗の問題を解消するだけでなく，防振や衝撃吸収も可能にする磁気支持システムへと発展した．更には，磁気浮上地球儀，磁気浮上コマ，磁気浮上スピーカー，永久磁石で再現した JR マグレブの模型などが商品化されており，摩訶不思議な磁気浮遊システムをも具現化できる磁気支持技術が確立したと言えよう．

- 4 -

1.2 学会での取組み経緯

電気学会における磁気浮上関連技術の調査活動は，当初，電力・エネルギー部門（B部門）のマグネティクス技術委員会が中心となって進められた．すなわち，1980年に同技術委員会の傘下に磁気アクチュエータ調査専門委員会が発足，1983年にリニア電磁アクチュエータ調査専門委員会，1986年にリニア電磁駆動システム調査専門委員会と改称して調査活動が続けられてきた．

1988年4月，産業応用部門（D部門）にリニアドライブ技術委員会が発足し，傘下に磁気浮上方式調査専門委員会（初代MLV委員会：松村委員長）が発足，後継委員会として1990年に発足した磁気浮上応用技術調査専門委員会と合わせた4年間の調査成果をまとめた単行本「磁気浮上と磁気軸受」を発刊した．その後も現在に至るまで，2年から3年毎に調査対象を絞り込みながら調査活動を継続実施している．（表1.1参照）

〔表1.1〕電気学会における磁気浮上技術調査活動の変遷

設置年度	委員会名称	委員長（所属：当時）
1980	磁気アクチュエータ調査専門委員会	山田 一（信州大学）
1983	リニア電磁アクチュエータ調査専門委員会	山田 一（信州大学）
1986	リニア電磁駆動システム調査専門委員会	正田 英介（東京大学）
1988	磁気浮上方式調査専門委員会	松村 文夫（金沢大学）
1990	磁気浮上応用技術調査専門委員会	松村 文夫（金沢大学）
1992	磁気浮上システム技術調査専門委員会	小豆澤 照男（東芝）
1994	磁気浮上技術産業応用調査専門委員会	小豆澤 照男（東芝）
1996	磁気浮上実用化技術調査専門委員会	大熊 繁（名古屋大学）
1998	磁気浮上系における非線形技術調査専門委員会	引原 隆士（京都大学）
2000	磁気浮上系における連成問題調査専門委員会	引原 隆士（京都大学）
2002	磁気支持応用機器におけるダイナミクス調査専門委員会	村井 敏昭（東海旅客鉄道）
2004	磁気支持応用機器の高機能化協同研究委員会	村井 敏昭（東海旅客鉄道）
2006	磁気支持応用における電気・機械システム技術調査専門委員会	森下 明平（東芝）
2008	環境調和型磁気支持応用技術調査専門委員会	森下 明平（東芝）
2011	環境調和型磁気支持応用技術の体系化調査専門委員会	大橋 俊介（関西大学）
2014	磁気浮上技術調査専門委員会（2017年10月終了）	大橋 俊介（関西大学）

第1章　磁気浮上とは

　調査専門委員会活動における調査研究の成果として，単行本や技術報告書の発行，電気学会全国大会や産業応用部門大会におけるシンポジウム，産業応用フォーラム，講習会などを実施している．

　安定な磁気浮上システムを実現するには，非接触で支持される物体の機械的な特性や性能をも考慮した制御システムを設計する必要がある．1988年の磁気浮上方式調査専門委員会発足以来，機械系の研究者や技術者にも調査専門委員会の委員として加わってもらい，情報交換を実施してきた．1989年には，機械学会と電気学会合同で電磁力関連のダイナミクスシンポジウムを立ち上げ，日本AEM学会を加えて現在に至るまで，電気・機械技術者相互の交流を図っている．

　磁気浮上関係の国際学会としては1977年に第1回Maglev conferenceがアメリカ合衆国で開催され，ほぼ2年おきに様々な国で開催されている．1995年にはリニアドライブ技術委員会の呼びかけで，第1回産業用リニアドライブ国際シンポジウム（International symposium on Linear Drives for Industrial Applications：LDIA）が開催され，日本，米国，欧州，アジア地域の研究者が集まって相互の研究成果について情報交換している．当初，1995年長崎，1998年東京，2001年長野と日本で国際学会としての実績を作り，現在に至るまで，概ね2年毎に欧・米・アジア地域（日本は2005年兵庫，2017年大阪）の持ち回りで開催されている．

　なお，2001年発行の電気工学ハンドブック第6版から「磁気浮上」が一つの章として格上げされたことは，この時期になって，磁気浮上技術の重要性が評価されたことを示すものと言える．

1.3　本書の構成学会

　本書は電気系，機械系双方の大学院生や研究者，技術者が磁気浮上技術について学び，実際のシステム製作に応用できる助けになることを目的としている．このコンセプトから本書は大きく

① 電気工学，機械工学の基礎事項をまとめた教科書的な部分
② 実際の磁気浮上・磁気軸受応用技術についての解説の部分
③ 実際に磁気浮上システムを設計する上で重要な事項について具体的な設計例をあげて説明する部分

の3つから構成されている．

　まず2章では磁気浮上の理解に最低限必要な電気工学および機械工学の基本事項をまとめた．磁気浮上は電気系と機械系の相関が強いため，電気系の技術者は機械の基礎を，機械系の技術者は電気の基礎を確認して欲しい．次に3章においては磁気浮上の理論をまとめた．磁気力の理論および制御方法，さらには様々な浮上方式についてまとめられている．4章および5章は磁気浮上・磁気軸受の応用技術について述べられている．ここでは専用の磁気回路を持つシステムと磁気回路を兼用しているシステムを大きく2つに分類し，解説を行っている．6章は実際のシステム設計に役立つ内容が書かれている．今まで，技術者から磁気浮上の本を読んで実際に自分で作ろうとしてもうまくいかない，という声が多く聞かれた．本章では実際にシステムを設計して製作している側から設計の基本，理論だけでは分からない実際に製作する上で注意すべきことなどのノウハウが実際にある装置の設計を例に述べられている．

第1章　磁気浮上とは

【参考文献】

[1.1] ガリレオ博物館ホームページ：http://www.museogalileo.it/

[1.2] 高野義郎「ヨーロッパ科学史の旅」，NHK ブックス，昭和 63 年

第 2 章
磁気浮上・磁気軸受の基礎理論

磁力を使って物体を非接触支持する場合，吸引力とその制御が必須となる．物体を非接触で支持するということは，非接触支持する対象物に対して電磁力を作用させ，これを設計者が意図したとおりに運動させることを意味している．本章では，電磁力の求め方，その制御方法，電磁力の扱い方，電磁力が作用したときの対象物の振る舞いに焦点を当て，電磁力による非接触支持によく用いられる基礎理論をみていくことにする．

2.1　電磁力

　非接触支持する側とされる側に作用する電磁力は磁気エネルギーWを非接触支持される側の移動方向で偏微分して求めるのが一般的である．

　一般に所定の空間の体積をVとし，空間内の一点の磁界の強さをH，磁束密度をBとすると，その空間の磁気エネルギーは次式で与えられる．

$$W = \frac{1}{2}\int B \cdot H \, dV \quad \cdots\cdots\cdots\cdots\cdots\cdots\cdots\cdots\cdots\cdots\cdots\cdots\cdots\cdots \quad (2.1)$$

　ここで，議論を容易にするために，図2.1の常電導吸引式磁気浮上系を考える．この磁気浮上系では点線に沿った断面積Sの磁路を仮定し，

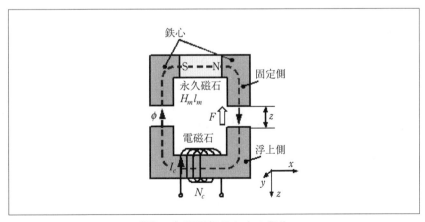

〔図2.1〕電磁気的な力の発生

≒ 第2章　磁気浮上・磁気軸受の基礎理論

磁路外に磁束は無いものとする．この磁路において，磁路の長さを l,
磁界の強さ $\boldsymbol{H}$ と磁束密度 $\boldsymbol{B}$ を磁路に沿ったベクトル量であるとすれば，
磁気エネルギーは次式となる．

$$W = \frac{1}{2}\int \boldsymbol{B} \cdot \boldsymbol{H}\, S\mathrm{d}l \quad\cdots\cdots\cdots\cdots\cdots\cdots\cdots\cdots\cdots\cdots\cdots\cdots\cdots\cdots \quad (2.2)$$

　永久磁石の磁極両端の長さを l_m, 同部の磁界の強さを $\boldsymbol{H}_p$, 鉄心部の
合計の磁路長を l_i, 同部の磁界の強さを $\boldsymbol{H}_i$, ギャップ長を z, 同部の磁
界の強さを $\boldsymbol{H}_z$ とすれば，式 (2.2) は

$$W = \frac{1}{2}\int \boldsymbol{B} \cdot \boldsymbol{H}_z\, S\mathrm{d}z \times 2 + \frac{1}{2}\int \boldsymbol{B} \cdot \boldsymbol{H}_p\, S\mathrm{d}l_m + \frac{1}{2}\int \boldsymbol{B} \cdot \boldsymbol{H}_i\, S\mathrm{d}l_i \quad (2.3)$$

となる．

　図 2.1 の磁気浮上系では電流 I_c が流れているのでその電源の供給エネ
ルギーを外部エネルギー W_o, 磁石間に働く力 F の仕事量を機械エネル
ギー W_f としてエネルギー保存則を適用すれば，所定のギャップ長にお
いて

$$W + W_f = W_o$$

が成立する．

　ここで，外部エネルギー W_o を一定としてわずかにギャップ長を変動
させた場合の場のエネルギー変動分 ΔW は次式を満たす．

$$\Delta W + F\Delta z = 0 \quad\cdots\cdots\cdots\cdots\cdots\cdots\cdots\cdots\cdots\cdots\cdots\cdots\cdots \quad (2.4)$$

　式 (2.3) 右辺の第 2 項，第 3 項は定数であることから，

$$F = -\frac{\partial W}{\partial z} = -BH_z S \quad\cdots\cdots\cdots\cdots\cdots\cdots\cdots\cdots\cdots\cdots\cdots \quad (2.5)$$

を得る．式 (2.5) を計算するには B と H_z を知る必要があるが，それに
は磁気回路の使用が簡便である．ここで，B と H_z は $\boldsymbol{B}$, $\boldsymbol{H}_z$ の大きさを

－ 12 －

表すスカラー量である．

永久磁石の起磁力は保磁力 H_m [A/m] と永久磁石の磁極両端の長さ l_m [m] の積 $H_m l_m$ で，鉄心に巻かれたコイルに流れる電流 I がつくる起磁力はコイルの巻回数を N として NI で表せる．磁気回路は電気回路のアナロジーであり，起磁力と電源電圧，磁束と電流，電気抵抗と磁気抵抗が対応する．部材の磁気抵抗 R_n は磁路断面積を S_n，部材の長さを l_n，透磁率を μ として，

$$R_n = \frac{l_n}{\mu S_n} \quad \cdots\cdots\cdots\cdots\cdots\cdots\cdots\cdots\cdots\cdots\cdots\cdots \quad (2.6)$$

と定義されており，磁気回路中の磁束を ϕ として次式が成立する．

$$H_m l_m + NI = R_n \phi$$

図 2.1 の磁気浮上系の磁気回路は図 2.2 となる．図中，R_g はギャップの磁気抵抗，R_i は鉄心部の磁気抵抗，R_m は永久磁石の磁気抵抗である．この磁気回路の磁束 ϕ と起磁力の間には電気回路の電圧方程式と同様に以下の関係が成立する．

$$N_c I_c + H_m l_m = (R_i + R_g + R_m)\phi \quad \cdots\cdots\cdots\cdots\cdots\cdots \quad (2.7)$$

ただし，N_c はコイルの巻回数，I_c はコイル電流である．ここで，図 2.1 の永久磁石と鉄心部の透磁率を同じ添え字を用いて，μ_m，μ_i で表すと，

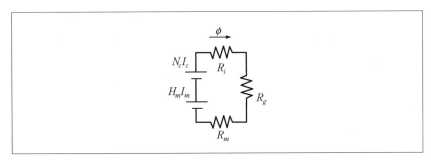

〔図 2.2〕磁気回路

第2章　磁気浮上・磁気軸受の基礎理論

真空の透磁率を μ_0 として各部の磁気抵抗は式 (2.6) より,

$$R_i = \frac{l_i}{\mu_i S}, \quad R_g = \frac{2z}{\mu_0 S}, \quad R_m = \frac{l_m}{\mu_m S}$$

となる.

式 (2.5) において磁束密度 B とギャップ中の磁界の強さ H_z には,

$$B = \mu_0 H_z$$

の関係があり, 式 (2.7) より,

$$\phi = \frac{N_c I_c + H_m l_m}{R_i + R_g + R_m} = \mu_0 S \frac{\left(H_m l_m + N_c I_c\right)}{\left(2z + \dfrac{\mu_0}{\mu_m} l_m + \dfrac{\mu_0}{\mu_i} l_i\right)} \qquad \cdots\cdots\cdots\cdots (2.8)$$

また, $\phi = BS$ であることを考慮すれば, 式 (2.5) の F は次式となる.

$$F = -\frac{\phi^2}{\mu_0 S} = -\mu_0 S \frac{\left(H_m l_m + N_c I_c\right)^2}{\left(2z + \dfrac{\mu_0}{\mu_m} l_m + \dfrac{\mu_0}{\mu_i} l_i\right)^2} \qquad \cdots\cdots\cdots\cdots (2.9)$$

式 (2.9) は磁気的な力 F がギャップ長とコイル電流の関数であることを示しており, 実験や磁場解析ソフトウェアで磁気浮上系の吸引力が離散的に得られた場合の近似式として活用できる. この場合, α, β, γ を未知数として

$$F = -\frac{\left(\beta N_c I_c + \gamma\right)^2}{\left(2z + \alpha\right)^2} \qquad \cdots\cdots\cdots\cdots\cdots\cdots\cdots\cdots (2.10)$$

で F を定式化し, 複数の実験値との誤差が最小となるように未定係数法を適用すればよい. 式 (2.10) を用いるとかなりの広範囲で精度のよい近似曲線を求めることができる. 永久磁石がない場合は $\gamma = 0$ とすればよい.

式 (2.9) を展開すると,

- 14 -

$$F = -\mu_0 S \frac{\left(H_m l_m\right)^2}{\left(2z + \dfrac{\mu_0}{\mu_m} l_m + \dfrac{\mu_0}{\mu_i} l_i\right)^2}$$

$$-2\mu_0 S \frac{\left(H_m l_m N_c I_c\right)}{\left(2z + \dfrac{\mu_0}{\mu_m} l_m + \dfrac{\mu_0}{\mu_i} l_i\right)^2} - \mu_0 S \frac{\left(N_c I_c\right)^2}{\left(2z + \dfrac{\mu_0}{\mu_m} l_m + \dfrac{\mu_0}{\mu_i} l_i\right)^2}$$

$$\cdots (2.11)$$

を得る．式 (2.11) 右辺の第1項は分子に永久磁石の起磁力しかないので，永久磁石が電磁石の鉄心を吸引する力，第2項は永久磁石の起磁力とコイルの起磁力の積になっているので，永久磁石の作る磁束とコイル電流で発生する吸引力，第3項はコイルの起磁力しかないので，電磁石コイルが可動子の鉄を引付ける力であると解釈できる．

したがって，電磁気的な力は次の3つの力に分けられる．

・磁気力：永久磁石と強磁性体（鉄など）との間に作用する力

・電磁力：磁束と電流の相互作用で発生する力

・リラクタンス力：電磁石と強磁性体（鉄など）との間に作用する力

後述するが，ローレンツ力の磁束密度に起因する力やフレミングの左手の法則で求まる力は電磁力に分類される．

次に，図 2.1 の仮定に基づいて式 (2.3) を変形する．

$$W = \frac{1}{2}\int \boldsymbol{B} \cdot \boldsymbol{H_z}\, S \mathrm{d}z \times 2 + \frac{1}{2}\int \boldsymbol{B} \cdot \boldsymbol{H_p}\, S \mathrm{d}l_m + \frac{1}{2}\int \boldsymbol{B} \cdot \boldsymbol{H_i}\, S \mathrm{d}l_i$$
$$= \frac{1}{2} BS\left(H_z\, 2z + H_p\, l_m + H_i\, l_i\right) \tag{2.12}$$

式 (2.12) にストークスの定理を適用すると，

$$W = \frac{1}{2}\phi\left(N_c I_c + H_m l_m\right) = \frac{1}{2}\mu_0 S \frac{\left(N_c I_c + H_m l_m\right)^2}{\left(2z + \dfrac{\mu_0}{\mu_m} l_m + \dfrac{\mu_0}{\mu_i} l_i\right)} \quad \cdots (2.13)$$

を得る．式 (2.13) は磁束と起磁力の積の2分の1が磁気エネルギーで

- 15 -

＝ 第2章　磁気浮上・磁気軸受の基礎理論

あることを示している.

　また，ϕ が式 (2.8) で表されることから式 (2.13) ではコイル電流 I_c が陽に記述される. さらに，永久磁石起磁力中の H_m は永久磁石が図 2.1 の磁気回路中に組み込まれる前の磁界の強さであることから，式 (2.13) は磁気エネルギー W に与えられた外部（電源）エネルギー W_o であると解釈できる. したがって，

$$W_o = \frac{1}{2}\mu_0 S \frac{(N_c I_c + H_m l_m)^2}{\left(2z + \dfrac{\mu_0}{\mu_m}l_m + \dfrac{\mu_0}{\mu_i}l_i\right)} \quad \cdots\cdots\cdots\cdots\cdots\cdots\cdots (2.14)$$

である. ここで，磁気エネルギー W を一定としてわずかにギャップ長を変動させた場合の場の外部エネルギーの変動分 ΔW_o はエネルギー保存則から次式を満たす.

$$0 + F\Delta z = \Delta W_o \quad \cdots\cdots\cdots\cdots\cdots\cdots\cdots\cdots\cdots (2.15)$$

　式 (2.15) から磁気的な力 F は

$$F = \frac{\partial W_o}{\partial z} \quad \cdots\cdots\cdots\cdots\cdots\cdots\cdots\cdots\cdots\cdots (2.16)$$

と記述できる. 式 (2.16) を計算すれば式 (2.9) に一致する.

　つまり，磁気的な力 F を求めるには，場のエネルギーを移動方向に偏微分して -1 を乗じるか，電源から供給されるエネルギー W_o を移動方向で偏微分すればよい.

　さらに，図 2.3 で示すように式 (2.13) で永久磁石の起磁力をコイルの起磁力 $N_c I_c$ で置き換えた場合を考える. N_c はコイルの巻き回数，I_c はコイル電流である. すると，式 (2.13) は

－ 16 －

$$W_o = \frac{1}{2}\phi(N_c I_c + N_{c'} I_{c'}) = \frac{1}{2}\mu_0 S \frac{(N_c I_c + N_{c'} I_{c'})^2}{\left(2z + \frac{\mu_0}{\mu_m}l_m + \frac{\mu_0}{\mu_i}l_i\right)}$$

$$= \frac{1}{2}\mu_0 S \frac{N_c^2}{\left(2z + \frac{\mu_0}{\mu_m}l_m + \frac{\mu_0}{\mu_i}l_i\right)} I_c^2 \qquad \cdots (2.17)$$

$$+ \mu_0 S \frac{N_c N_{c'}}{\left(2z + \frac{\mu_0}{\mu_m}l_m + \frac{\mu_0}{\mu_i}l_i\right)} I_c I_{c'} + \frac{1}{2}\mu_0 S \frac{N_{c'}^2}{\left(2z + \frac{\mu_0}{\mu_m}l_m + \frac{\mu_0}{\mu_i}l_i\right)} I_{c'}^2$$

式 (2.17) において L_c を電磁石コイルの自己インダクタンス，$M_{cc'}$ を電磁石コイルと永久磁石等価コイルの相互インダクタンス，$L_{c'}$ を等価コイルの相互インダクタンスとすれば

$$W_o = \frac{1}{2}L_c I_c^2 + M_{cc'} I_c I_{c'} + \frac{1}{2}L_{c'} I_{c'}^2 \qquad \cdots\cdots (2.18)$$

で表すことができる．したがって，磁気的な力 F は式 (2.17) の両辺を移動方向で偏微分して，

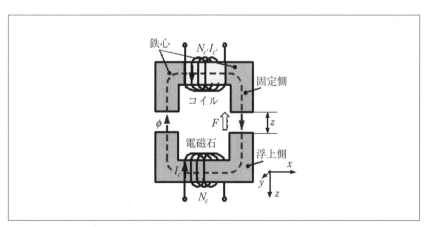

〔図 2.3〕コイルへの置換え

⊇ 第2章　磁気浮上・磁気軸受の基礎理論

$$F = \frac{\partial W_o}{\partial z} = \frac{1}{2}\frac{\partial L_c}{\partial z}I_c^{~2} + \frac{\partial M_{cc'}}{\partial z}I_c I_{c'} + \frac{1}{2}\frac{\partial L_{c'}}{\partial z}I_{c'}^{~2} \quad \cdots\cdots\cdots \text{(2.19)}$$

で計算できる．図2.3のように ϕ に漏れがなければ

$$\sqrt{L_c L_{c'}} = M_{cc'}$$

であり，所定のコイル電流とギャップ長に対する電磁石コイルの自己インダクタンスを測定すれば，N_c は既知であるので，

$$L_c = \mu_0 S \frac{N_c^{~2}}{\left(2z + \frac{\mu_0}{\mu_m}l_m + \frac{\mu_0}{\mu_i}l_i\right)} \quad \cdots\cdots\cdots\cdots\cdots\cdots \text{(2.20)}$$

から式 (2.19) をとおして F を知ることが可能である．

　式 (2.20) も式 (2.9) と同様に実験や磁場解析ソフトウェアで磁気浮上系の吸引力が離散的に得られた場合の近似式として活用できる．この場合，α', β', L_∞ を未知数として

$$L_c = \frac{\beta' N_c^{~2}}{2z + \alpha'} + L_\infty \quad \cdots\cdots\cdots\cdots\cdots\cdots \text{(2.21)}$$

で L_c を定式化し，複数の実験値との誤差が最小となるように未定計数法を適用すればよい．ここで，L_∞ はギャップ長が十分大きい場合の L_c で z に依存しない自己インダクタンスである．式 (2.20) から ϕ を求める場合には L_∞ を無視すればよい．

　以上の説明では移動方向を z として解説したが，移動方向を x 方向，つまり案内力を求めるにはギャップ中の磁気抵抗 R_g を x の関数で記述し，

$$F = \frac{\partial W_o}{\partial x} = \frac{1}{2}\frac{\partial L_c}{\partial x}I_c^{~2} + \frac{\partial M_{cc'}}{\partial x}I_c I_{c'} + \frac{1}{2}\frac{\partial L_{c'}}{\partial x}I_{c'}^{~2} \quad \cdots\cdots\cdots \text{(2.22)}$$

で求めることができる．もし，図2.3において浮上体が回転中心から r

－ 18 －

の距離にあるとすれば，回転角を θ として浮上体に作用するトルク T は，

$$T = \frac{\partial W_o}{\partial \theta} = \frac{1}{2}\frac{\partial L_c}{\partial \theta}I_c^{\ 2} + \frac{\partial M_{cc'}}{\partial \theta}I_c I_{c'} + \frac{1}{2}\frac{\partial L_{c'}}{\partial \theta}I_{c'}^{\ 2} \quad \cdots\cdots\cdots \quad (2.23)$$

となる．

　以上のようにエネルギーを移動方向に偏微分して磁気的な力 F を求める方法のほか，直接的に F を計算するにはローレンツ力を用いることもできる．ローレンツ力は移動する荷電粒子に作用する力であり，次式で表せる．

$$\boldsymbol{F} = q\boldsymbol{E} + q\boldsymbol{v}\times\boldsymbol{B} \quad\cdots\cdots\cdots\cdots\cdots\cdots\cdots\cdots\cdots\cdots\cdots\quad (2.24)$$

　電流 I を微小長さ $\mathrm{d}\boldsymbol{l}_L$ の線電流とすれば $q\boldsymbol{v}=I\boldsymbol{l}_L$ であるから電界 $\boldsymbol{E}$ の作用が無視できる場合，微小線電流に作用する力 $\mathrm{d}\boldsymbol{F}$ は

$$\mathrm{d}\boldsymbol{F} = \left(I\,\mathrm{d}\boldsymbol{l}_L\times\boldsymbol{B}\right) \quad\cdots\cdots\cdots\cdots\cdots\cdots\cdots\cdots\cdots\cdots\quad (2.25)$$

となり，フレミング左手の法則となる．図2.1のような磁気回路のエアギャップ中に線電流がある場合，B は ϕ から得ることになるが，B が磁気回路を形成しない空心コイルもしくは他の線電流に起因する場合はビオ・サバールの法則を適用して他の線電流が作る磁束密度 $\boldsymbol{B}$ を求め，式 (2.25) を用いることになる．以下にビオ・サバールの法則を示す．

　微小長さ $\mathrm{d}\boldsymbol{l}$ に電流 I が流れるとき，この微小長さの電流によって作られる微小磁界 $\mathrm{d}\boldsymbol{B}$ は次式を満たす．

$$\mathrm{d}\boldsymbol{B} = \frac{\mu_0}{4\pi}\frac{I\mathrm{d}\boldsymbol{l}\times\boldsymbol{r}}{r^3} \quad\cdots\cdots\cdots\cdots\cdots\cdots\cdots\cdots\cdots\cdots\quad (2.26)$$

　式 (2.25)，式 (2.26) から線電流に作用する力の計算は電磁気学に譲り，ここでは説明を省略する．

　超電導磁気浮上式鉄道（JRマグレブ）のように車載された空心の超電導コイルが作る磁場を軌道に敷設された空心コイルに鎖交させて浮上力を発生させる場合もあるが，一般には磁路は磁性軟鉄やフェライトを用

－ 19 －

第2章　磁気浮上・磁気軸受の基礎理論

いて形成される．この場合，コイルが空心であることは稀である．コイルが鉄心を有するとき，線材が直接磁束にさらされることはなく，鉄心中の磁束がコイル電流に鎖交して式 (2.19) や式 (2.22) の力を発生する．電気機器等の工学系科目では便宜上式 (2.25) からトルクを計算することがあるが，フレミング左手の法則が使える場合はあまりない．もし，ある程度の太さの線材で製作したコイルに磁束が鎖交すると，線材中に渦電流が発生して機器の効率が悪化する．また，鎖交する磁束が渦電流に起因する反磁場で弱められ，発生する力が弱くなる．さらに，磁束が交番磁界である時には磁路を形成する鉄心に渦電流が発生しないよう絶縁皮膜を持つ薄板鋼板を積層させて鉄心を形成したり，フェライトや圧粉鉄心で磁路を形成したりする必要がある．

ここで，図 2.1 の磁気浮上系でコイルに磁束を鎖交させて力を発生すると必ず発生する逆起電力について触れておく．ファラデーの法則から，コイルに発生する逆起電力 e は

$$e = -N_c \frac{\mathrm{d}\phi}{\mathrm{d}t}$$

である．コイルの電源電圧を E_c，コイルの電気抵抗を R_e とすれば電圧方程式は

$$\begin{aligned}
E_c &= R_e I_c + N_c \frac{\mathrm{d}\phi}{\mathrm{d}t} = R_e I_c + N_c \left(\frac{\partial \phi}{\partial z} \frac{\mathrm{d}z}{\mathrm{d}t} + \frac{\partial \phi}{\partial I_c} \frac{\mathrm{d}I_c}{\mathrm{d}t} \right) \\
&= N_c \frac{\partial \phi}{\partial z} \frac{\mathrm{d}z}{\mathrm{d}t} + L_c \frac{\mathrm{d}I_c}{\mathrm{d}t} + R_e I_c
\end{aligned} \quad \cdots\cdots (2.27)$$

で与えられる．一方，浮上体の質量を m とすれば z 方向の運動方程式は

$$m \frac{\mathrm{d}^2 z}{\mathrm{d}t^2} = F(z, I_c) \quad \cdots\cdots\cdots\cdots\cdots\cdots\cdots\cdots\cdots\cdots\cdots (2.28)$$

である．式 (2.28) において浮上体がギャップ長 z_0 で重力 mg（g は重力

- 20 -

加速度) と釣り合うとすれば，式 (2.28) を平衡点の近傍で一次のテイラー展開を用いて

$$m\frac{\mathrm{d}^2\Delta z}{\mathrm{d}t^2} = \left(\frac{\partial F}{\partial z}\right)_{z=z_0} \Delta z + \left(\frac{\partial F}{\partial I_c}\right)_{z=z_0} \Delta I_c \quad \cdots\cdots\cdots\cdots\cdots (2.29)$$

と線形化できる．ここで，式 (2.27) も同様に線形化すると，

$$\left(L_c\right)_{z=z_0} \frac{\mathrm{d}\Delta I_\mathrm{c}}{\mathrm{d}t} = -N_c \left(\frac{\partial \phi}{\partial z}\right)_{z=z_0} \frac{\mathrm{d}\Delta z}{\mathrm{d}t} - R_e\,\Delta I_c + E_c \quad \cdots\cdots\cdots (2.30)$$

を得る．式 (2.29)，式 (2.30) は Δz と ΔI_c に関する 2 階の定係数常微分方程式であり，電源につながれた浮上体の運動を記述するのに利用されることが多い．

　なお，本節で解説した内容の工学的な要点が知りたければ参考文献 (2.1) を，原理を詳しく知りたければ参考文献 (2.2) を参照されたい．

2.2 線形制御理論
2.2.1 状態方程式(state equation)

現代制御では,制御の対象となるシステムの動特性を状態方程式で表す.

(例1) 電流制御形磁気浮上系

図2.4に示す吸引制御形磁気浮上系における浮上体の運動方程式は,平衡点(重力と電磁石の吸引力がつり合う点)周りで線形近似することにより,次式のように求められる.

$$m\ddot{y} = k_s y + k_i i \quad \cdots\cdots\cdots (2.31)$$

ここで,m:浮上体の質量,k_s:電磁石の(吸引力/変位)係数,k_i:電磁石の(吸引力/電流)係数,i:制御電流である.ここで,新しい変数をつぎのように定義する.

$$x_1 = y \quad \cdots\cdots\cdots (2.32)$$
$$x_2 = \dot{x}_1 (= \dot{y}) \quad \cdots\cdots\cdots (2.33)$$
$$u = i \quad \cdots\cdots\cdots (2.34)$$

式(2.31)〜(2.34)から

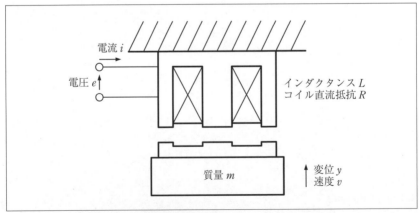

〔図2.4〕直流制御形磁気浮上システムの基本モデル

$$\dot{x}_1 = x_2 \quad \cdots\cdots\cdots\cdots\cdots\cdots\cdots\cdots\cdots\cdots\cdots\cdots\cdots \quad (2.35)$$

$$\dot{x}_2 = \ddot{y} = \frac{k_s}{m}y + \frac{k_i}{m}i = \frac{k_s}{m}x_1 + \frac{k_i}{m}u \quad \cdots\cdots\cdots\cdots\cdots \quad (2.36)$$

式 (2.35)，(2.36) をまとめて表すと，

$$\frac{\mathrm{d}}{\mathrm{d}t}\begin{bmatrix} x_1 \\ x_2 \end{bmatrix} = \begin{bmatrix} 0 & 1 \\ a & 0 \end{bmatrix}\begin{bmatrix} x_1 \\ x_2 \end{bmatrix} + \begin{bmatrix} 0 \\ b \end{bmatrix}u \quad \cdots\cdots\cdots\cdots\cdots \quad (2.37)$$

$$a = \frac{k_s}{m}, \quad b = \frac{k_i}{m}$$

ここでベクトル $\boldsymbol{x}(t)$ を

$$\boldsymbol{x}(t) = \begin{bmatrix} x_1(t) \\ x_2(t) \end{bmatrix} \quad \cdots\cdots\cdots\cdots\cdots\cdots\cdots\cdots\cdots\cdots \quad (2.38)$$

で定義すると，式 (2.37) は次のように表される．

$$\dot{\boldsymbol{x}}(t) = \begin{bmatrix} 0 & 1 \\ a & 0 \end{bmatrix}\boldsymbol{x}(t) + \begin{bmatrix} 0 \\ b \end{bmatrix}u(t) \quad \cdots\cdots\cdots\cdots\cdots \quad (2.39)$$

このように，ベクトルに関する 1 階微分方程式で動特性を表したものを状態方程式 (state equation)，$\boldsymbol{x}(t)$ を状態ベクトル (state vector) と呼ぶ．また，通常の磁気浮上系では，浮上体の変位をセンサで検出する．これをシステムの出力と考えると，

$$y(t) = \begin{bmatrix} 1 & 0 \end{bmatrix}\boldsymbol{x}(t) \quad \cdots\cdots\cdots\cdots\cdots\cdots\cdots\cdots \quad (2.40)$$

と表すことができる．このような式を出力方程式と呼ぶ．

一般に，r 入力，m 出力，n 次元システムの状態空間表現は以下のように表される．

$$\dot{\boldsymbol{x}}(t) = \boldsymbol{A}\boldsymbol{x}(t) + \boldsymbol{B}\boldsymbol{u}(t) \quad \cdots\cdots\cdots\cdots\cdots\cdots\cdots \quad (2.41)$$

$$\boldsymbol{y}(t) = \boldsymbol{C}\boldsymbol{x}(t) \quad \cdots\cdots\cdots\cdots\cdots\cdots\cdots\cdots\cdots \quad (2.42)$$

第2章　磁気浮上・磁気軸受の基礎理論

$$x = \begin{bmatrix} x_1 \\ x_2 \\ \vdots \\ x_n \end{bmatrix} : 状態ベクトル, \quad x_k : 状態変数 \quad (k = 1, 2, \cdots, n)$$

$$u = \begin{bmatrix} u_1 \\ u_2 \\ \vdots \\ u_r \end{bmatrix} : 入力ベクトル, \quad u_k : 入力変数 \quad (k = 1, 2, \cdots, r)$$

$$y = \begin{bmatrix} y_1 \\ \vdots \\ y_m \end{bmatrix} : 出力ベクトル, \quad y_k : 出力変数 \quad (k = 1, 2, \cdots, m)$$

$$A = \begin{bmatrix} a_{11} & \cdots & a_{1n} \\ \vdots & \ddots & \vdots \\ a_{n1} & \cdots & a_{nn} \end{bmatrix} : システム行列,$$

$$B = \begin{bmatrix} b_{11} & \cdots & b_{1r} \\ \vdots & \ddots & \vdots \\ b_{n1} & \cdots & b_{nr} \end{bmatrix} : 入力行列$$

$$C = \begin{bmatrix} c_{11} & \cdots & c_{1n} \\ \vdots & \ddots & \vdots \\ c_{m1} & \cdots & c_{mn} \end{bmatrix} : 出力行列$$

式 (2.41) は状態方程式，式 (2.42) は出力方程式（output equation）と呼ばれる．

例1は，1入力1出力の2次元システムで，各行列はつぎのようになっている．

$$A = \begin{bmatrix} 0 & 1 \\ a & 0 \end{bmatrix}, \quad B = \begin{bmatrix} 0 \\ b \end{bmatrix}, \quad C = \begin{bmatrix} 1 & 0 \end{bmatrix}$$

また，電流を入力変数としているので，電流制御形磁気浮上システム（current-controlled magnetic suspension system）の状態空間モデルとなっている．

（例2）電圧制御形磁気浮上系

図2.4に示す最も基本的な磁気浮上システムにおいて，電磁石を励磁する電力増幅器（パワーアンプ）の出力が電圧の場合，電気回路の動特性を考慮する必要がある．運動方程式と同様に，平衡点周りで線形近似することにより，電気回路の電圧方程式は，次式のように求められる．

$$L\frac{\mathrm{d}}{\mathrm{d}t}i(t) + Ri(t) + k_b\dot{y}(t) = v(t) \quad \cdots\cdots\cdots\cdots\cdots\cdots\cdots (2.43)$$

ここで，L：コイルの自己インダクタンス，R：コイルの直流抵抗，k_b：逆起電力係数，v：制御電圧である．状態変数を以下のように定義する．

$$x_1(t) = y(t) \quad \cdots\cdots\cdots\cdots\cdots\cdots\cdots\cdots\cdots\cdots (2.44)$$

$$x_2(t) = \dot{x}_1(t)\,(=\dot{y}(t)) \quad \cdots\cdots\cdots\cdots\cdots\cdots (2.45)$$

$$x_3(t) = i(t) \quad \cdots\cdots\cdots\cdots\cdots\cdots\cdots\cdots\cdots (2.46)$$

電圧制御形の場合，コイル電流は状態変数の一つとなる．また制御入力は，コイルに印加する電圧となる．

$$u(t) = v(t)$$

状態方程式は，以下のように求められる．

$$\dot{\boldsymbol{x}}(t) = \boldsymbol{A}\boldsymbol{x}(t) + Bu(t)$$

$$\boldsymbol{A} = \begin{bmatrix} 0 & 1 & 0 \\ a_{21} & 0 & a_{23} \\ 0 & -a_{32} & -a_{33} \end{bmatrix}, \quad \boldsymbol{B} = \begin{bmatrix} 0 \\ 0 \\ b_0 \end{bmatrix}$$

$$a_{21} = \frac{k_s}{m}(=a), \quad a_{23} = \frac{k_i}{m}(=b), \quad a_{32} = \frac{k_b}{L}, \quad a_{33} = \frac{R}{L}, \quad b_0 = \frac{1}{L}.$$

－ 25 －

≒ 第2章　磁気浮上・磁気軸受の基礎理論

２.２.２　可制御性 (controllability)

　制御によってシステムに望ましい動作をさせるには，制御入力によってシステムの状態を任意に変えられることが前提となる．このことを可制御性 (controllability) という．数学的にはつぎのように定義される．

【定義】(可制御)

動特性が
$$\dot{x}(t) = Ax(t) + Bu(t) \quad \cdots\cdots\cdots\cdots\cdots\cdots\cdots\cdots\cdots\cdots \quad (2.47)$$
で表される線形システムにおいて，任意の初期値 $x(0)=x_0$ から出発して，ある有限時刻 $t=t_f (< \infty)$ で $x(t_f) = 0$ とする制御入力 $u(t)$ が存在するとき，システム (2.1) は可制御 (controllable) であるという．

　上記の定義では，終端状態を零ベクトル (**0**) としているが，線形定係数連続時間システムにおいては，任意の終端状態 x_f としても等価な条件となる．また，線形定係数システムでは，システム行列 A と入力行列 B で決まるので，簡単に「(A, B) が可制御」と言うことも多い．(A, B) から定まる可制御行列 (controllability matrix) M_C を以下のように定義する．

【定義】(可制御行列)

$$M_C = \begin{bmatrix} B, AB, \cdots A^{n-1}B \end{bmatrix}$$

　可制御について，以下の定理が成立する．

【定理】(可制御)

(A, B) が可制御　⇔　rankM_C=n

　ここで，n:状態ベクトル x の次元

(例3) 電流制御形磁気浮上システムの可制御性

[状態方程式]

$$\frac{d}{dt}\begin{bmatrix} x_1 \\ x_2 \end{bmatrix} = \begin{bmatrix} 0 & 1 \\ a & 0 \end{bmatrix}\begin{bmatrix} x_1 \\ x_2 \end{bmatrix} + \begin{bmatrix} 0 \\ b \end{bmatrix}u$$

$$\text{rank}M_C = \text{rank}\begin{bmatrix} 0 & b \\ b & 0 \end{bmatrix}$$

－ 26 －

であるので，$b = \dfrac{k_i}{m} \neq 0$ であれば rankM_C=2 となるので，可制御である．非可制御となるのは

$$b = 0$$

のときで，これは以下の場合である．

(1) k_i=0 の場合　　これは，電流を変化させても浮上体に作用する力が変位しないことを意味するので，いくら制御電流を変えても，浮上体を望ましい位置に保つことはできない．

(2) $m = \infty$ の場合　　これは，浮上体に作用する力を変えても，浮上体を動かすことができないことを意味するので，同様に，制御電流を変えても，浮上体を望ましい位置に保つことはできない．

　このように，（当然のことであるが）通常の磁気浮上系は可制御となる．

（例4）電圧制御形磁気浮上システムの可制御性

［状態方程式］

$$\frac{\mathrm{d}}{\mathrm{d}t}\begin{bmatrix} x_1 \\ x_2 \\ x_3 \end{bmatrix} = \begin{bmatrix} 0 & 1 & 0 \\ a_{21} & 0 & a_{23} \\ 0 & -a_{32} & -a_{33} \end{bmatrix}\begin{bmatrix} x_1 \\ x_2 \\ x_3 \end{bmatrix} + \begin{bmatrix} 0 \\ 0 \\ b_0 \end{bmatrix}u$$

$$\mathrm{rank}\,M_C = \mathrm{rank}\begin{bmatrix} 0 & 0 & a_{23}b_0 \\ 0 & a_{23}b_0 & -a_{23}a_{33}b_0 \\ b_0 & -a_{33}b_0 & -a_{23}a_{32}b_0 + a_{33}^2 b_0 \end{bmatrix}$$

なので，$b_0 = \dfrac{1}{L} \neq 0$，$a_{23} = \dfrac{k_i}{m} \neq 0$ であれば，可制御となる．b_0=0 のとき非可制御となる．これは，

(3) $L = \infty$

の場合で，電圧を変えても，電流が変化しないことを意味する．すなわち，制御入力である電圧を変化させても，浮上体に作用する吸引力は変化せず，浮上体を望ましい位置に保つことはできない．

2.2.3　可観測性（observability）

　現代制御において，可制御性と並んで基本となる概念が可観測性

- 27 -

二 第2章 磁気浮上・磁気軸受の基礎理論

(observability) である．システムの状態を自在に制御するには，状態に関する情報が不可欠である．しかしながら，実際のシステムでは，制御対象の全ての状態量が直接検出できることは少ない．例えば，図2.4に示す磁気浮上系において，浮上体の運動を検出するのに用いられるのは渦電流形変位センサに代表される変位センサだけであり，浮上体に係わるもう一つの状態量 (x_2) である速度を直接検出することはほとんどない．それでは，直接検出される物理量から他の状態を算出できるのか，ということを定式化したのが可観測性である．数学的にはつぎのように定義される．

【定義】（可観測）

動特性および出力特性が

$$\left.\begin{array}{l} \dot{x}(t) = Ax(t) \\ y(t) = Cx(t) \end{array}\right\} \quad \cdots\cdots\cdots\cdots\cdots\cdots\cdots\cdots\cdots\cdots\cdots\cdots\cdots \quad (2.48)$$

で表される線形システムにおいて，任意の初期値 $x(0)=x_0$ から出発したシステム (3.1) の解に対して，ある有限時刻 $t=t_f(<\infty)$ が存在して，観測出力 $y(t)(0 \leq t \leq t_f)$ から初期状態 x_0 が一意的に決定できるとき，システム (2.48) は可観測 (observable) であるという．

上記の定義では，制御入力を零入力 ($u(t)=0$) としているが，制御入力を既知情報とすれば，上記の「観測出力 $y(t)$ $(0 \leq t \leq t_f)$」を「観測出力 $y(t)$ $(0 \leq t \leq t_f)$ と制御入力 $u(t)$ $(0 \leq t \leq t_f)$」と置き換えて定義しても全く同じ条件となる．また，線形定係数システムでは，システム行列 A と出力行列 C で決まるので，簡単に「(C, A) が可観測」と言うことも多い．この (C, A) から定まる可観測行列 (observability matrix) M_O を以下のように定義する．

【定義】（可観測行列）

$$M_O = \begin{bmatrix} C \\ CA \\ \vdots \\ CA^{n-1} \end{bmatrix}$$

－ 28 －

可観測について，以下の定理が成立する．

【定理】（可観測）

$(\boldsymbol{C}, \boldsymbol{A})$ が可観測　$\Leftrightarrow$　$\mathrm{rank}\boldsymbol{M}_C = n$

（例5）電流制御形磁気浮上システム

　[状態方程式]

$$\frac{\mathrm{d}}{\mathrm{d}t}\begin{bmatrix} x_1 \\ x_2 \end{bmatrix} = \begin{bmatrix} 0 & 1 \\ a & 0 \end{bmatrix}\begin{bmatrix} x_1 \\ x_2 \end{bmatrix} + \begin{bmatrix} 0 \\ b \end{bmatrix}u \quad \cdots\cdots\cdots\cdots\cdots\cdots\cdots\cdots \text{(2.49)}$$

(1) 変位 x_1 だけを観測出力とする場合

　[出力方程式]

$$y = \begin{bmatrix} 1 & 0 \end{bmatrix}\begin{bmatrix} x_1 \\ x_2 \end{bmatrix} = x_1$$

$$\mathrm{rank}\boldsymbol{M}_O = \mathrm{rank}\begin{bmatrix} 1 & 0 \\ 0 & 1 \end{bmatrix} = 2 \Rightarrow \text{可観測}$$

　この場合，速度 (x_2) は変位 (x_1) を微分すれば求められるので，可観測となることは自明である．

(2) 速度 x_2 だけを観測出力とする場合

　[出力方程式]

$$\boldsymbol{y} = \begin{bmatrix} 0 & 1 \end{bmatrix}\begin{bmatrix} x_1 \\ x_2 \end{bmatrix} = x_2$$

$$\mathrm{rank}\boldsymbol{M}_O = \mathrm{rank}\begin{bmatrix} 0 & 1 \\ a & 0 \end{bmatrix} = \begin{cases} 2 & a \neq 0 \\ 1 & a = 0 \end{cases}$$

したがって，可観測となるためには

$$a = \frac{k_s}{m} \neq 0$$

という条件が必要となる．一見すると，(1) の場合と同様に，速度を積分すれば変位が求まりそうであるが，単純に積分するだけでは初期条件

≒ 第2章　磁気浮上・磁気軸受の基礎理論

$x_1(0)$ が定まらない．例えば，$a=0$ で $x_2(0)=0$ の場合，式 (2.49) の解は，任意の $t>0$ に対して，$x_1(t)=x_1(0)$，$x_2(t)=0$ となるので，$x_2(t)$ だけからの値を一意に決めることはできない．これに対し，$a \neq 0$ の場合には，一般解が $x_1(t) = c_1 e^{\sqrt{a}t} + c_2 e^{-\sqrt{a}t}$ と求められ，$x_2(0)$ および $x_2(t_f)$ から

$$c_1 = \frac{x_2(0)e^{-\sqrt{a}t_f} - x_2(t_f)}{(e^{-\sqrt{a}t_f} - e^{\sqrt{a}t_f})\sqrt{a}}, \quad c_2 = \frac{x_2(0)e^{\sqrt{a}t_f} - x_2(t_f)}{(e^{\sqrt{a}t_f} - e^{-\sqrt{a}t_f})\sqrt{a}}$$

と一意に求められる．（$x_2(t) = \dot{x}_1(t) = \sqrt{a}(c_1 e^{\sqrt{a}t} - c_2 e^{-\sqrt{a}t})$）．

（例6）電圧制御形磁気浮上システム

　　［状態方程式］

$$\frac{\mathrm{d}}{\mathrm{d}t}\begin{bmatrix} x_1 \\ x_2 \\ x_3 \end{bmatrix} = \begin{bmatrix} 0 & 1 & 0 \\ a_{21} & 0 & a_{23} \\ 0 & -a_{32} & -a_{33} \end{bmatrix}\begin{bmatrix} x_1 \\ x_2 \\ x_3 \end{bmatrix} + \begin{bmatrix} 0 \\ 0 \\ b_0 \end{bmatrix}u$$

(1) 変位 x_1 だけを観測出力とする場合

　　［出力方程式］

$$y = \begin{bmatrix} 1 & 0 & 0 \end{bmatrix}\begin{bmatrix} x_1 \\ x_2 \\ x_3 \end{bmatrix} = x_1$$

$$\mathrm{rank}\,\boldsymbol{M}_O = rank\begin{bmatrix} 1 & 0 & 0 \\ 0 & 1 & 0 \\ a_{21} & 0 & a_{23} \end{bmatrix} = \begin{cases} 3 & a_{23} \neq 0 \\ 2 & a_{23} = 0 \end{cases}$$

したがって，可観測となるためには

$$a_{23} = \frac{k_i}{m} \neq 0$$

という条件が必要となる．

－ 30 －

(2) 速度 x_2 だけを観測出力とする場合

[出力方程式]

$$\boldsymbol{y} = \begin{bmatrix} 0 & 1 & 0 \end{bmatrix} \begin{bmatrix} x_1 \\ x_2 \\ x_3 \end{bmatrix} = x_2$$

$$\mathrm{rank}\boldsymbol{M}_O = \mathrm{rank} \begin{bmatrix} 0 & 1 & 0 \\ a_{21} & 0 & a_{23} \\ 0 & a_{21} - a_{23}a_{32} & -a_{23}a_{33} \end{bmatrix}$$

したがって，可観測となるためには

$$a_{23} = \frac{k_i}{m} \neq 0 \quad \text{かつ} \quad a_{21} = \frac{k_s}{m} \neq 0 \quad \text{かつ} \quad a_{33} = \frac{R}{L} \neq 0$$

という条件が必要となる.

(3) x_3 だけを観測出力とする場合

[出力方程式]

$$\boldsymbol{y} = \begin{bmatrix} 0 & 0 & 1 \end{bmatrix} \begin{bmatrix} x_1 \\ x_2 \\ x_3 \end{bmatrix} = x_3$$

$$\mathrm{rank}\boldsymbol{M}_O = \mathrm{rank} \begin{bmatrix} 0 & 0 & 1 \\ 0 & -a_{32} & -a_{33} \\ -a_{32}a_{21} & -a_{33}a_{32} & -a_{23}a_{32} + a_{33}^2 \end{bmatrix}$$

したがって，可観測となるためには

$$a_{23} = \frac{k_i}{m} \neq 0 \quad \text{かつ} \quad a_{21} = \frac{k_s}{m} \neq 0$$

という条件が必要となる. これが変位センサレス（セルフセンシング）磁気浮上の理論的な根拠となる.

- 31 -

≒ 第2章 磁気浮上・磁気軸受の基礎理論

2.2.4 極配置 (pole assignment)

システム行列 A の固有値をシステムの極 (pole) と呼ぶ. システムの極は, 安定性や過渡応答を決める重要な因子である. 先に例として挙げた電流制御形磁気浮上システムおよび電圧制御形磁気浮上システムは, 無制御 ($u(t)$=0) では不安定である (3.1.2 参照) ので, フィードバック制御を施すことによって安定化することが必要となる. ここでは, 状態量が全てフィードバック制御に利用できることを前提として, 状態フィードバックによる極配置問題について述べる.

[制御対象]

$$\dot{x}(t) = Ax(t) + Bu(t) \quad\cdots\cdots\cdots\cdots\cdots\cdots\cdots\cdots\cdots\cdots (2.50)$$

に対して,

[線形状態フィードバック制御則 (linear state feedback control law)]

$$u(t) = Kx(t) + v(t) \quad\cdots\cdots\cdots\cdots\cdots\cdots\cdots\cdots\cdots (2.51)$$

を適用する. ただし, K は定数フィードバックゲイン行列, $v(t)$ は $u(t)$ に代わる新たな制御入力で, 例えば周波数応答を測定する場合には, 正弦波信号を入力することとなる. 式 (2.1), (2.2) から

$$\dot{x}(t) = (A+BK)x(t) + Bv(t) \quad\cdots\cdots\cdots\cdots\cdots\cdots\cdots (2.52)$$

状態フィードバックを施した後のシステム行列 (A+BK) の固有値, すなわち閉ループ系の極を複素平面上の任意の (希望する) 位置へ配置する問題が極配置問題である. 数学的に厳密に述べると

与えられた任意の対称な複素数の集合 $\Lambda = \{\lambda_1 \quad \lambda_2 \quad \cdots \quad \lambda_n\}$ に対して,

$$\det(sI - (A+BK)) = (s-\lambda_1)(s-\lambda_2)\cdots(s-\lambda_n) \quad\cdots\cdots\cdots (2.53)$$

とする K が存在するか, という問題である. ここで対称な複素数の集合とは, 複素数 λ が Λ に含まれるとき, その共役複素数 $\overline{\lambda}$ も必ず Λ に含まれることを意味する.

状態フィードバックによる極配置に関しては, 以下の定理が成立する.

– 32 –

[**定理**]（極配置）

| (A, B) が可制御 ⇔ 状態フィードバックによって任意の極配置が可能 |

[証明] 参考文献 (2.3) 参照.

(1) 電流制御形磁気浮上システムの極配置

[制御対象]

$$\frac{\mathrm{d}}{\mathrm{d}t}\begin{bmatrix} x_1 \\ x_2 \end{bmatrix} = \begin{bmatrix} 0 & 1 \\ a & 0 \end{bmatrix}\begin{bmatrix} x_1 \\ x_2 \end{bmatrix} + \begin{bmatrix} 0 \\ b \end{bmatrix} u \qquad \cdots\cdots\cdots\cdots (2.54)$$

[可制御性]

　　　$b \neq 0 \Leftrightarrow$ 可制御 ⇔ 状態フィードバックによって任意の極配置が可能

[状態フィードバック則]

$$u(t) = \boldsymbol{Kx}(t) = -\begin{bmatrix} p_d & p_v \end{bmatrix}\begin{bmatrix} x_1 \\ x_2 \end{bmatrix} \qquad \cdots\cdots\cdots\cdots\cdots\cdots\cdots (2.55)$$

という状態フィードバックを考える. 式 (2.4), (2.5) から

$$\frac{\mathrm{d}}{\mathrm{d}t}\begin{bmatrix} x_1 \\ x_2 \end{bmatrix} = \begin{bmatrix} 0 & 1 \\ a - bp_d & -bp_v \end{bmatrix}\begin{bmatrix} x_1 \\ x_2 \end{bmatrix} + \begin{bmatrix} 0 \\ b \end{bmatrix} u \qquad \cdots\cdots\cdots\cdots (2.56)$$

　配置したい極を $\{\lambda_1, \lambda_2\}$ とすると，対応する特性多項式は次式のように求められる.

$$\phi_d(s) = (s - \lambda_1)(s - \lambda_2) = s^2 - (\lambda_1 + \lambda_2)s + \lambda_1\lambda_2 = s^2 + \beta_1 s + \beta_0$$

$$\cdots (2.57)$$

　この右辺を以下のように表した方が物理的な意味が捉えやすい.

$$\phi_d(s) = s^2 + 2\zeta\omega_n s + \omega_n^{\,2} \qquad \cdots\cdots\cdots\cdots\cdots\cdots\cdots\cdots (2.58)$$

ここで，ζ：減衰比，ω_n：固有角周波数. 状態フィードバックを施した閉ループ系の特性多項式は

－ 33 －

第2章　磁気浮上・磁気軸受の基礎理論

$$\phi_c(s) = |s\boldsymbol{I} - (\boldsymbol{A} + \boldsymbol{BK})| = \begin{vmatrix} s & -1 \\ -a + bp_d & s + bp_v \end{vmatrix} = s^2 + bp_v s + bp_d - a \quad \cdots (2.59)$$

$\phi_c(s)$ と $\phi_d(s)$ を一致させるには，つぎのようにフィードバックゲインを定めればよい．

$$a - bp_d = {\omega_n}^2 \qquad p_d = \frac{a + {\omega_n}^2}{b} \quad \cdots\cdots\cdots\cdots\cdots\cdots (2.60)$$

$$bp_v = 2\zeta\omega_n \qquad p_v = \frac{2\zeta\omega_n}{b} \quad \cdots\cdots\cdots\cdots\cdots\cdots (2.61)$$

以上から，つぎのことが言える．

◎磁気浮上系の剛性や減衰の大きさは状態フィードバック（**PD 制御**）によって任意に設定できる．

(2) 電圧制御形磁気浮上システムの極配置

［制御対象］

$$\frac{\mathrm{d}}{\mathrm{d}t}\begin{bmatrix} x_1 \\ x_2 \\ x_3 \end{bmatrix} = \begin{bmatrix} 0 & 1 & 0 \\ a_{21} & 0 & a_{23} \\ 0 & -a_{32} & -a_{33} \end{bmatrix}\begin{bmatrix} x_1 \\ x_2 \\ x_3 \end{bmatrix} + \begin{bmatrix} 0 \\ 0 \\ b_0 \end{bmatrix}u \quad \cdots\cdots\cdots\cdots (2.62)$$

［可制御性］

$b_0 \neq 0,\ a_{23} \neq 0 \Rightarrow$ 可制御

［状態フィードバック則］

$$u(t) = \boldsymbol{Kx}(t) = -\begin{bmatrix} p_d & p_v & p_i \end{bmatrix}\begin{bmatrix} x_1 \\ x_2 \\ x_3 \end{bmatrix} \quad \cdots\cdots\cdots\cdots\cdots\cdots (2.63)$$

望ましい特性多項式を以下のように表す．

$$\phi_d(s) = (s - \lambda_1)(s - \lambda_2)(s - \lambda_3) = s^3 + \beta_2 s^2 + \beta_1 s + \beta_0 \quad \cdots (2.64)$$

閉ループ系の特性多項式は

－ 34 －

$$\phi_c(s) = |sI - (A + BK)| = \begin{vmatrix} s & -1 & 0 \\ -a_{21} & s & -a_{23} \\ b_0 p_d & a_{32} + b_0 p_d & s + a_{33} + b_0 p_i \end{vmatrix}$$

$$= s^3 + (a_{33} + b p_d)s^2 + (a_{23}(a_{32} + b_0 p_v) - a_{21})s - a_{21}(a_{33} + b_0 p_i)$$
$$\cdots (2.65)$$

$\phi_c(s)$ と $\phi_d(s)$ を一致させるには，つぎのようにフィードバックゲインを定めればよい．

$$p_i = \frac{\beta_2 - a_{33}}{b_0}$$

$$p_v = \frac{1}{b_0}\left(\frac{\beta_1 + a_{21}}{a_{23}} - a_{32}\right)$$

$$p_d = \frac{\beta_0 + a_{21}(a_{33} + b_0 p_i)}{b_0} = \frac{\beta_0 + a_{21}\beta_2}{b_0}$$

2.2.5 最適レギュレータ (optimal regulator)

前節で，制御対象が可制御であれば，状態フィードバックによって閉ループ系の極を任意に配置できることを述べた．逆に言うと，配置する極を与えれば，それを実現するフィードバック行列が定められる．制御系を設計するときの別のアプローチとして，制御システムに対して評価関数を定めて，それが最小となるように制御入力を決めるという方法がある．その代表的なものが最適レギュレータである．最適レギュレータ問題では

[制御対象]

$$\dot{x}(t) = Ax(t) + Bu(t), \quad x(0) = x_0 \quad \cdots\cdots\cdots\cdots\cdots\cdots (2.66)$$

に対して，つぎのような2次形式評価関数 J を考える．

[評価関数]

$$J = \int_0^\infty \{x(t)^T Qx(t) + u(t)^T Ru(t)\}dt \quad \cdots\cdots\cdots\cdots\cdots (2.67)$$

– 35 –

第2章 磁気浮上・磁気軸受の基礎理論

ここで，Q：非負定値対称行列，R：正定値対称行列である．一般性を失うことなく

$$Q = \overline{C}^T C$$

と表すことができる．

　最適レギュレータ問題に関しては，以下の定理が成立する．

［定理］

(A, B) は可制御，$(\overline{C}, A)$ は可観測であるとする．このとき，評価関数 J を最小にする最適入力 $u^*(t)$ は一意に定まり，

$$u^*(t) = -R^{-1}B^T P x(t) \quad\cdots\cdots\cdots\cdots\cdots\cdots\cdots (2.68)$$

で与えられる．ただし，P はリカッチ代数方程式

$$PA + A^T P - PBR^{-1}B^T P + Q = 0 \quad\cdots\cdots\cdots\cdots\cdots (2.69)$$

を満足する唯一の正定行列である．また，この最適入力を用いたときの評価関数の最小値 $J_{\min}$ は，

$$J_{\min} = x_0^T P x_0 \quad\cdots\cdots\cdots\cdots\cdots\cdots\cdots\cdots\cdots (2.70)$$

で与えられる．さらに式 (2.68) の制御則を施した閉ループ系

$$\dot{x}(t) = (A - BR^{-1}B^T P)\, x(t) \quad\cdots\cdots\cdots\cdots\cdots\cdots (2.71)$$

は漸近安定になる．

［証明の要点］

・可制御性から最適解が存在し，リカッチ代数方程式が唯一の正定値行列解を持つことが証明できる．

・可観測性から，閉ループ系 (2.80) が安定になることが証明できる．

2.2.6　オブザーバ (observer)

　状態フィードバック $u(t) = Kx(t)$ を実現するには，全ての状態量が直接観測できることが必要である．しかしながら，磁気浮上系を含む現実の制御対象では，全ての状態量が検出できることは少ない．そのため，コ

－ 36 －

ントローラで直接情報が得られる入力 $u(t)$ と直接観測できる出力 $y(t)$ から状態 $x(t)$ を推定する．これに用いられるのがオブザーバである．いろいろな形式のオブザーバが考案されているが，ここでは最も基本的な同一次元オブザーバについて述べる．

(1) 同一次元オブザーバ (full-order observer)

［制御対象］

$$\dot{x}(t) = Ax(t) + Bu(t) \quad \cdots\cdots\cdots\cdots\cdots\cdots\cdots\cdots\cdots\cdots\cdots \quad (2.72)$$

に対して，つぎのようなオブザーバを構成する．

［オブザーバ］

$$\dot{\hat{x}}(t) = (A - EC)\hat{x}(t) + Bu(t) + Ey(t) \quad \cdots\cdots\cdots\cdots\cdots \quad (2.73)$$

オブザーバの状態ベクトル $\hat{x}(t)$ は制御対象の状態ベクトル $x(t)$ と同じ次元 n を持つ．

　誤差ベクトル e を

$$e(t) = x(t) - \hat{x}(t) \quad \cdots\cdots\cdots\cdots\cdots\cdots\cdots\cdots\cdots\cdots \quad (2.74)$$

と定義すると，式 (2.72) －式 (2.73) から

$$\dot{e}(t) = (A - EC)e(t) \quad \cdots\cdots\cdots\cdots\cdots\cdots\cdots\cdots\cdots \quad (2.75)$$

となるので，$(A - EC)$ が安定行列ならば，$\displaystyle\lim_{t \to \infty} e(t) = 0$ となる．

　オブザーバに関して以下の定理が成立する．

【定理】

(C, A) が可観測ならば，E を適当に選んで，$(A - EC)$ の固有値を任意に設定できる

　この定理から，$e(t)$ を幾らでも速く減衰させることができることがわかる．なお，$(A - EC)$ の固有値の集合 $\Lambda = \{\lambda_1 \ \lambda_2 \ \cdots \ \lambda_n\}$ をオブザーバの極と呼ぶ．理論的には，推定値 $\hat{x}(t)$ を真値 $x(t)$ にいくらでも速く収束させることができるが，実際には制御対象のモデルに誤差があるので，

－ 37 －

第2章　磁気浮上・磁気軸受の基礎理論

適切な速さに設定することが重要である.

(例6) 電流制御形磁気浮上

[制御対象]

$$\frac{\mathrm{d}}{\mathrm{d}t}\begin{bmatrix} x_1 \\ x_2 \end{bmatrix} = \begin{bmatrix} 0 & 1 \\ a & 0 \end{bmatrix}\begin{bmatrix} x_1 \\ x_2 \end{bmatrix} + \begin{bmatrix} 0 \\ b \end{bmatrix}u$$

$$y = \begin{bmatrix} 1 & 0 \end{bmatrix}\begin{bmatrix} x_1 \\ x_2 \end{bmatrix} = x_1 \qquad \leftarrow 変位だけ検出$$

[同一次元オブザーバ]

$$\frac{\mathrm{d}}{\mathrm{d}t}\begin{bmatrix} \hat{x}_1 \\ \hat{x}_2 \end{bmatrix} = \begin{bmatrix} 0 & 1 \\ a & 0 \end{bmatrix}\begin{bmatrix} x_1 \\ x_2 \end{bmatrix} + \begin{bmatrix} 0 \\ b \end{bmatrix}u + \begin{bmatrix} e_1 \\ e_2 \end{bmatrix}(x_1 - \hat{x}_1)$$

$$= \begin{bmatrix} -e_1 & 1 \\ a-e_2 & 0 \end{bmatrix}\begin{bmatrix} x_1 \\ x_2 \end{bmatrix} + \begin{bmatrix} 0 \\ b \end{bmatrix}u + \begin{bmatrix} e_1 \\ e_2 \end{bmatrix}y$$

$$|s\boldsymbol{I}-(\boldsymbol{A}-\boldsymbol{EC})| = \begin{vmatrix} s+e_1 & -1 \\ e_2-a & s \end{vmatrix} = s^2 + e_1 s + (e_2 - a) \quad \cdots\cdots (2.76)$$

配置すべきオブザーバの極を $\Lambda = \{\lambda_1 \quad \lambda_2\}$ とすると, これから定まる特性多項式は

$$\phi_d(s) = (s-\lambda_1)(s-\lambda_2) = s^2 - (\lambda_1+\lambda_2)s + \lambda_1\lambda_2 \quad \cdots\cdots\cdots (2.77)$$

式 (2.76) と式 (2.77) とを比較すると,

$$e_1 = -(\lambda_1 + \lambda_2), \quad e_2 = a + \lambda_1\lambda_2$$

[構成されたオブザーバ]

$$\frac{\mathrm{d}}{\mathrm{d}t}\begin{bmatrix} \hat{x}_1 \\ \hat{x}_2 \end{bmatrix} = \begin{bmatrix} -e_1 & 1 \\ a-e_2 & 0 \end{bmatrix}\begin{bmatrix} x_1 \\ x_2 \end{bmatrix} + \begin{bmatrix} 0 \\ b \end{bmatrix}u + \begin{bmatrix} e_1 \\ e_2 \end{bmatrix}y \quad \cdots\cdots\cdots (2.78)$$

(2) 最小次元オブザーバ (minimal-order observer)

　同一次元オブザーバでは, すべての状態をオブザーバで推定していた

- 38 -

が，測定される出力 $y(t)=Cx(t)$ に状態の一部が含まれているので，それ以外の状態を推定すれば十分である．すなわち，状態空間の次元 n よりも低い次数のオブザーバで推定値を得ることができる．これらのうち，次数が最小となるものは最小次元オブザーバと呼ばれている．出力に冗長性がないとすると，$\mathrm{rank}\,C=m$ となるので，この最小次元は $n-m$ となる．すなわち，$(n-m)$ 次元ベクトル z を

$$\begin{bmatrix} y \\ z \end{bmatrix} = \begin{bmatrix} C \\ V \end{bmatrix} x = Tx \quad\text{……………………………………} (2.79)$$

で，$T=\begin{bmatrix} C \\ V \end{bmatrix}$ が正則（逆行列を持つ）行列になるように選び，これを推定するオブザーバを構成する．詳しい導出過程は省略するが，最小次元オブザーバの状態方程式および出力方程式（推定式）は，以下のように与えられる．

$$\dot{\bar{z}}(t) = (\overline{A}_{22} - J\overline{A}_{12})\bar{z}(t) + (\overline{A}_{21} - J\overline{A}_{11} + \overline{A}_{22}J - JA_{12}J)\,y(t)$$
$$+ (\overline{B}_2 - J\overline{B}_1)\,u(t) \qquad\qquad \cdots (2.80)$$

$$\hat{x}(t) = \begin{bmatrix} C \\ -JC+V \end{bmatrix}^{-1} \begin{bmatrix} y(t) \\ \bar{z}(t) \end{bmatrix} \qquad\qquad \cdots (2.81)$$

$\bar{z}$：$(n-m)$ 次元ベクトル（オブザーバの状態変数）

$$\overline{A} = TAT^{-1} = \begin{bmatrix} \overline{A}_{11} & \overline{A}_{12} \\ \overline{A}_{21} & \overline{A}_{22} \end{bmatrix}\begin{matrix}\}m \\ \}n-m\end{matrix}, \quad \overline{B} = TB = \begin{bmatrix} \overline{B}_1 \\ \overline{B}_2 \end{bmatrix}\begin{matrix}\}m \\ \}n-m\end{matrix}$$

$$\sigma(\overline{A}_{22} - J\overline{A}_{12}) = \{\lambda_1 \quad \cdots \quad \lambda_{n-m}\}$$

：オブザーバの極，$\sigma(X)$：行列 X の固有値の集合

以下の定理が成立する．

【定理】

(C, A) が可観測ならば (A_{12}, A_{22}) も可観測

この定理から，(C, A) が可観測ならば，J を適当に選んで $(A_{22}-JA_{12})$ の固有値（オブザーバの極）を任意に設定できる

2.2.7 サーボ系

制御系は，制御目的によって「レギュレータ」と「サーボ」に分類される．前者では，系に加わる外乱の影響を抑制して，出力をある一定の値に保持することが目的となる．前節で述べた最適レギュレータがこれに当たる．後者では，与えられた目標値に対して，出力を良好に追従させることが目的となる．本節では，後者を扱う．ここでは，その本質をわかりやすく説明するため，システムの動特性を伝達関数で表す．

図 2.5 に示すフィードバックシステムを考える．$P(s)$ は制御対象の伝達関数，$C(s)$ はコントローラの伝達関数，$E(s)$ は偏差 $e(t)(=r(t)-y(t))$ のラプラス変換，$R(s)$ は目標値 $r(t)$ のラプラス変換，$W(s)$ が外乱 $w(t)$ のラプラス変換である．偏差 $E(s)$ は，以下のように求められる．

$$E(s) = \frac{1}{1+P(s)C(s)}R(s) - \frac{P(s)}{1+P(s)C(s)}W(s) \quad \cdots\cdots\cdots\cdots (2.82)$$

偏差 $e(t)$ が定常状態で零に収束するための必要十分条件は，以下の定理で与えられる．

【定理】(内部モデル原理)

> 目標値 $R(s)$ と外乱 $D(s)$ が領域 $Re[s] \geq 0$ に極を持っているとき，定常偏差が零となるための必要十分条件は，つぎの①，②，③が満たせることである．
> 　①閉ループ系が安定である（⇔特性方程式 $1+P(s)C(s)=0$ の根の実部がすべて負）．
> 　②開ループ伝達関数 $P(s)C(s)$ の極が，領域 $Re[s] \geq 0$ にある $R(s)$ の極をすべて含む．
> 　③コントローラ $C(s)$ の極が，領域 $Re[s] \geq 0$ にある $W(s)$ の極をすべて含む．

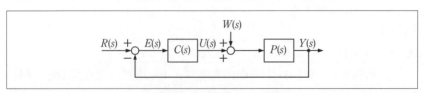

〔図 2.5〕制御系ブロック線図

この定理は内部モデル原理と呼ばれている[2.4]．これは，フィードバック制御による目標値追従が達成されるためには，例えば③ではコントローラの伝達関数が不安定外乱のモデルを内部に有することを意味しているからである．

この定理から，目標値および外乱が一定値（$s=0$ となる極に対応）であるとき，定常偏差を零とするには，コントローラが積分特性を持つ，すなわち，伝達関数が

$$C(s) = \frac{N(s)}{s\overline{D}(s)} \qquad （\overline{D}(s) と N(s) は既約な多項式）\quad \cdots\cdots (2.83)$$

と表されることが必要になる．これが，PID 制御が広く用いられている理由の一つとなっている．

２．２．８　積分形最適レギュレータ

ここでは，積分制御を備えたコントローラを最適レギュレータの手法を用いて設計する方法について述べる．制御対象を

$$\dot{x}(t) = Ax(t) + Bu(t) + Dw(t) \cdots\cdots\cdots\cdots\cdots\cdots\cdots\cdots (2.84)$$

$$y(t) = Cx(t) \cdots\cdots\cdots\cdots\cdots\cdots\cdots\cdots\cdots\cdots\cdots (2.85)$$

で表す．ここで $w(t)$ は q 次元の一定値外乱ベクトルである．ここで考える制御問題は，出力ベクトル $y(t)$ と同じ次元 m を持つ一定目標値ベクトル r に対して，定常状態で $y(t)$ を r に一致させる制御系を構成することである．

つぎのような拡大系を考える．

$$\dot{\tilde{x}}(t) = \tilde{A}\tilde{x}(t) + \tilde{B}v(t) + \tilde{D}w(t) \cdots\cdots\cdots\cdots\cdots\cdots (2.86)$$

$$y(t) = \tilde{C}\tilde{x}(t) \cdots\cdots\cdots\cdots\cdots\cdots\cdots\cdots\cdots\cdots (2.87)$$

$$\frac{\mathrm{d}}{\mathrm{d}t}\begin{bmatrix} x(t) \\ u(t) \end{bmatrix} = \begin{bmatrix} A & B \\ 0 & 0 \end{bmatrix}\begin{bmatrix} x(t) \\ u(t) \end{bmatrix} + \begin{bmatrix} 0 \\ I \end{bmatrix}v(t) + \begin{bmatrix} E \\ 0 \end{bmatrix}w(t)$$

$$y(t) = \begin{bmatrix} C & 0 \end{bmatrix}\begin{bmatrix} x(t) \\ u(t) \end{bmatrix}$$

第2章 磁気浮上・磁気軸受の基礎理論

$$v(t) = \frac{\mathrm{d}}{\mathrm{d}t} \boldsymbol{u}(t) \quad \cdots\cdots\cdots\cdots\cdots\cdots\cdots\cdots\cdots\cdots \quad (2.88)$$

つぎの条件が成立しているとする

(1) (A, B) は可制御 （$\Rightarrow (\widetilde{A}, \widetilde{B})$ も可制御）

(2) (C, A) は可観測

(3) $\mathrm{rank}\begin{bmatrix} A & B \\ C & 0 \end{bmatrix} = n + p$ （$(2), (3) \Rightarrow (\widetilde{C}, \widetilde{A})$ も可観測）

これに対してつぎのような評価関数を考える.

$$\hat{J} = \int_0^\infty (\boldsymbol{y}(t) - \boldsymbol{r})^T (\boldsymbol{y}(t) - \boldsymbol{r}) + v(t)^T \boldsymbol{R} v(t))\, dt \quad \cdots\cdots\cdots\cdots \quad (2.89)$$

$\hat{J}$ を最小にする最適制御入力 $v^*(t)$ は，以下のように表される[2.2].

$$\boldsymbol{u}^*(t) = \boldsymbol{K}_1 \boldsymbol{x} + \boldsymbol{K}_2 \int_0^t (\boldsymbol{y}(t) - \boldsymbol{r})\, dt \quad \cdots\cdots\cdots\cdots\cdots\cdots\cdots\cdots \quad (2.90)$$

で与えられる．ここで，

$$\begin{bmatrix} \boldsymbol{K}_1 & \boldsymbol{K}_2 \end{bmatrix} = -\boldsymbol{R}^{-1} \widetilde{\boldsymbol{B}}^T \widetilde{\boldsymbol{P}} \begin{bmatrix} A & B \\ C & 0 \end{bmatrix}^{-1}$$

ただし，$\hat{\boldsymbol{P}}$ はつぎのリカッチ代数方程式の唯一の正定値解である

$$\widetilde{\boldsymbol{P}} \widetilde{\boldsymbol{A}} + \widetilde{\boldsymbol{A}}^T \widetilde{\boldsymbol{P}} - \widetilde{\boldsymbol{P}} \widetilde{\boldsymbol{B}} \boldsymbol{R}^{-1} \widetilde{\boldsymbol{B}}^T \widetilde{\boldsymbol{P}} + \widetilde{\boldsymbol{Q}} = 0 \quad \cdots\cdots \quad (2.91)$$

$$\widetilde{\boldsymbol{A}} = \begin{bmatrix} A & B \\ 0 & 0 \end{bmatrix}, \quad \widetilde{\boldsymbol{B}} = \begin{bmatrix} 0 \\ I \end{bmatrix}, \quad \widetilde{\boldsymbol{C}} = [C \ \ 0], \quad \widetilde{\boldsymbol{Q}} = \widetilde{\boldsymbol{C}}^T \widetilde{\boldsymbol{C}}$$

2.2.9 H_∞ 制御

H_∞ 制御は，周波数領域での制御系設計手法として広く用いられており，閉ループシステムの周波数応答のゲインの最大値で定義される H_∞ ノルムを最小化するコントローラを設計する．このため，閉ループシステムの周波数特性を望みの形に成形することやモデルの不確かさに対するロバスト安定性を取り扱うことができる.

H_∞ 制御問題で取り扱う系の構成を図2.6に示す．u は制御入力，y は

- 42 -

観測出力で，一般的な磁気浮上系の場合，コイル電流と浮上体の変位となる．w は外部入力と呼ばれ，ノイズや外乱などを表す．z は制御量と呼ばれ，小さくしたい量を表す．$G(s)$ のように二種類の入力と二種類の出力を定義した制御対象を一般化プラントと呼ぶ．$K(s)$ はコントローラを表す．H_∞ 制御では，一般化プラントの閉ループシステムを内部安定にし，かつ w から z までの伝達関数の H_∞ ノルムを γ 未満にする $K(s)$ を設計する．$K(s)$ は MATLAB® の Robust Control Toolbox に含まれている hinfsyn などを使って解くことができる．以下では一自由度磁気浮上系に対する設計例を示す．H_∞ 制御の詳細や応用例については参考文献 (2.5)，(2.6) を参照されたい．

1自由度浮上系の一般化プラントの一例を図 2.7 に示す．$P(s)$ は制御対象の伝達関数である．w から z_1 および z_2 までの伝達関数は

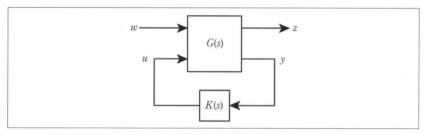

〔図 2.6〕H_∞ 制御系の構成

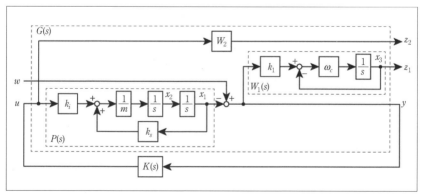

〔図 2.7〕1自由度磁気浮上システムの一般化プラントの例

第2章　磁気浮上・磁気軸受の基礎理論

$$G_{z_1 w}(s) = W_1(s) \cdot \frac{1}{1 + P(s)K(s)} \quad \cdots\cdots\cdots\cdots\cdots\cdots\cdots (2.92)$$

$$G_{z_2 w}(s) = W_2 \cdot \frac{K(s)}{1 + P(s)K(s)} \quad \cdots\cdots\cdots\cdots\cdots\cdots\cdots (2.93)$$

となる．ここで $\dfrac{1}{1 + P(s)K(s)}$ は感度関数と呼ばれ，一般に外乱抑圧性能に対する指標となり，低周波数域で小さくすることが求められる．$W_1(s)$ は感度関数に対する重み関数となり，重み関数のゲインが大きいほど感度を小さくすることができる．図2.7では一次遅れ要素を用いており，伝達関数は

$$W_1(s) = k_1 \cdot \frac{1}{\dfrac{1}{\omega_c}s + 1} \quad \cdots\cdots\cdots\cdots\cdots\cdots\cdots\cdots (2.94)$$

となる．ここで，k_1：静的ゲイン，ω_c：折点角周波数を表す．W_2 は制御入力に対する重みであり，大きくすると制御入力を小さくすることができる．ここでは定数を用いている．一般化プラントは

$$\frac{d}{dt}\begin{bmatrix} x_1 \\ x_2 \\ x_3 \end{bmatrix} = \begin{bmatrix} 0 & 1 & 0 \\ k_s/m & 0 & 0 \\ -k_1/\omega_c & 0 & -\omega_c \end{bmatrix}\begin{bmatrix} x_1 \\ x_2 \\ x_3 \end{bmatrix} + \begin{bmatrix} 0 & 0 \\ 0 & k_i/m \\ k_1\omega_c & 0 \end{bmatrix}\begin{bmatrix} w \\ u \end{bmatrix} \cdots (2.95)$$

$$\begin{bmatrix} z_1 \\ z_2 \\ y \end{bmatrix} = \begin{bmatrix} 0 & 0 & 1 \\ 0 & 0 & 0 \\ -1 & 0 & 0 \end{bmatrix}\begin{bmatrix} x_1 \\ x_2 \\ x_3 \end{bmatrix} + \begin{bmatrix} 0 & 0 \\ 0 & w_2 \\ 1 & 0 \end{bmatrix}\begin{bmatrix} w \\ u \end{bmatrix} \quad \cdots\cdots\cdots\cdots\cdots\cdots (2.96)$$

となる．表2.1のパラメータの磁気浮上系に対して

〔表2.1〕1自由度磁気浮上系のパラメータおよび重み関数の設定

m	0.265	kg	k_1	1	
k_s	3500	N/m	ω_c	200, 10	rad/s
k_i	2.4	N/A	W_2	1×10^{-4}	

$$\left\| \begin{matrix} G_{z_1w}(s) \\ G_{z_2w}(s) \end{matrix} \right\|_\infty < \gamma \quad \cdots\cdots\cdots\cdots\cdots\cdots\cdots\cdots\cdots\cdots\cdots\cdots \quad (2.97)$$

を満たし，γを最小とするコントローラを求めると，図2.8に示すようなコントローラが得られる．重み関数$W_1(s)$より，感度関数の周波数特性が変化していることが分かる．$\omega_c=10$では低周波数域から感度関数に対する重みを小さくしているため，速い応答に対する制御が効かない．そのためステップ応答では大きなオーバーシュートが生じている．

以上のようにH_∞制御では，重み関数を適切に設定することで，閉ループ系の周波数特性の成形を行うことができる．よって弾性ロータや高速回転機械のような高周波数域での制御特性が問題となるような制御対象に対して有効な制御系設計手法となる．またスモールゲイン定理を用いるとモデル化誤差に対して安定性を保証するコントローラを設計することができる．磁気浮上・磁気軸受系においては，電磁石のヒステリシス，吸引力の非線形性，鉄心内の渦電流，高次の弾性モードなどが無視されることが多いが，H_∞制御では，こうしたモデル化誤差を考慮した制御設計を行うことができる．

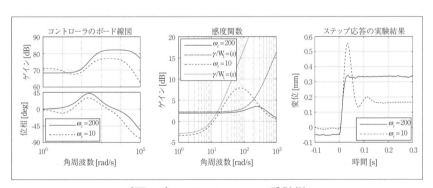

〔図2.8〕H_∞コントローラの設計例

2.3 ベクトル制御のための座標変換

本節では,まず回転機およびリニアモータのベクトル制御に必要な $\alpha\beta$ 変換および dq 変換の原理を示す.さらに,ベアリングレスモータを例に,d 軸電流により磁気支持力を発生する原理について説明する.

2.3.1 三相量の空間ベクトル表示

図 2.9 (a), (b) に,それぞれ $\alpha\beta$ 変換および dq 変換の概念を示す[2.7],[2.8]. ここで,三相電流 i_u, i_v, i_w を想定する.また,拘束条件 $i_u + i_v + i_w = 0$ が存在し,自由度は 2 である.

図 2.9 (a) は,三相電流を空間的に 120°の角度差を持つ三相軸上に表している.三相量を直角座標にある二相量に変換することが可能である.本節では,直角座標系を $\alpha\beta$ 座標と定義する.電流ベクトル i は,三相電流 i_u, i_v, i_w のベクトル和であり,$\alpha\beta$ 座標系の二相電流 i_α, i_β に変換することができる.$\alpha\beta$ 変換された電流 i_α, i_β は,電気的角速度 ω_r で回転する位相が 90°異なる正弦波である.

図 2.9 (b) は,$\alpha\beta$ 座標から dq 座標に変換する原理を示している.dq 座標系は回転座標系と呼ばれ,d 軸 (direct axis) は回転子磁極の中心方向であり,q 軸 (quadrate axis) はそれと直角の方向である.dq 変換され

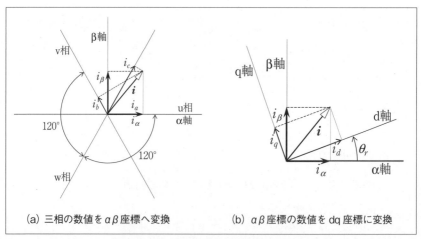

〔図 2.9〕$\alpha\beta$ 変換及び dq 変換の概念

た電流 i_d, i_q は時間要素を含まない直流量である.

ベクトル制御を適用した一般的な回転機において,座標変換された電流 i_d, i_q は,それぞれ界磁電流およびトルク電流となり,界磁磁束とトルクを制御することができる.一方,ベアリングレスモータでは,界磁電流 i_d は,能動的な磁気支持力の制御に用いられることがある.

2.3.2 三相－二相変換（$\alpha\beta$ 変換）

式 (2.98) および (2.99) に,それぞれ $\alpha\beta$ 変換およびその逆変換の式を示す.

$$
\begin{bmatrix} i_0 \\ i_\alpha \\ i_\beta \end{bmatrix} = \sqrt{\frac{2}{3}} \begin{bmatrix} 1/\sqrt{2} & 1/\sqrt{2} & 1/\sqrt{2} \\ \cos 0 & \cos(2\pi/3) & \cos(4\pi/3) \\ \sin 0 & \sin(2\pi/3) & \sin(4\pi/3) \end{bmatrix} \begin{bmatrix} i_u \\ i_v \\ i_w \end{bmatrix}
$$
$$
= \sqrt{\frac{2}{3}} \begin{bmatrix} 1/\sqrt{2} & 1/\sqrt{2} & 1/\sqrt{2} \\ 1 & -1/2 & -1/2 \\ 0 & \sqrt{3}/2 & -\sqrt{3}/2 \end{bmatrix} \begin{bmatrix} i_u \\ i_v \\ i_w \end{bmatrix}
$$

.... (2.98)

$$
\begin{bmatrix} i_u \\ i_v \\ i_w \end{bmatrix} = \sqrt{\frac{2}{3}} \begin{bmatrix} 1/\sqrt{2} & \cos 0 & \sin 0 \\ 1/\sqrt{2} & \cos(2\pi/3) & \sin(2\pi/3) \\ 1/\sqrt{2} & \cos(4\pi/3) & \sin(4\pi/3) \end{bmatrix} \begin{bmatrix} i_0 \\ i_\alpha \\ i_\beta \end{bmatrix}
$$
$$
= \sqrt{\frac{2}{3}} \begin{bmatrix} 1/\sqrt{2} & 1 & 0 \\ 1/\sqrt{2} & -1/2 & \sqrt{3}/2 \\ 1/\sqrt{2} & -1/2 & -\sqrt{3}/2 \end{bmatrix} \begin{bmatrix} i_0 \\ i_\alpha \\ i_\beta \end{bmatrix}
$$

.... (2.99)

変換において,行列の形を整えるために,$i_0 = i_u + i_v + i_w = 0$ となるダミー量が用いられている.係数 $\sqrt{2/3}$ は,変換前と変換後の各座標系における電力を等しくするための係数である.零相成分 i_0 を除いた変換式を式 (2.100) に示す.

$$
\begin{bmatrix} i_\alpha \\ i_\beta \end{bmatrix} = \sqrt{\frac{2}{3}} \begin{bmatrix} 1 & -1/2 & -1/2 \\ 0 & \sqrt{3}/2 & -\sqrt{3}/2 \end{bmatrix} \begin{bmatrix} i_u \\ i_v \\ i_w \end{bmatrix}
$$

.... (2.100)

⊇ 第2章　磁気浮上・磁気軸受の基礎理論

　例として，電流実効値を I_1，電気的角周波数を ω_r とし，三相電流が式 (2.101) で与えられたとき，式 (2.100) を用いて $\alpha\beta$ 変換すると，電流 i_α，i_β は式 (2.102) で表される．

$$
\begin{aligned}
i_u &= \sqrt{2}I_1\cos\omega_r t \\
i_v &= \sqrt{2}I_1\cos(\omega_r t - 2\pi/3) \\
i_w &= \sqrt{2}I_1\cos(\omega_r t - 4\pi/3)
\end{aligned}
\quad\cdots\cdots\cdots\cdots\cdots\cdots\cdots (2.101)
$$

$$
i_\alpha = \sqrt{3}I_1\cos\omega_r t, \quad i_\beta = \sqrt{3}I_1\sin\omega_r t \quad\cdots\cdots\cdots\cdots (2.102)
$$

さらに，式 (2.102) を極座標表示すると，以下の式で表される．

$$
\boldsymbol{i} = \sqrt{3}I_1 e^{j\omega_r t} \quad\cdots\cdots\cdots\cdots\cdots\cdots\cdots\cdots\cdots\cdots (2.103)
$$

式 (2.103) は，一定の長さの空間ベクトルで，一定の角速度 ω_r で空間的に回転している．これを電流空間ベクトルと呼ぶ．

2.3.3　回転座標変換 (dq 変換)

　図 2.9 (b) に示すように，d 軸が α 軸から θ_r の位置にある時，dq 座標における電流 i_d および i_q は式 (2.104) で表される．また，式 (2.105) に逆変換の式を示す．

$$
\begin{bmatrix} i_d \\ i_q \end{bmatrix} = \begin{bmatrix} \cos\theta_r & \sin\theta_r \\ -\sin\theta_r & \cos\theta_r \end{bmatrix}\begin{bmatrix} i_\alpha \\ i_\beta \end{bmatrix} \quad\cdots\cdots\cdots\cdots\cdots\cdots (2.104)
$$

$$
\begin{bmatrix} i_\alpha \\ i_\beta \end{bmatrix} = \begin{bmatrix} \cos\theta_r & -\sin\theta_r \\ \sin\theta_r & \cos\theta_r \end{bmatrix}\begin{bmatrix} i_d \\ i_q \end{bmatrix} \quad\cdots\cdots\cdots\cdots\cdots\cdots (2.105)
$$

　式 (2.104) に式 (2.100) を代入することで，三相電流 i_u，i_v，i_w から dq 軸電流 i_d, i_q への直接変換の式 (2.106) および逆変換式 (2.107) が得られる．

$$
\begin{bmatrix} i_d \\ i_q \end{bmatrix} = \sqrt{\frac{2}{3}}\begin{bmatrix} \cos\theta_r & \cos(\theta_r - 2\pi/3) & \cos(\theta_r - 4\pi/3) \\ -\sin\theta_r & -\sin(\theta_r - 2\pi/3) & -\sin(\theta_r - 4\pi/3) \end{bmatrix}\begin{bmatrix} i_u \\ i_v \\ i_w \end{bmatrix} (2.106)
$$

－ 48 －

$$\begin{bmatrix} i_u \\ i_v \\ i_w \end{bmatrix} = \sqrt{\frac{2}{3}} \begin{bmatrix} \cos\theta_r & -\sin\theta_r \\ \cos(\theta_r - 2\pi/3) & -\sin(\theta_r - 2\pi/3) \\ \cos(\theta_r - 4\pi/3) & -\sin(\theta_r - 4\pi/3) \end{bmatrix} \begin{bmatrix} i_d \\ i_q \end{bmatrix} \quad \cdots\cdots \quad (2.107)$$

したがって，実際のベクトル制御系において，dq軸電流指令値を与え，回転子の回転角度情報をフィードバックすることで，式 (2.107) を用いて，三相電流指令値を生成することができる．

図 2.10 に式 (2.107) を用いて計算した三相電流波形の例を示す．dq軸電流指令値を $i_d = 1.000$ A，$i_q = 1.414$ A と設定した場合，$\theta_r = 0°$ では，$i_u = 0.817$ A，$i_v = 0.591$ A，$i_w = -1.408$ A となる．また，θ_r が 0° から 360° まで増加すると，三相電流は正弦波状に変化する．詳しくは，参考文献 (2.7)，(2.8) を参照されたい．

2.3.4 二相巻線モデルおよびインダクタンス行列

本項では，具体的なベアリングレスモータのモデルを用いて，$\alpha\beta$ 座標系のインダクタンス行列を導出する．

図 2.11 に基本構造を示す．xy 断面は一般的な表面貼付形永久磁石同期電動機 (SPM) であり，8極 SPM を示している．固定子は12スロットであり，三相8極巻線が施されている．本項では三相巻線を三相二相変換し，$\alpha\beta$ 座標系の固定子巻線に変換した際のインダクタンス行列を

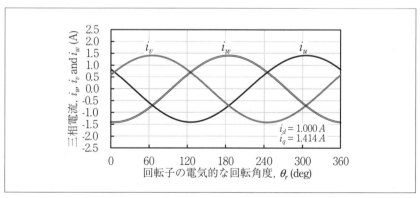

〔図 2.10〕i_d = 1.000 A，i_q = 1.414 A の時の三相電流波形

導出する．

　三相巻線の各相の自己インダクタンスを L_0 とする．また，三相巻線は空間的に 120° 間隔で均一に施されているとすると，相互インダクタンスは $L_0/2$ である．したがって，三相巻線のインダクタンス行列は式 (2.108) で表される．ただし，漏れインダクタンスは小さいと仮定し無視する．

$$[L_{uvw}] = \begin{bmatrix} L_0 & -L_0/2 & -L_0/2 \\ -L_0/2 & L_0 & -L_0/2 \\ -L_0/2 & -L_0/2 & L_0 \end{bmatrix} \quad \cdots\cdots\cdots\cdots\cdots\cdots \quad (2.108)$$

　式 (2.109) および式 (2.110) の係数行列を用いて，式 (2.108) を $\alpha\beta$

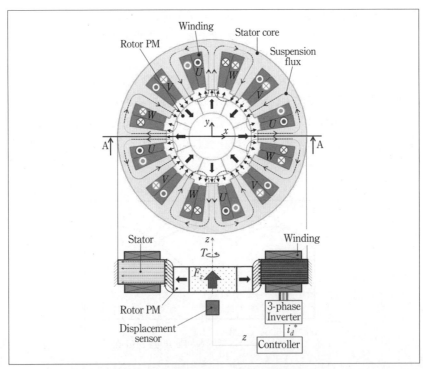

〔図 2.11〕d 軸電流による軸方向力発生原理

変換すると，インダクタンス行列は式 (2.111) で表される．

$$[C] = \sqrt{\frac{2}{3}} \begin{bmatrix} 1/\sqrt{2} & 1/\sqrt{2} & 1/\sqrt{2} \\ 1 & -1/2 & -1/2 \\ 0 & \sqrt{3}/2 & -\sqrt{3}/2 \end{bmatrix} \quad \cdots\cdots\cdots\cdots\cdots \quad (2.109)$$

$$[C]^{-1} = \sqrt{\frac{2}{3}} \begin{bmatrix} 1/\sqrt{2} & 1 & 0 \\ 1/\sqrt{2} & -1/2 & \sqrt{3}/2 \\ 1/\sqrt{2} & -1/2 & -\sqrt{3}/2 \end{bmatrix} \quad \cdots\cdots\cdots\cdots \quad (2.110)$$

$$[L_{\alpha\beta}] = [C][L_{uvw}][C]^{-1} = \begin{bmatrix} 0 & 0 & 0 \\ 0 & 3L_0/2 & 0 \\ 0 & 0 & 3L_0/2 \end{bmatrix} \quad \cdots\cdots\cdots \quad (2.111)$$

式 (2.111) より，$\alpha\beta$ 座標系の自己インダクタンスは，三相巻線の 3/2 倍になる．

　また，回転子の永久磁石による界磁鎖交磁束について，鎖交磁束の振幅を Ψ_m とすると，三相巻線の鎖交磁束 ψ_u，ψ_v，ψ_w は式 (2.112) で表される．

$$\begin{bmatrix} \psi_u \\ \psi_v \\ \psi_w \end{bmatrix} = \begin{bmatrix} \Psi_m \cos\theta_r \\ \Psi_m \cos(\theta_r - 2\pi/3) \\ \Psi_m \cos(\theta_r - 4\pi/3) \end{bmatrix} \quad \cdots\cdots\cdots\cdots\cdots\cdots\cdots \quad (2.112)$$

　さらに，式 (2.112) を $\alpha\beta$ 変換した鎖交磁束 ψ_0, ψ_α, ψ_β は，式 (2.113) で表される．

$$\begin{bmatrix} \psi_0 \\ \psi_\alpha \\ \psi_\beta \end{bmatrix} = [C] \begin{bmatrix} \psi_u \\ \psi_v \\ \psi_w \end{bmatrix} = \begin{bmatrix} 0 \\ \sqrt{3/2}\,\Psi_m \cos\theta_r \\ \sqrt{3/2}\,\Psi_m \sin\theta_r \end{bmatrix} \quad \cdots\cdots\cdots\cdots \quad (2.113)$$

　ここで，図 2.11 下側の xz 断面図に示すように，回転子は固定子に完全対向しておらず，わずかに z 軸負方向に変位している．したがって，永久磁石の界磁鎖交磁束の振幅 Ψ_m は，回転子軸方向の変位 z によって

－ 51 －

≒ 第2章 磁気浮上・磁気軸受の基礎理論

変化する．結果的に，Ψ_{m0} を初期位置の鎖交磁束，$\Psi_{mz}(z)$ を回転子の軸
方向変位によって変化する鎖交磁束とすると，鎖交磁束の振幅 Ψ_m は式
(2.114) で表される．

$$\Psi_m = \Psi_{m0} + \Psi_{mz}(z) \hspace{1cm} (2.114)$$

さらに，回転子永久磁石を等価巻線と等価電流に置き換え，インダク
タンスで表す．回転子の永久磁石を，巻数 N_m の等価巻線に直流電流 i_m
の等価電流が流れている電磁石であると考えると，回転子永久磁石の自
己インダクタンス L_m と，回転子永久磁石と固定子二相巻線の間の相互
インダクタンス $M_{m\alpha}$，$M_{m\beta}$ を定義できる．回転子の自己インダクタン
ス L_m および相互インダクタンス $M_{m\alpha}$，$M_{m\beta}$ は，永久磁石の起磁力によ
って回転子に流れている磁束 ϕ_m を用いて，式 (2.115) で表される．

$$\begin{bmatrix} L_m \\ M_{m\alpha} \\ M_{m\beta} \end{bmatrix} i_m = \begin{bmatrix} N_m\phi_m \\ \sqrt{3/2}\,\Psi_m\cos\theta_r \\ \sqrt{3/2}\,\Psi_m\sin\theta_r \end{bmatrix} \hspace{1cm} (2.115)$$

式 (2.115) を $\alpha\beta$ 変換することで，$\alpha\beta$ 座標系全体のインダクタンス行
列 $[L_{m\alpha\beta}]$ は式 (2.116) で表される．

$$[L_{m\alpha\beta}] = \begin{bmatrix} L_m & M_{m\alpha} & M_{m\beta} \\ M_{m\alpha} & 3L_0/2 & 0 \\ M_{m\beta} & 0 & 3L_0/2 \end{bmatrix} \hspace{1cm} (2.116)$$

2.3.5 d軸電流による軸方向力発生のメカニズム

図 2.11 に，d軸電流による能動的な z 方向の支持力発生原理を示す．
xy 断面は一般的な表面貼付形永久磁石同期電動機（SPM）であるが，xz
断面は，回転子は固定子に対して z 軸負方向にシフトさせ，非対向面を
設けている．したがって，巻線に電流が流れていない場合であっても，
回転子の永久磁石の磁束によって，回転子と固定子の間に z 軸正方向の
復元力が発生する．図 2.11 中の実線は永久磁石の磁束の向き，破線は
巻線によって発生する磁束の向きを示している．正のd軸電流，すなわ

－ 52 －

ち強め界磁電流を流した時，永久磁石の磁束方向と巻線によって発生する磁束方向は一致するため，永久磁石の磁束が強まったように見える．したがって，軸方向の剛性が高まるため，回転子は z 軸正方向に動く．図には示していないが，負の d 軸電流，すなわち弱め界磁電流を流した時，永久磁石の磁束は減少したように見えるため，軸方向の剛性が減少し，回転子は z 軸負方向に動く．以上の原理により，薄形 PM モータについて，回転子を固定子に対して，z 軸方向にシフトさせ，非対向面を設けることにより，電動機巻線の d 軸電流を用いて，z 軸方向の位置制御が可能となる [(2.9)～(2.11)]．

２．３．６　d 軸電流により発生する軸方向力の一般式の導出

系全体の磁気エネルギー W_m は，式 (2.116) で示された回転子等価巻線を含んだ二相巻線のインダクタンス行列 $[L_{m\alpha\beta}]$ を用いて，以下の式 (2.117) で表される．

$$
\begin{aligned}
W_m &= \frac{1}{2}[i]^T [L_{m\alpha\beta}][i] \\
&= \frac{1}{2}\begin{bmatrix} i_m & i_\alpha & i_\beta \end{bmatrix}
\begin{bmatrix} L_m & M_{m\alpha} & M_{m\beta} \\ M_{m\alpha} & 3L_0/2 & 0 \\ M_{m\beta} & 0 & 3L_0/2 \end{bmatrix}
\begin{bmatrix} i_m \\ i_\alpha \\ i_\beta \end{bmatrix} \\
&= \frac{1}{2}L_m i_m{}^2 + \frac{3}{4}L_0 i_\alpha{}^2 + \frac{3}{4}L_0 i_\beta{}^2 + M_{m\alpha}i_m i_\alpha + M_{m\beta}i_m i_\beta \quad (2.117)
\end{aligned}
$$

軸方向力は系全体の磁気エネルギーを回転子の軸方向変位 z で微分した値である．固定子巻線の自己インダクタンス L_0 は，回転子の軸方向位置によらない定数であるから，軸方向力 F_z は式 (2.118) で表すことができる．

$$
F_z = \frac{\partial W_m}{\partial z} = \frac{1}{2}\frac{\partial L_m}{\partial z}i_m{}^2 + \frac{\partial M_{m\alpha}}{\partial z}i_m i_\alpha + \frac{\partial M_{m\beta}}{\partial z}i_m i_\beta \quad \cdots\cdots\cdots \quad (2.118)
$$

式 (2.118) の第二項と第三項に式 (2.114) を代入し，以下の式 (2.119) が得られる．

第2章 磁気浮上・磁気軸受の基礎理論

$$F_z = \frac{1}{2}\frac{\partial L_m}{\partial z}i_m{}^2 + \frac{\partial}{\partial z}\sqrt{\frac{3}{2}}\Psi_m\cos\theta_r i_\alpha + \frac{\partial}{\partial z}\sqrt{\frac{3}{2}}\Psi_m\sin\theta_r i_\beta \quad (2.119)$$

式 (2.119) 右辺を dq 変換することで，以下の式 (2.120) が得られる．

$$F_z = \frac{1}{2}\frac{\partial L_m}{\partial z}i_m^2 + \frac{\partial}{\partial z}\sqrt{\frac{3}{2}}\Psi_m i_d \quad\cdots\cdots\cdots\cdots\cdots\cdots\cdots\cdots\cdots (2.120)$$

式 (2.120) の第二項の d 軸電流 i_d の係数は，回転子の軸方向変位によって変化する鎖交磁束であり，変位に対して一定の割合で増加する．したがって，その変化の割合を Ψ'_z とすると，最終的な軸方向力は以下の式で表せる．

$$F_z = \frac{1}{2}\frac{\partial L_m}{\partial z}i_m^2 + \Psi'_z i_d \quad\cdots\cdots\cdots\cdots\cdots\cdots\cdots\cdots\cdots\cdots\cdots (2.121)$$

式 (2.121) において，第一項は回転子永久磁石と固定子鉄心の間に生じる軸方向の磁気吸引力である．第二項は，d 軸電流によって発生する能動的な軸方向力である．詳しくは，参考文献 (2.9) 〜 (2.11) を参照されたい．

- 54 -

2.4 機械振動の基礎

磁気浮上システムでは，対象物を安定に支持するため，振動は重要な問題であり，設計・評価に際しては，振動の基礎知識，および問題解決の知識が必要となる．本節では，磁気浮上システムの設計・評価に際して重要となるこれらの基礎事項を抽出して述べる．実用にあたってポイントとなる事項について，できるだけ具体的に述べることを試みた．しかし限られた紙数の範囲なので，振動の基礎事項については，必要に応じて他のテキスト（たとえば参考文献 (2.12), (2.13)）を参照されたい．

2.4.1 振動で重要な概念

振動は，発生メカニズムの観点からは，自由振動，強制振動，自励振動の大きく三つに分類される．これらのうち，多くの場合に機器の設計で検討すべきは自由振動と強制振動である．自由振動では固有振動数，固有モード，減衰，また強制振動ではこれらに加え，共振の理解が重要である．固有振動数，固有モード，モード減衰比（減衰比については次項で述べる）をモード特性（モーダルパラメータ）という．

(1) 自由振動

はじめに自由振動について説明する．構造物は，質量と剛性から決まる振動しやすい振動数（周波数）と，この振動数に対応した振動しやすい形態を持つ．これらを，それぞれ固有振動数，固有モードという．そして，固有振動数と固有モードで特徴づけられる振動が自由振動である．重要なことは，自由振動は外からの作用には依存せず，その構造物が持つ固有の特性によって決定づけられることである．

固有振動数と固有モードが振動のしやすさにつながる概念であるのに対し，減衰は振動のしにくさにつながる概念である．減衰は振動のエネルギーの散逸であり，散逸したエネルギーは熱エネルギーなどに変換される．質量および剛性と比較し，減衰の理論的な扱いは困難である．理論的扱いをしやすくするため，散逸されるエネルギーをすべて，振動時に発生する抵抗力が振動速度に比例するとする粘性減衰によるものに変換する方法がとられる．

- 55 -

(2) 強制振動

次に強制振動について説明する．自由振動が外作用に依存しない構造物の特性によって決定づけられる振動であるのに対し，強制振動は，外作用によって特徴づけられる振動である．強制振動にともなって自由振動も生じるが，時間が経過すると減衰によって自由振動は消え，強制振動だけが残る．したがって，注目すべきは強制振動の振動数（外力の振動数）と自由振動の振動数（固有振動数）が近接しているときである．この場合は，振動は著しく増大する．これが共振であり，機器の設計で非常に重要である．

2.4.2　1自由度系

(1) 自由振動

振動を理解するためには，図2.12に示す最も基本となる1自由度系の振動を明確に理解しておく必要がある．

振動時に発生する抵抗力が振動速度に比例する粘性減衰を仮定した1自由度系の振動は，以下の微分方程式で表される．

$$m\ddot{x} + c\dot{x} + kx = f \qquad (2.122)$$

m, k, c, f, x は，それぞれ質量，剛性，減衰係数，外力，変位である．x および f は，時間 t の関数である．

自由振動解を求めるため，式 (2.122) で $f=0$ とし，解を $x = x_0 e^{\lambda t}$ と置く．非自明な解を持つためには，以下の式が成り立つ必要がある．

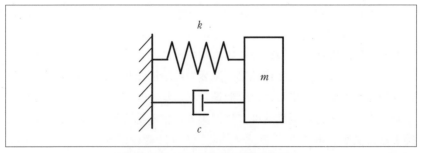

〔図2.12〕1自由度系の振動モデル

$$m\lambda^2 + c\lambda + k = 0 \quad \cdots\cdots\cdots\cdots\cdots\cdots\cdots\cdots\cdots\cdots \quad (2.123)$$

式 (2.123) は式 (2.122) の特性方程式とよばれ，解は以下となる．

$$\lambda = \frac{-c \pm \sqrt{c^2 - 4mk}}{2m} = -\frac{c}{2\sqrt{mk}}\sqrt{\frac{k}{m}} \pm j\sqrt{\frac{k}{m}}\sqrt{1 - \left(\frac{c}{2\sqrt{mk}}\right)^2} \quad (2.124)$$

$\sqrt{k/m}$ は，質量と剛性で決まる減衰を考慮しないときの固有角振動数（不減衰固有角振動数）である．

ここで，ケース1：$c < 2\sqrt{mk}$，ケース2：$c = 2\sqrt{mk}$，ケース3：$c > 2\sqrt{mk}$ で，振動する（ケース1），振動しない（ケース2，ケース3）に場合が分かれる．多くの場合に機器の設計で振動が問題となるのはケース1である．$c = 2\sqrt{mk}$ は，振動する，振動しないを分ける閾値（しきいち）で臨界減衰係数といい，記号 c_c で表す．また，減衰係数と臨界減衰係数の比 c/c_c を減衰比といい，記号 ζ で表す．ここではケース1，すなわち $\zeta < 1$ の場合を考える．

不減衰固有角振動数を ω，また $\sigma = \zeta\omega, \omega_d = \omega\sqrt{1 - \zeta^2}$ とすると，式 (2.123) の解 λ は $-\sigma + j\omega_d, -\sigma - j\omega_d$ と書ける．σ は減衰率（減衰比とは異なる），ω_d は減衰を考慮したときの固有角振動数（減衰固有角振動数）である．

式 (2.122) の自由振動解は互いに共役な複素数となるので，自由振動解は以下の式で書ける．ただし，$2|x_0|$ は振幅（大きさは任意），α は初期位相である．

$$x = x_0 e^{(-\sigma + j\omega_d)t} + \bar{x}_0 e^{(-\sigma - j\omega_d)t} = 2|x_0|e^{-\sigma t}\cos(\omega_d t + \alpha) \quad \cdots\cdots \quad (2.125)$$

これより，特性方程式 (2.123) の解の実部は自由振動の減衰率を，虚部は角振動数を表すことがわかる．

(2) 強制振動

次に外力が作用する強制振動を考える．多くの機器では避共振設計が必要であり，そのためには周期的な外力に対する振動応答を調べる必要がある．そこで，式 (2.122) で調和励振力 $f = f_0\cos\Omega t$ が作用する場合の

— 57 —

振動応答を考える．

式 (2.122) に数値例を設定して計算した結果を図 2.13 に示す．外力の振動数 (5 Hz) が固有振動数 (15.9 Hz) と離れているときは，振動の時刻歴応答は，本図 (a) に示すように強制振動と自由振動が重畳された波形となるが，自由振動は減衰により時間が経過すると消え，強制振動だけが残る．一方，外力の振動数が固有振動数と一致するとき，すなわち共振時には本図 (b) のように，振動応答は時間とともに増大し，定常状態では，減衰で定まる一定の振幅となる．このように，共振では振動応答波形が成長していくイメージを理解しておくことが重要である．

以上は時間領域の振動挙動であるが，機器の避共振設計のためには，外力に対する構造物の振動応答を周波数領域で調べる必要がある．（一般には，前者の時刻歴応答評価よりも後者の周波数応答評価の方が機器の設計で頻度は高い．）

この1自由度系の振動の周波数応答の振幅は図 2.14 となる．本図に示すように，外力の振動数が固有振動数と一致すると振幅は著しく増大する．これが共振である．固有振動数における振動応答の振幅は減衰で定まる．

共振は，機器の設計で検討すべき最も重要な事項の一つである．共振で振動が増大する要因は以下の三つである．

1) 外力の大きさ（スカラー的要因）

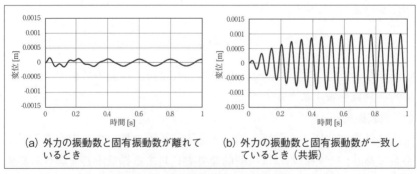

〔図 2.13〕強制振動の時刻歴応答

2) 外力の振動数と固有振動数の関係（時間的要因）

3) 外力のパターン（分布）と固有モードの関係（空間的要因）

上記のうち，1) は特に説明は不要であろう．2) については図2.14を見れば理解しやすい．3) については2.4.4項で説明する．

2．4．3　多自由度系

実機の振動は多自由度系となる．多自由度系（自由度を n とする）の振動は以下のように行列で表現される．

$$M\ddot{x} + C\dot{x} + Kx = F \quad \cdots\cdots\cdots\cdots\cdots\cdots\cdots\cdots (2.126)$$

ここで，M, K, C, および F, x は，それぞれ質量，剛性，減衰を表す行列，および外力，変位を表すベクトルである．本節では，減衰行列は，質量行列と剛性行列の線形結合と仮定する比例粘性減衰[2.12]とする．すなわち，a, b を比例係数として，

$$C = aM + bK \quad \cdots\cdots\cdots\cdots\cdots\cdots\cdots\cdots (2.127)$$

と書ける．

機器の設計で行われる解析は，主に (1) 固有値解析，(2) 周波数応答解析，(3) 時刻歴応答解析である．これらの概要を説明する．

(1) 固有値解析

自由振動特性，すなわち固有振動数と固有モードを求める．式 (2.126)

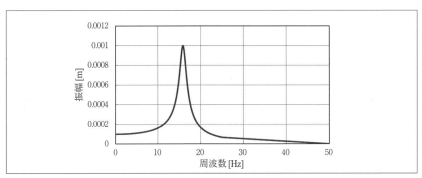

〔図2.14〕強制振動の周波数応答

二 第2章　磁気浮上・磁気軸受の基礎理論

で $F = 0$ とし，自由振動解を $x = \varphi e^{j\omega t}$ と置く．通常は減衰が固有振動数および固有モードに与える影響は小さいと考え，減衰項を無視した式（2.128）の固有値問題を解く．（なお，比例粘性減衰の場合は，減衰を考慮した場合でも，固有値（固有角振動数）は異なるが，同じ固有モードが得られる．）

$$(-\omega^2 M + K)\varphi = 0 \quad \cdots\cdots\cdots\cdots\cdots\cdots\cdots\cdots\cdots\cdots\cdots \quad (2.128)$$

上式が非自明解を持つためには行列式について，

$$\left|-\omega^2 M + K\right| = 0 \quad \cdots\cdots\cdots\cdots\cdots\cdots\cdots\cdots\cdots\cdots \quad (2.129)$$

が成り立つ必要がある．行列の固有値解法 [2.14] により，n 個の固有角振動数 $\omega_i (i = 1, ..., n)$ とそれらに対応した固有モード $\varphi_i (i = 1, ..., n)$ を得る．

(2) 周波数応答解析

式（2.126）に調和励振力 $F = F_0 e^{j\Omega t}$ を与え，周波数毎に定常状態の振動応答を求める．振動応答を $x = x_0 e^{j\Omega t}$ と置き，これらを式（2.126）に代入すると以下の式が得られる．

$$(-\Omega^2 M + j\Omega C + K)x_0 = F_0 \quad \cdots\cdots\cdots\cdots\cdots\cdots\cdots\cdots \quad (2.130)$$

したがって，

$$x_0 = (-\Omega^2 M + j\Omega C + K)^{-1} F_0 \quad \cdots\cdots\cdots\cdots\cdots\cdots \quad (2.131)$$

式（2.131）から，角振動数 Ω に対する定常状態の振動応答 x_0 を求める．

(3) 時刻歴応答解析

外力に対する時々刻々の振動応答を求める．式（2.126）は2階の微分方程式である．この解法にはいくつかの手法があるが，ここでは，一例として1階の微分方程式の解法であるルンゲ・クッタ法を用いる方法を以下に示す．

$y = \dot{x}$ と置き，

自明な関係式 $M\dot{x} = My$

と合わせると，式（2.126）は式（2.132）のように1階の連立微分方程式

－ 60 －

で書くことができる.

$$
\begin{bmatrix} C & M \\ M & 0 \end{bmatrix} \begin{Bmatrix} \dot{x} \\ \dot{y} \end{Bmatrix} + \begin{bmatrix} K & 0 \\ 0 & -M \end{bmatrix} \begin{Bmatrix} x \\ y \end{Bmatrix} = \begin{Bmatrix} F \\ 0 \end{Bmatrix} \quad \cdots\cdots\cdots\cdots\cdots\cdots\cdots (2.132)
$$

式 (2.132) から, ルンゲ・クッタ法を用いた数値解法により振動の時刻歴応答を求める.

2.4.4　モード解法

振動解析で特に重要な解法として, モード解法[2.12]がある. モード解法では, 式 (2.126) に対して, ある座標変換を行う. これによって, 多自由度系の振動を1自由度系の振動の重ね合わせで表すことが可能となる. 1自由度系の振動を理解することが重要なのはこのためでもある. また, モード解法は, 数値計算の負荷を著しく低減できる点でも有効である. 以下にモード解法について説明する.

はじめに 2.4.3 項 (1) で述べた固有値解析を行う. 得られた n 個の固有モードを表すベクトルを並べてできる行列（固有モード行列）を $\boldsymbol{\Phi}=[\boldsymbol{\varphi}_1, \boldsymbol{\varphi}_2, \cdots, \boldsymbol{\varphi}_n]$ とする. この行列を用い, 以下の座標変換を行う.

$$
x = \boldsymbol{\Phi} u \quad \cdots\cdots\cdots\cdots\cdots\cdots\cdots\cdots\cdots\cdots\cdots\cdots\cdots (2.133)
$$

式 (2.133) を式 (2.126) に代入して左から $\boldsymbol{\Phi}^T$ をかけ, 固有モードをモード質量が1となるように正規化する. これにより, モード質量行列, モード減衰行列, モード剛性行列は以下の対角行列となる. ただし, ζ_i は i 次のモード減衰比である.

$$
\boldsymbol{\Phi}^T M \boldsymbol{\Phi} = [1] \qquad (i=1,...,n) \quad \cdots\cdots\cdots\cdots\cdots (2.134)
$$

$$
\boldsymbol{\Phi}^T C \boldsymbol{\Phi} = [2\zeta_i \omega_i] \qquad (i=1,...,n) \quad \cdots\cdots\cdots\cdots\cdots (2.135)
$$

$$
\boldsymbol{\Phi}^T K \boldsymbol{\Phi} = [\omega_i^2] \qquad (i=1,...,n) \quad \cdots\cdots\cdots\cdots\cdots (2.136)
$$

以上より, 式 (2.126) は以下のような n 個の1自由度系の振動の式になる.

$$
\ddot{u}_i + 2\zeta_i \omega_i \dot{u}_i + \omega_i^2 u_i = \boldsymbol{\varphi}_i^T F \qquad (i=1,...,n) \quad \cdots\cdots\cdots\cdots (2.137)
$$

≒ 第2章　磁気浮上・磁気軸受の基礎理論

2.4.3 項の (2) および (3) で述べた行列の直接解法と比較し，モード解法を用いると式 (2.126) は式 (2.137) のように n 個の非連成の式となるので，振動の周波数応答，あるいは時刻歴応答を簡単に求めることができる．

ここで，式 (2.137) の外力項 $\boldsymbol{\varphi}_i^T \boldsymbol{F}$ は，外力を表すベクトルと i 次の固有モードを表すベクトルの内積で，外力が i 次の固有モードの振動を励振する度合いを表す．したがって内積が 0，すなわち外力と直交する固有モードの振動は，外力の振動数が固有振動数と一致しても共振は生じない．これが，2.4.2 項で述べた「共振で振動が増大する要因　3) 外力のパターン（分布）と固有モードの関係（空間的要因）」である．

モード座標から空間座標への変換は，

$$\boldsymbol{x} = \boldsymbol{\Phi}\boldsymbol{u} = [\boldsymbol{\varphi}_1, \boldsymbol{\varphi}_2, \cdots, \boldsymbol{\varphi}_n]\boldsymbol{u} = u_1\boldsymbol{\varphi}_1 + u_2\boldsymbol{\varphi}_2 + \cdots + u_n\boldsymbol{\varphi}_n \quad \cdots\cdots \quad (2.138)$$

となる．これは，多自由度系の振動が，固有モードで振動する 1 自由度系の振動の重ね合わせで表されることを示している．

２．４．５　回転体の振動

磁気浮上システムには，直動（リニア）形と回転（ロータリー）形がある．回転体の振動では，回転速度が高くなると回転体特有の現象が現れる．

回転速度に対して，ロータが変形する固有振動数，すなわちロータの曲げ一次固有振動数が十分高いロータを剛性ロータという．本項では剛性ロータを用い，回転体振動の基礎事項について説明する [2.13]．なお，弾性ロータについては本書 4.1.2 項で述べられる．

(1) 剛性ロータの運動方程式

図 2.15 に剛性ロータのモデルを示す．ロータは鉛直上下で軸受によって支持されている．ここではロータおよび軸受に異方性はないとする．静止平衡状態のロータの中心線を z 軸に，z 軸に垂直でロータの重心 G がある平面内に x および y 軸をとり，x-y 平面にあるロータの中心を座標系の原点 O とする．また，原点 O から上下の軸受位置までの距離を，それぞれ l_1, l_2 とする．

ロータは，z 軸を回転軸として回転角速度 Ω で回転する．Ω の符号により，ロータの回転方向を定める．図 2.15 において反時計回りを正，

- 62 -

時計回りを負とする．

　一般に，製作誤差などにより，ロータの重心Gはロータの中心線からx-y平面内でεだけずれている．また，慣性主軸はロータの中心線からτだけずれて傾いている．ロータ中心線の傾きをθ，慣性主軸の傾きをθ_1，これらのx-z平面およびy-z平面への投影角を，それぞれθ_xおよびθ_y，θ_{1x}およびθ_{1y}とする．$t=0$で重心Gがx軸上にあるとする．ロータの回転により重心Gの方向がx軸となす角はΩtとなる．また，重心Gの方向と慣性主軸が傾く平面のなす角をγ_τとする．重心Gの変位をx_G, y_Gとし，ずれの傾き角τが微小のとき，以下の式が成り立つ．

$$x_G = x + \varepsilon \cos\Omega t \quad \cdots\cdots\cdots\cdots\cdots\cdots\cdots\cdots\cdots\cdots (2.139)$$

$$y_G = y + \varepsilon \sin\Omega t \quad \cdots\cdots\cdots\cdots\cdots\cdots\cdots\cdots\cdots\cdots (2.140)$$

$$\theta_{1x} = \theta_x + \tau\cos(\Omega t + \gamma_\tau) \quad \cdots\cdots\cdots\cdots\cdots\cdots\cdots (2.141)$$

$$\theta_{1y} = \theta_y + \tau\sin(\Omega t + \gamma_\tau) \quad \cdots\cdots\cdots\cdots\cdots\cdots\cdots (2.142)$$

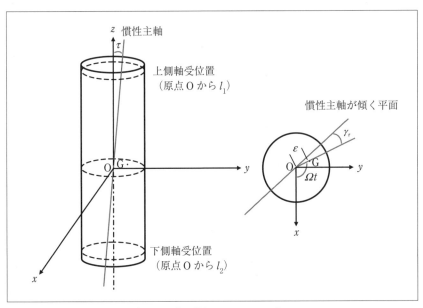

〔図2.15〕剛性ロータのモデル

≒ 第2章　磁気浮上・磁気軸受の基礎理論

このとき，剛性ロータの不釣り合いによるふれ回り運動は以下の式で表される．

$$m\ddot{x}+(c_1+c_2)\dot{x}+(c_1l_1-c_2l_2)\dot{\theta}_x+(k_1+k_2)x+(k_1l_1-k_2l_2)\theta_x$$
$$=m\varepsilon\Omega^2\cos\Omega t \tag{2.143}$$

$$m\ddot{y}+(c_1+c_2)\dot{y}+(c_1l_1-c_2l_2)\dot{\theta}_y+(k_1+k_2)y+(k_1l_1-k_2l_2)\theta_y$$
$$=m\varepsilon\Omega^2\sin\Omega t \tag{2.144}$$

$$I\ddot{\theta}_x+I_p\Omega\dot{\theta}_y+(c_1l_1-c_2l_2)\dot{x}+(c_1l_1^2+c_2l_2^2)\dot{\theta}_x+(k_1l_1-k_2l_2)x$$
$$+(k_1l_1^2+k_2l_2^2)\theta_x=(I-I_p)\tau\Omega^2\cos(\Omega t+\gamma_\tau) \tag{2.145}$$

$$I\ddot{\theta}_y-I_p\Omega\dot{\theta}_x+(c_1l_1-c_2l_2)\dot{y}+(c_1l_1^2+c_2l_2^2)\dot{\theta}_y+(k_1l_1-k_2l_2)y$$
$$+(k_1l_1^2+k_2l_2^2)\theta_y=(I-I_p)\tau\Omega^2\sin(\Omega t+\gamma_\tau) \tag{2.146}$$

ここで，記号は以下の通りである．

m：ロータの質量，k：軸受の剛性（ばね定数），c：軸受の減衰係数，I：慣性モーメント，I_p：極慣性モーメント，Ω：ロータの回転角速度，l：原点から軸受支持点までの距離，ε：ロータ重心の中心線からのずれ，τ：慣性主軸の中心線からの傾き，γ_τ：重心の方向と慣性主軸が傾く平面のなす角．また，添え字は 1：上側軸受，2：下側軸受を表す．

　式（2.145）および式（2.146）の左辺第 2 項が，回転角速度 Ω で回転するロータの持つ角運動量がロータの傾きで変化することによって生じるジャイロ効果を表す．

　ここでは基本的特性として回転体の不減衰自由振動について考えるため，式（2.143）から式（2.146）の右辺，および減衰係数を 0 と置く．式（2.143）から式（2.146）はたわみ（剛性ロータなので並進）と傾きが連成した振動を表すが，特に $k_1l_1-k_2l_2=0$ の場合は，並進と傾きを独立に考えることができる．また，

$$k_1+k_2=k$$
$$k_1l_1^2+k_2l_2^2=\delta$$

とし，ロータの並進と回転の支持剛性をそれぞれ k，δ で表す．

- 64 -

上記の記号を用いると，不減衰の自由振動は以下の式で書ける．

$$m\ddot{x} + kx = 0 \quad \cdots\cdots\cdots\cdots\cdots\cdots\cdots\cdots\cdots \quad (2.147)$$

$$m\ddot{y} + ky = 0 \quad \cdots\cdots\cdots\cdots\cdots\cdots\cdots\cdots\cdots \quad (2.148)$$

$$I\ddot{\theta}_x + I_p\Omega\dot{\theta}_y + \delta\theta_x = 0 \quad \cdots\cdots\cdots\cdots\cdots\cdots \quad (2.149)$$

$$I\ddot{\theta}_y - I_p\Omega\dot{\theta}_x + \delta\theta_y = 0 \quad \cdots\cdots\cdots\cdots\cdots\cdots \quad (2.150)$$

(2) たわみ（並進）振動

はじめに並進振動について考える．式 (2.147) と式 (2.148) から，x と y は独立であり，2.4.2 項でも求めたように自由振動解は以下で表される．

$$x = A\cos(\omega t + \alpha) \quad \cdots\cdots\cdots\cdots\cdots\cdots\cdots\cdots \quad (2.151)$$

$$y = B\cos(\omega t + \beta) \quad \cdots\cdots\cdots\cdots\cdots\cdots\cdots\cdots \quad (2.152)$$

ただし，A, B は振幅，ω は不減衰固有角振動数 $\sqrt{k/m}$ で，α, β は初期位相である．

これより，x と y の軌道は楕円となる．一般に楕円軌道は，正方向と，負方向の円運動の和で表すことができる．例えば式 (2.151)，および式 (2.152) で $\beta = \alpha - \pi/2$ のときを考えると，

$$x = A\cos(\omega t + \alpha) = \frac{A+B}{2}\cos(\omega t + \alpha) + \frac{A-B}{2}\cos(-(\omega t + \alpha)) \quad (2.153)$$

$$y = B\cos(\omega t + \alpha - \frac{\pi}{2}) = B\sin(\omega t + \alpha)$$
$$= \frac{A+B}{2}\sin(\omega t + \alpha) + \frac{A-B}{2}\sin(-(\omega t + \alpha)) \quad (2.154)$$

となる．これは長半径が A，短半径が B（あるいはその反対）の楕円軌道が，半径 $(A+B)/2$ の正方向に回転する円運動と，半径 $|A-B|/2$ の負方向に回転する円運動の和で表されることを示す．ロータの回転と同方向の運動を前向きふれまわり運動（forward whirling motion），ロータの回転と反対方向の運動を後向きふれまわり運動（backward whirling motion）とよぶ．回転体の振動では，このように前向きふれまわり運動と後向き

― 65 ―

≒ 第2章　磁気浮上・磁気軸受の基礎理論

ふれまわり運動に分解して考えることが重要になる場合がある.

(3) 傾き振動

次に傾き振動を考える. 並進振動と異なり, 傾き振動では θ_x と θ_y が連成する. 式 (2.149) と式 (2.150) の係数の大きさが等しいので, ロータは角振幅 θ_0 を保ってふれまわり, x-z 平面および y-z 平面への投影角は α を初期位相として以下のように書ける.

$$\theta_x = \theta_0 \cos(\omega t + \alpha) \quad \cdots\cdots\cdots\cdots\cdots\cdots\cdots\cdots\cdots\cdots \quad (2.155)$$

$$\theta_y = \theta_0 \sin(\omega t + \alpha) \quad \cdots\cdots\cdots\cdots\cdots\cdots\cdots\cdots\cdots\cdots \quad (2.156)$$

式 (2.155) と式 (2.156) を式 (2.149) および式 (2.150) に代入することにより, 以下の振動数方程式を得る.

$$-I\omega^2 + I_p \Omega\omega + \delta = 0 \quad \cdots\cdots\cdots\cdots\cdots\cdots\cdots\cdots \quad (2.157)$$

式 (2.157) を解いて, 以下の固有角振動数が得られる.

$$\omega = \frac{I_p \Omega \pm \sqrt{(I_p \Omega)^2 + 4I\delta}}{2I} \quad \cdots\cdots\cdots\cdots\cdots\cdots\cdots\cdots \quad (2.158)$$

式 (2.158) から, 傾き振動の固有角振動数はロータの回転角速度によって変化すること, また, ω の符号から, 一方はロータの回転と同方向の前向きふれまわり運動, 他方はロータの回転と反対方向の後向きふれまわり運動であることがわかる. これらを, それぞれ前向き歳差運動, 後向き歳差運動とよぶこともある.

式 (2.158) に数値例を設定して計算した回転角速度と固有角振動数の関係 (固有角振動数線図) を図 2.16 に示す. 縦軸と横軸の値が等しくなる直線を運搬線といい, 運搬線と固有角振動数の交点が, ロータの振動が著しく増大する (減衰がなければ振幅は無限大になる) 危険速度 (critical speed) である. 本図を見ればわかるように, ロータの不釣り合いによるふれまわり運動では, 後向きふれまわり運動は励振されない.

剛性ロータの固有モードを図 2.17 に示す. 並進振動の固有モードは (a) のような平行 (パラレル) モード, また傾き振動の固有モードは (b)

- 66 -

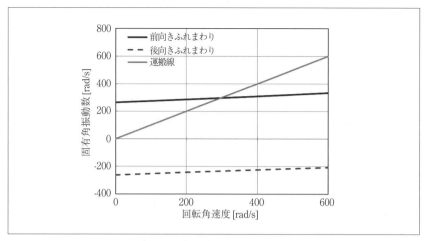

〔図 2.16〕固有角振動数線図

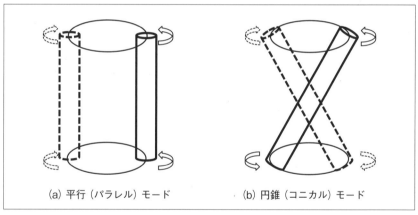

〔図 2.17〕剛性ロータの固有モード

のような円錐（コニカル）モードである．

2．4．6　振動問題解決に重要な手法

　振動問題解決の手法として多くの場合に用いられるのは，計算的手法である有限要素法（Finite Element Method; FEM）と，実験的手法である実験モード解析（Experimental Modal Analysis; EMA）である．

第2章　磁気浮上・磁気軸受の基礎理論

(1) 有限要素法 (FEM)

実際には連続体である構造物を有限個の要素に分割し，それらの要素で現象を表す方程式を立てて数値解法により解を求める．近年，有限要素法の実用的な汎用ソフトウェアが普及しているが，これらを有効活用するためには，有限要素法の基礎事項（たとえば参考文献 (2.15)）の習得が必要である．

有限要素法の計算結果はモデルに大きく依存するので，モデル化が重要である．モデル化は，振動解析では実際の構造物の質量，剛性，減衰，加振力，および境界条件を適切に表現することである．

実機で多くの場合に問題となるのは，構造物間の締結部の剛性，境界条件（たとえば，磁気浮上システムでは構造物の支持剛性），減衰である．これらは理論的評価が困難な場合が多く，そのような場合は推定値を用いるが，不確定要因を含む．

(2) 実験モード解析 (EMA)

実験モード解析は，実際の構造物を加振し，測定によって得られた伝達関数（入力点に対する応答点の周波数応答関数）に適合する数学モデルを構成する．すなわち，逆問題として実際の振動からモード特性を抽出する．

実験モード解析も実用的な汎用ツールが普及している．しかし，信頼性の高い評価のためには適切な測定データの取得と分析が重要である．加振方法，測定における計測器の設定，および分析方法などの基礎事項（たとえば参考文献 (2.12)）を習得した上で，汎用ツールを用いる必要がある．

(3) 有限要素法と実験モード解析の特徴比較

一般的な場合の有限要素法と実験モード解析の特徴比較を表2.2にまとめる．

表2.2に示すように，有限要素法と実験モード解析は互いに補完する関係にあることがわかる．すなわち，有限要素法は実機製作前（設計段階）の予測にも適用可能である．大規模なモデルを扱うことも可能であり，また，設計，あるいは現象理解のためのパラメータサーベイも容易

- 68 -

〔表 2.2〕有限要素法と実験モード解析の特徴比較

	有限要素法 (FEM)	実験モード解析 (EMA)
適用のフェーズ	・実機製作前（設計段階）に可 ・予測に適している	・実機製作後（製作途中の部分評価）
モデル	・大規模も可	・測定コストの制約あり
パラメータサーベイ	・容易	・FEM より困難
実稼動状態の評価	・容易	・FEM より困難
精度	・モデルの不確定要因に依存 （不確定要因がなければ高い）	・高い （実際の振動からモード特性を同定）

である．しかし，締結部の剛性，境界条件，減衰の設定などに不確定要因を含む場合もある．一方，実験モード解析は，実際の振動から構造物の持つモード特性を逆問題として同定する．したがって上記の不確定要因を評価できる．しかし，実機製作前の予測には適用できず，測定コストの制約もあり，パラメータサーベイも有限要素法と比較して困難である．また，自由振動特性の評価は比較的容易であるが，実稼動状態の評価は困難な場合も多い．

　したがって，磁気浮上システムに限らず，実機の振動問題解決のためには，有限要素法をはじめとする数値計算手法と，実験モード解析の両方を適切に活用することが重要である．

第2章　磁気浮上・磁気軸受の基礎理論

【参考文献】

(2.1) 西方正司 監修：「基本からわかる電気機器講義ノート」，オーム社，2014.

(2.2) 宮島龍興 訳：「ファインマン物理学 Ⅲ 電磁気学」，岩波書店，1986.

(2.3) 伊藤正美，木村英紀，細江繁幸：「線形制御系の設計理論」，計測自動制御学会編・発行，ISBN：978-4-339-08331-6，コロナ社，1978.

(2.4) 浜田望，松本直樹，高橋徹：「現代制御理論入門」，コロナ社，1997.

(2.5) システム制御情報学会編：「制御系設計－H_∞制御とその応用－」，朝倉書店 , 1994.

(2.6) 野波健蔵，西村秀和，平田光男：「MATLAB による制御系設計」，東京電機大学出版局 , 1998.

(2.7) 金東海：「現代電気機器理論」，電気学会，2010.

(2.8) 松瀬貢規：「電動機制御工学－可変速ドライブの基礎－」，電気学会，2007.

(2.9) 杉元紘也，田中誠祐，千葉明：「小型 1 軸制御シングルドライブベアリングレスモータの構造と原理」，日本 AEM 学会誌，vol.23, no.1, pp.48-54, 2015.

(2.10) J. Asama, Y. Hamasaki, T. Oiwa, and A. Chiba, "Proposal and Analysis of a Single-Drive Bearingless Motor," IEEE Trans. Industrial Electronics, vol.60, no.1, pp.129-138, 2013.

(2.11) 志村樹，杉元紘也，千葉明：「1 軸制御シングルドライブベアリングレスモータのパーミアンス法による回転子設計」，第 28 回「電磁力関連のダイナミクス」シンポジウム講演論文集 25A5-5，pp.63-68, 2016.

(2.12) 長松昭男：「モード解析入門」，コロナ社，1993.

(2.13) 山本敏男，石田幸男：「回転機械の力学」，コロナ社，2001.

(2.14) モード解析ハンドブック編集委員会編：「モード解析ハンドブック」，コロナ社，2000.

(2.15) 日本機械学会編：「計算力学ハンドブック（Ⅰ 有限要素法　構造編）」，丸善，1998.

第 3 章
磁気浮上の理論と分類

磁力を用いて物体を非接触支持する場合，十分な浮上力と浮上のための制御が必要であり，そのために種々の方法が提案され，また実用化されている．支持側と浮上体側の間に十分な浮上力が発生可能かどうかは，支持側と浮上体側の要素，それらの相対運動の有無，およびそれらの中の電流の有無などにより決定することができる．この浮上力を用いて実際に非接触浮上させるためには，浮上体に適切な浮上力を与える制御が必要である．本章では，種々の磁力の発生のメカニズム，基本的な浮上制御の理論，および非接触浮上機構の代表的な構成法について紹介する．なお，各節，各項で出てくる用語，および磁気浮上システムのモデルはそれぞれの節，項で便利なものを用いているため，多少の違いが存在することをご容赦いただきたい．

3.1　電磁力発生機構と能動形磁気浮上・磁気軸受機構の基礎理論

　この節では，非接触浮上を実現するための，種々の磁力発生機構とその制御理論について述べる．ここで磁力は広い意味で，磁極が互いに吸引や反発する力だけでなく，電流と磁石，電流と電流との間に働く力をもいうこととする．磁力発生機構については，その発生原理に基づいた分類を行い，代表的なものについてはそのメカニズムを紹介する．制御理論では，磁気浮上および磁気軸受の理論を述べるとともに，柔軟浮上体に対する浮上方法についても言及する．

3.1.1　磁気力の制御方式

　浮上機構を構成するためには，非接触力を用いて物体を浮上支持することが必要である．非接触力として磁力を用いるものが磁気浮上機構と呼ばれるものであり，他に流体力（空気力）や静電力などを用いた非接触浮上機構が提案されている．非接触浮上機構は，支持側（ステータ側）と浮上体側の間に作用反作用による浮上支持力を発生させ，力の方向と大きさを制御することにより浮上機構を実現する．以下では磁気浮上機構を構成するための磁力の発生機構について考察する．

　磁力の発生機構は，支持側と浮上体側の要素によって異なる．また，それらの中の電流の有無や変化，およびそれらの相対運動の有無なども

二 第3章　磁気浮上の理論と分類

影響をおよぼす．磁力が発生するための主な要素として，以下のものが
考えられる．

(a) 常電導電磁石：鉄心（コア）にコイルを巻きコイル電流を流すこ
とにより磁化曲線に従って磁場を発生する．最も一般的な磁場発
生の要素である．

(b) 空心コイル（電流が流れる導線）：鉄心のないコイルに電流を流す
ことによりビオ・サバールの法則に従って磁場を発生する．また，
磁界中ではローレンツ力を発生する．

(c) 永久磁石：常電導状態において外部からの磁界やエネルギーなど
を与えなくても定常的に自ら磁場を発生する．

(d) 超電導磁石（超電導コイル）：超電導体のコイルを流れる電流によ
り磁場を発生するものであり，大電流を用いて強力な磁場を得る
ことが可能である．コイルを短絡させた場合には永久電流が流れ，
外部からのエネルギーなしに磁場を保持できる．一般には空心コ
イルであるが，鉄心を用いる場合もある．

(e) バルク超電導体：磁束ピン止めにより磁場を保持する性質がある．

(f) 強磁性体：外部磁場に応じて磁場と同方向に大きい磁束密度を生
じる性質がある．

(g) 反磁性体：外部磁場と逆向きに磁束を生じる性質をもつ．

(h) 金属導体：外部磁場の変化に応じ自分自身の中に電流を流す性質
をもつ．

(1) 支持側と浮上体側の要素の組み合わせによる分類

上に述べた要素のうち，自ら磁場または磁束を発生することが可能な
のは，(a)〜(e) の5つであり，(f)〜(h) は自ら磁場または磁束を発
生せず，対向する要素に応じて発生，または変化するものである．よっ
て (f)〜(h) の要素を浮上機構の支持側と浮上体側の両方に配置しても
磁力は発生しない．このことを考えると磁力を発生可能な要素の組合せ
は，表3.1のようになる．発生力は作用反作用の関係にあるため，要素A，
要素Bは，支持側，浮上体側のどちら側にあってもよい．以下，この
項ではこれら磁気浮上の要素を (a)，(b) などを付して表す．

− 76 −

表 3.1 は，それらの組合せにおいて発生する力のうち，浮上力として用いることができると考えられる主な方向のものを示している．方向の例を図 3.1 に示す．吸引力は左図のように永久磁石の異極が対向しているときに働く力であり，反発力は中央の図のように同極が対向しているときの力である．横力は，右図のように異極対向の永久磁石の間の導線に電流が流れているときなど対向する要素の方向と直角に働く力である．なお，図の永久磁石の位置が左右にずれた場合にも横方向の力が働くが，今回はその力は吸引力または反発力の一種として考える．また，表中の△印は，発生力が小さいことや装置の配置が難しいことなどのために，浮上システムとしての利用が難しいと考えられる組合せである．

(2) 浮上支持力の安定性による分類

表 3.1 に示した組合せにより，磁力を用いて非接触浮上を行うために

〔表 3.1〕物体間に浮上力が発生する組合せとその方向

		要素 A				
		a) 常電導電磁石	b) 空心コイル	c) 永久磁石	d) 超電導磁石	e) バルク超電導体
要素 B	a) 常電導電磁石	吸引力 ＊2	―	―	―	―
	b) 空心コイル	吸引力＊2 横力＊1	吸引力 反発力 ＊1	―	―	―
	c) 永久磁石	吸引力 ＊2	吸引力 反発力 横力 ＊1	吸引力 反発力 ＊3	―	―
	d) 超電導磁石	吸引力 ＊2	吸引力 反発力 ＊1	吸引力 反発力 ＊2，＊3	吸引力 反発力	―
	e) バルク超電導	吸引力 ＊2	吸引力 反発力 横力 ＊1	吸引力 反発力	吸引力 反発力	吸引力 反発力
	f) 強磁性体	吸引力 ＊2	△	吸引力	吸引力	吸引力
	g) 反磁性体	△	△	反発力	反発力	反発力
	h) 金属導体	反発力＊2 横力＊1	反発力＊2	反発力	反発力	反発力

＊1 発生する力の向きおよび大きさはコイル電流により調整可能
＊2 発生する力の大きさはコイル電流により調整可能
＊3 吸引力か反発力は対向する向きによる

は，浮上システムは安定である必要がある．浮上の安定性とは，浮上体が平衡位置にある場合に，復元力を得られるか否かで判断する．復元力を得られる場合，その組合せは安定であるとし，それ以外の組合せは不安定とする．図3.1に示したように永久磁石同士の組合せでは，異極対向の場合は上下方向に不安定，左右の横ずれ方向に安定である．逆に同極対向の場合は，上下方向に安定，左右方向に不安定となる．

　一般的な磁気浮上の要素として考えられる (a) 常電導電磁石，(b) 空心コイル，および (f) 強磁性体を用いた浮上システムの場合には，アーンショウの定理により浮上体の6自由度を完全非接触支持できる受動的に安定な浮上システムは存在しない[3.1]．このため磁気浮上システムでは，能動制御を用いたフィードバックによる安定化を行うか，超電導体などを用いたアーンショウの定理が及ばない要素を用いて受動安定なシステムを構成する必要がある．なお，方向別の安定性を考えた場合には表3.1の組合せのうち吸引力を用いた浮上システムは，横ずれ方向には受動安定となる．

　能動的にシステムを安定化させる方法には，種々のものがあるが，最も一般的なシステムは電磁吸引制御式磁気浮上 (Electromagnetic Suspension：EMS) システムと呼ばれる (a) 常電導電磁石と (f) 強磁性体の組み合わせによるもので，(a) のコイル電流を制御することにより磁気

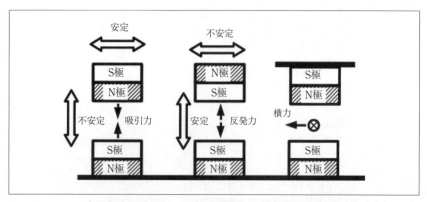

〔図3.1〕磁気浮上における磁気力の方向と安定性

支持力を調整し，安定浮上を実現させるものである．このEMSシステム
については，3.2節に詳しい説明がある．また，このような能動的な制御
を用いて浮上制御する理論については3.1.2項を，磁気浮上システムの大
きな応用の一つである磁気軸受の理論については3.1.3項を参照されたい．

電磁石のコイル電流を制御する以外の能動制御方式として，永久磁石
の変位を制御することにより磁力を制御して非接触浮上を実現するシス
テムが提案されている．これは，(c) 永久磁石と (f) 強磁性体の組み合
わせ，もしくは (c) 永久磁石同士の組み合わせで実現されるものであ
る．EMSシステムが電気的な制御方法であるのに対し，機械的な制御
による磁気浮上機構といえる．この浮上方式に関しては，3.3節に詳し
い説明があるので参照されたい．

また，同様に電磁石のコイル電流の制御を用いない能動形浮上方法と
して，ローレンツ力を用いるものもある．これは導体に流れる電流また
は磁界の強さを制御することにより浮上力を調整するものである．この
原理を用いた例として，(h) 金属導体に誘導電流を励起し，その電流に
対して磁場を制御しローレンツ力を調整するという方法の説明が3.5節
にあるので参照されたい．

次に受動的安定が可能なシステムについて説明する．ただし，受動的
に安定なシステムであっても，減衰性などを高めるためにEMSシステ
ムを併用することはよく見受けられる．

電磁誘導式磁気浮上（Electrodynamic Suspension：EDS）システムと呼
ばれる電磁誘導による磁気浮上機構は，要素の一方を (h) 金属導体とす
る組み合わせである．要素 (h) に対向する要素の磁場を変化させること
により (h) に電流が誘導され反発力を得て浮上するシステムである．磁
場の変化は，(a) 電磁石や (b) 空心コイルの場合には交流電流を用いる
ことにより，(c) 永久磁石，(d) 超電導磁石，(e) バルク超電導体の場
合はそれらを十分な速度で運動させることにより生じさせることが可能
である．このシステムでは，反発力は対向する要素間のギャップにより
変化する．この性質を用いて力の主成分方向に受動安定な浮上システム
を構成することが可能である．なお，JRマグレブの浮上システムにつ

第3章 磁気浮上の理論と分類

いては，3.4節を参照されたい．

受動安定な磁気浮上システムとして注目されているものが超電導体を用いた浮上方式である．表3.1の (d) 超電導磁石，(e) バルク超電導体を使った組合せがこれにあたる．超電導体が受動安定に寄与する性質は，マイスナー効果やバルク超電導体での磁束ピン止めによる磁束の保存であると考えられる．要素 (d) では空心コイルを短絡させることによって，コイル全体の磁束を保存し復元力を得ることができ，(e) を用いたものでは主にピン止め効果により復元力を得ることが可能である．超電導体を用いた浮上に関しては，3.6節を参考にされたい．

また，アーンショウの定理は反磁性体を用いた場合には適用できない．グラファイトなどの反磁性体を用いた浮上に関しては，4.2.7項を参照されたい．

以上，磁気浮上システムの組合せを，安定性という観点から分類すると，浮上体の全6自由度を非接触で受動安定させる可能性のあるものは，(e) バルク超電導体を用いた組合せ，(g) 反磁性体を用いた組合せ，および (d) 超電導磁石同士の組合せとなる．他の組合せでは，方向によって安定な方向と不安定な方向を持つことになり，不安定な方向に対して能動制御が必要となる．

一般に能動制御を行うためにはセンサ，コントローラ，アンプなどが必要となりコストや信頼性の面で不利である．しかし，能動制御を行うことにより剛性や減衰性能を変化させることができる利点もある．このため，磁気浮上を用いたシステムでは，どの方向を能動制御し，どの方向を受動制御でまかなうかは重要な課題であり，種々の浮上機構の構造が検討され，提案されている．本書でも以下に具体的な種々の磁気浮上機構の紹介を行っている．

3．1．2　安定問題と浮上制御理論

ここでは，無制御では不安定な常電導吸引制御形磁気浮上を扱う．

(1) 安定性 (stability)

状態方程式

$$\dot{x}(t) = Ax(t) + Bu(t) \qquad (3.1)$$

－ 80 －

において，無制御すなわち

$$u(t) = 0 \quad \cdots\cdots\cdots\cdots\cdots\cdots\cdots\cdots\cdots\cdots\cdots\cdots\cdots\cdots \quad (3.2)$$

の場合を考える．

$$\dot{x}(t) = Ax(t) \quad （自由（自律）系 \text{ Autonomous System}） \cdots \quad (3.3)$$

この解は，

$$x(t) = e^{At}x(0) \quad \cdots\cdots\cdots\cdots\cdots\cdots\cdots\cdots\cdots\cdots\cdots\cdots \quad (3.4)$$

となる．これが零に収束するか，発散するかによって，安定性が定義される．

[**定義**] 漸近安定（asymptotically stable）

任意の初期値 $x(0)$ に対して

$$\lim_{t\to\infty} x(t) = 0 \quad \cdots\cdots\cdots\cdots\cdots\cdots\cdots\cdots\cdots\cdots\cdots \quad (3.5)$$

となるとき，自由系 (3.3) は**漸近安定**である．

[**定義**] 不安定（unstable）

ある初期値 $x(0)$ が存在して

$$\lim_{t\to\infty} \|x(t)\| = \infty \cdots\cdots\cdots\cdots\cdots\cdots\cdots\cdots\cdots\cdots \quad (3.6)$$

となるとき，自由系 (3.3) は**不安定**である．

安定性に関して，つぎの定理が成立する．

【**定理1**】

自由系 (3.3) が**漸近安定** $\Leftrightarrow$ A のすべての固有値の実部が負

【**定理2**】

A の固有値の中に実部が正となるものが存在 $\Rightarrow$ 不安定

ここで注意すべきことは，定理2の逆は成立しないことである．すなわち，不安定な系であっても，A の固有値の中に実部が正となるものが存在しない場合もある．

- 81 -

≕ 第3章　磁気浮上の理論と分類

例　$A = \begin{bmatrix} 0 & 1 \\ 0 & 0 \end{bmatrix}$

【磁気浮上システムの安定性】

① 電流制御形磁気浮上システム

$$\dot{x}(t) = \begin{bmatrix} 0 & 1 \\ a & 0 \end{bmatrix} x(t) + \begin{bmatrix} 0 \\ b \end{bmatrix} u(t)$$

$$|sI - A| = \begin{vmatrix} s & -1 \\ -a & s \end{vmatrix} = s^2 - a \ \Rightarrow \ \lambda_1 = \sqrt{a}, \ \lambda_2 = -\sqrt{a}$$

Re$[\lambda_1] > 0 \Rightarrow$ 不安定（制御しないと，安定な磁気浮上は実現できない）．

② 電圧制御形磁気浮上システム

$$x(t) = \begin{bmatrix} 0 & 1 & 0 \\ a_{21} & 0 & a_{23} \\ 0 & -a_{32} & -a_{33} \end{bmatrix} x(t) + \begin{bmatrix} 0 \\ 0 \\ b_0 \end{bmatrix} u(t)$$

$$|sI - A| = \begin{vmatrix} s & 1 & 0 \\ -a_{21} & s & -a_{23} \\ 0 & a_{32} & s + a_{33} \end{vmatrix}$$

$$= s^3 + a_{33}s^2 + (a_{23}a_{32} - a_{21})s - a_{21}a_{33}$$

通常は $a_{21} > 0$ かつ $a_{33} > 0$ なので，不安定となる（制御しないと，安定な磁気浮上は実現できない）．

(2) 状態フィードバックによる安定化

［定義］可安定（stabilizability）

$(A + BK)$ を安定にするフィードバック行列 K が存在するとき，(3.1)
のシステム，あるいは簡単に (A, B) が可安定（Stabilizable）という．

(A, B) が可制御な場合，当然，可安定でもある（逆は成立しない）．

- 82 -

【磁気浮上システムの安定性】
① 電流制御形磁気浮上システム

$$u(t) = \boldsymbol{K}\boldsymbol{x}(t)$$

$$= -\begin{bmatrix} p_d & p_v \end{bmatrix}\begin{bmatrix} x_1 \\ x_2 \end{bmatrix} \quad (\boldsymbol{K} = -\begin{bmatrix} p_d & p_v \end{bmatrix} \text{ とする})$$

$$= -(p_d x + p_v \dot{x})$$

$$|s\boldsymbol{I} - (\boldsymbol{A} + \boldsymbol{B}\boldsymbol{K})| = \begin{vmatrix} s & -1 \\ bp_d - a & s + bp_v \end{vmatrix} = s^2 + bp_v s + (bp_d - a)$$

$$\Rightarrow \boxed{p_v > 0, \ p_d > \frac{a}{b}\left(= \frac{I_0}{D_0} \right)} \text{ が漸近安定となる必要十分条件}$$

② 電圧制御形磁気浮上システム
　状態フィードバックを施したとき

$$u(t) = \boldsymbol{K}\boldsymbol{x}(t)$$

$$= -\begin{bmatrix} p_d & p_v & p_i \end{bmatrix}\begin{bmatrix} x_1 \\ x_2 \\ x_3 \end{bmatrix} \quad (\boldsymbol{K} = -\begin{bmatrix} p_d & p_v & p_i \end{bmatrix} \text{ とする})$$

$$= -(p_d x + p_v \dot{x} + p_i i)$$

$$|s\boldsymbol{I} - (\boldsymbol{A} + \boldsymbol{B}\boldsymbol{K})| = \begin{vmatrix} s & -1 & 0 \\ -a_{21} & s & -a_{23} \\ b_0 p_d & a_{32} + b_0 p_d & s + a_{33} + b_0 p_i \end{vmatrix}$$

$$= s^3 + (a_{33} + bp_d)s^2 + (a_{23}(a_{32} + b_0 p_v) - a_{21})s$$

$$\quad - a_{21}(a_{33} + b_0 p_i)$$

$$= s^3 + \alpha_2 s^2 + \alpha_1 s + \alpha_0$$

第3章　磁気浮上の理論と分類

漸近安定となる必要十分条件

$$
\begin{cases}
\alpha_2 > 0 \\
\alpha_1\alpha_2 - \alpha_0 > 0 \\
\alpha_0 > 0
\end{cases}
\Leftrightarrow
\begin{cases}
a_{33} + b_0 p_i > 0 \\
a_{33}(b_0 p_v + a_{32}) - a_{23}b_0 p_v > 0 \\
a_{33}b_0 p_d - a_{21}(a_{33} + b_0 p_i) > 0
\end{cases}
$$

(3) 出力フィードバックによる安定化

① 古典制御論的アプローチ

　実際の磁気浮上システムでは，浮上体の変位だけを検出する場合が多い．その場合，状態フィードバックを実現するには，変位信号を微分（実際には近似微分）して速度を推定し，その推定信号に基づいてフィードバック制御を施す．これは，PD 制御（Proportional and Derivative Control）と呼ばれる制御方法で，磁気浮上で最も基本となる制御方法である．電流制御形磁気浮上システムでは，制御則は次式のように表される．

$$
i(t) = -(p_d + p_v \frac{d}{dt})y(t) \Leftrightarrow I(s) = -(p_d + p_v s)Y(s) \quad \cdots \cdots \quad (3.7)
$$

　2.2.7 項で述べたように，目標値および外乱が一定値であるとき，定常偏差を零とするには，これに積分動作を加える．厳密に言うと，これは I-PD 制御と呼ばれるものとなる．

$$
i(t) = -(p_d + p_v \frac{d}{dt})y(t) + p_I \int_0^t (e(t))\,dt
$$

$$
\Leftrightarrow I(s) = -(p_d + p_v s)Y(s) + \frac{p_I}{s}E(s) \tag{3.8}
$$

$$
e(t) = r(t) - y(t) : 制御偏差, \quad r(t) : 目標信号
$$

通常の PID 制御は，制御偏差に対して補償するので

$$
i(t) = (p_d + p_v \frac{d}{dt})e(t) + p_I \int_0^t (e(t))\,dt \Leftrightarrow I(s) = (p_d + p_v s + \frac{p_I}{s})E(s)
$$

$$
\cdots (3.9)
$$

となる．目標値が零の場合には，両者は一致する．磁気浮上の制御では，目標値が零となるように座標をとることが多いので，両者は区別されないことが多い．

② オブザーバを利用

2.2.6項で述べたように，現代制御的なアプローチでは，検出していない変数はオブザーバを利用して推定する．近似微分を利用する方法と比較してオブザーバを利用した方が雑音に対して強いことが指摘されている[3.2]が，一方で，オブザーバを構成するには，制御対象のモデルが必要となるので，実用的には，近似微分を用いる場合がほとんどである．磁気浮上の制御でオブザーバを利用する価値が高いのは，浮上体に作用する外乱を推定する場合や変位センサレス（セルフセンシング）浮上を実現する場合である．

①でも述べているが，実際の装置では，定常状態で所定の位置に浮上体を保つために，積分制御がよく用いられている．このような制御系を構成する一つの方法は，2.2.8項で述べた積分形レギュレータを用いて制御系を設計し，オブザーバによって状態変数を推定し，その推定値を用いて状態フィードバックを実現するというやり方である．

もう一つの方法は，浮上対象物に作用する一定外乱をオブザーバによって推定し，その推定値に基づいて，電磁石の吸引力によって外乱を打ち消すという外乱相殺制御を実現する方法である．ここでは，電流制御形磁気浮上システムの場合について述べる．浮上体に一定外力が作用する場合，外乱のダイナミクスを包含した拡大系の状態方程式は，つぎのようになる．

[制御対象]

$$\dot{\tilde{x}}(t) = \tilde{A}\tilde{x}(t) + \tilde{B}u(t) \quad \cdots\cdots\cdots\cdots\cdots\cdots\cdots\cdots\cdots\cdots\cdots\cdots \quad (3.10)$$

$$y(t) = \tilde{C}\tilde{x}(t) \quad \cdots\cdots\cdots\cdots\cdots\cdots\cdots\cdots\cdots\cdots\cdots\cdots\cdots\cdots \quad (3.11)$$

第3章 磁気浮上の理論と分類

$$\frac{d}{dt}\begin{bmatrix} x_1 \\ x_2 \\ w \end{bmatrix} = \begin{bmatrix} 0 & 1 & 0 \\ a & 0 & d \\ 0 & 0 & 0 \end{bmatrix}\begin{bmatrix} x_1 \\ x_2 \\ w \end{bmatrix} + \begin{bmatrix} 0 \\ b \\ 0 \end{bmatrix}u$$

$$y(t) = \begin{bmatrix} 1 & 0 & 0 \end{bmatrix}\begin{bmatrix} x_1 \\ x_2 \\ w \end{bmatrix}u$$

$$\mathrm{rank}\boldsymbol{M}_C = \mathrm{rank}\begin{bmatrix} 1 & 0 & 0 \\ 0 & 1 & 0 \\ a & 0 & d \end{bmatrix} = 3,\ \text{for } d \neq 0 \quad \cdots\cdots\cdots\cdots (3.12)$$

一般に $d = \dfrac{1}{m} \neq 0$ なので,可観測なシステムとなる.したがって $\tilde{x}$ を任意の速度で推定するオブザーバが構成できる.その出力(推定値)を $\hat{\tilde{x}} = \begin{bmatrix} \hat{x}_1 & \hat{x}_2 & \hat{w} \end{bmatrix}^T$ とすると,

$$u(t) = -(p_d\hat{x}_1 + p_v\hat{x}_2 + \frac{d}{b}\hat{w}) = -(p_d\hat{x}_1 + p_v\hat{x}_2 + \frac{1}{k_i}\hat{w})$$

とすれば,安定でかつ浮上体に一定外力が作用しても浮上体を零位置に保持する制御系が構築できる.

③ 変位センサレス(セルフセンシング)浮上

通常の吸引制御式磁気浮上では,浮上対象物の変位をセンサで検出し,浮上対象物の運動に応じて電磁石の吸引力を変化させることによって安定な磁気浮上を実現する.これに対し,センサレス磁気浮上は,図3.2に示すように,変位検出専用のセンサを用いずに,電磁石コイルの励磁電流や端子電圧から何らかの方法で変位を推定し,安定な浮上を達成する技術で,セルフセンシング磁気浮上とも呼ばれている.

センサレス磁気浮上を実現する方法は,つぎの二つの方式に大別される[3.3].

(a) ロータの運動によって電磁石コイルに誘導される逆起電力を利用

－ 86 －

する$^{(3.4)-(3.6)}$.

(b) 電磁石の励磁信号にセンシング用の高周波信号を重畳する$^{(3.7)-(3.10)}$.

ここでは，(a) の方式を取り上げる．これは，電圧制御形磁気浮上システムがコイルに流れる電流だけを観測出力とした場合でも可観測であることを利用する．その制御系設計手順は以下のようになる．

[制御対象]

$$\dot{x}(t) = Ax(t) + Bu(t)$$
$$y(t) = Cx(t)$$

$$\frac{d}{dt}\begin{bmatrix} x_1 \\ x_2 \\ x_3 \end{bmatrix} = \begin{bmatrix} 0 & 1 & 0 \\ a_{21} & 0 & a_{23} \\ 0 & -a_{32} & -a_{33} \end{bmatrix} \begin{bmatrix} x_1 \\ x_2 \\ x_3 \end{bmatrix} + \begin{bmatrix} 0 \\ 0 \\ b_0 \end{bmatrix} u \quad \cdots\cdots (3.13)$$

$$y(t) = \begin{bmatrix} 0 & 0 & 1 \end{bmatrix} \begin{bmatrix} x_1 \\ x_2 \\ x_3 \end{bmatrix} (= i(t))$$

この系は，可制御・可観測である．

[Step 1]（状態フィードバックによる安定化）

状態変数がすべて観測できると仮定して，つぎの閉ループ系が安定になるように，フィードバック行列 K を定める．

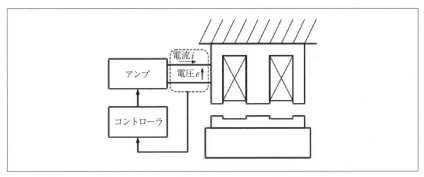

〔図3.2〕変位センサレス（セルフセンシング）磁気浮上システム

二 第3章 磁気浮上の理論と分類

$$\dot{x}(t) = (A + BK)\,x(t) \quad \cdots\cdots\cdots\cdots\cdots\cdots\cdots\cdots\cdots\cdots \quad (3.14)$$

可制御性から，任意の極配置が可能である．

[Step 2]（オブザーバによる状態変数の推定）

同一次元オブザーバを用いて，状態変数を推定する．

$$\dot{\hat{x}}(t) = (A - EC)\hat{x}(t) + Bu(t) + Cy(t) \quad \cdots\cdots\cdots\cdots\cdots \quad (3.15)$$

可観測性から，オブザーバの極も任意に設定できる．

[Step 3]

実際の制御入力は，状態変数の代わりにオブザーバによる推定値をフィードバックする．

$$u(t) = K\hat{x}(t) \quad \cdots\cdots\cdots\cdots\cdots\cdots\cdots\cdots\cdots\cdots\cdots \quad (3.16)$$

センサレス磁気浮上は，センサに関わるハードウェアを省くことによって，低コスト化とハードウェアの単純化・小形化を可能とする．さらに，制御用電磁石をそのままセンシングに利用するので，アクチュエータとセンサのコロケーションを自動的に達成するという特長を持っている．

④ロバスト制御

上記の安定問題は，実際の制御対象が数学モデルによって完全に表されると仮定して考えてきた．しかし，数学モデルは様々な仮定を置いて導かれ，さらに非線形な吸引力を線形化して導出している．実際の磁気浮上系では，以下の点が数学モデルと異なってくる．

1) 磁気吸引力が強い非線形性を持ち，平衡点から外れた時の吸引力特性が異なる．

2) センサやアンプも動特性を持つ．特に応答性の悪いセンサやアンプを使う場合は問題が生じることが多い．またセンサの測定範囲や分解能，アンプの最大電圧，最大電流が制限され，ノイズやドリフトも問題となる．

3) 鉄心におけるヒステリシス，磁気飽和，渦電流の影響がある．ケ

イ素鋼板を使用する場合の影響は小さいが，磁性軟鉄などの無垢
材を使う場合は影響が大きい．

4) パラメータの推定誤差や変動がある．例えば，磁気浮上搬送装置
では搬送物によって浮上体の質量が変動する．

5) ディジタル制御システムにおける問題がある．量子化誤差，サン
プリング時間，むだ時間，エイリアシングなどである．

以上のような実際のシステムと数学モデルの違いを不確かさと呼ぶ．
この不確かさを考慮に入れた制御をロバスト制御という．ロバスト制御
を実現するための制御方法として，第2章で紹介したH_∞制御 [(3.11), (3.12)]，
スライディングモード制御 [(3.12), (3.13)]，適応制御 [(3.14)] などがある．

例としてH_∞制御によるロバスト制御を考える．電磁石のヒステリシ
スや渦電流，制御系の遅れなどの不確かさをまとめてむだ時間として扱
うことにする．すると不確かさを含む制御対象 $P(s)$ は以下のようにモデ
ル化される．ここで T_d はむだ時間 [s] を表す．

$$\widetilde{P}(s) = e^{-T_d s} \frac{K_i}{ms^2 - K_s} \quad \cdots\cdots\cdots\cdots\cdots\cdots\cdots\cdots\cdots \quad (3.17)$$

制御対象のノミナルモデル $P(s)$ を

$$P(s) = \frac{K_i}{ms^2 - K_s} \quad \cdots\cdots\cdots\cdots\cdots\cdots\cdots\cdots\cdots \quad (3.18)$$

とし，二つのモデルの違いを

$$\Delta P(s) = \frac{\widetilde{P}(s) - P(s)}{P(s)} = \left(e^{-T_d s} - 1\right) \quad \cdots\cdots\cdots\cdots\cdots\cdots \quad (3.19)$$

で表すと，不確かさを含む制御対象 $\widetilde{P}(s)$ は

$$\widetilde{P}(s) = \{1 + \Delta P(s)\} P(s) \quad \cdots\cdots\cdots\cdots\cdots\cdots\cdots\cdots \quad (3.20)$$

となる．$\Delta P(s)$ を乗法的誤差と呼ぶ．ブロック線図で表すと図3.3のよ

うに表される．左側の図は式 (3.20) をそのまま表しているが，右側の図は H_∞ 制御系で取り扱う形に変形している．

次にロバスト安定性を考えるため，スモールゲイン定理を導入する．図 3.4 に示されるような二つの伝達関数 $G_1(s)$，$G_2(s)$ が安定かつプロパーである時，図 3.4 の閉ループ系が安定となる十分条件は次式で表される．

$$\|G_1(s)G_2(s)\|_\infty < 1 \quad \cdots\cdots\cdots\cdots\cdots\cdots\cdots\cdots\cdots\cdots\cdots (3.21)$$

この定理を図 3.3 の右側のブロック線図に当てはめると，$G_2(s)$ に相当する上側のブロックが 1 であるので，w から z_2 までの伝達関数 $G_{z_2w}(s)$ の H_∞ ノルムが 1 未満であれば閉ループ系が安定となり，$\Delta P(s)$ の不確かさに対して安定となる．これを実現するコントローラは H_∞ 制御問題を解くことで設計できる．

H_∞ コントローラを求めるため一般化プラント $G(s)$ を定義する．しかし $\Delta P(s)$ は非線形伝達関数となるのでそのまま扱うことができない．そこで

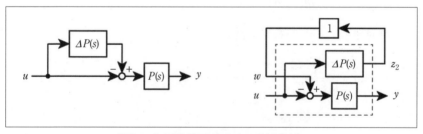

〔図 3.3〕乗法的誤差を含む制御対象

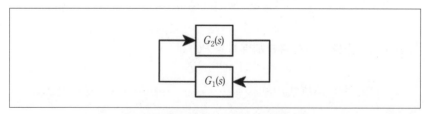

〔図 3.4〕スモールゲイン定理

$$W_2(s) = \frac{2.1 T_d s}{T_d s + 1} \quad \cdots\cdots\cdots\cdots\cdots\cdots\cdots\cdots\cdots\cdots\cdots\cdots\cdots\cdots (3.22)$$

とすると,

$$|\Delta P(j\omega)| \le |W_2(j\omega)| \quad \cdots\cdots\cdots\cdots\cdots\cdots\cdots\cdots\cdots\cdots\cdots\cdots (3.23)$$

となり,$W_2(s)$ は乗法的誤差 $\Delta P(s)$ のゲイン線図を覆うような伝達関数となる.これにより $W_2(s)$ の変動に対して安定となるコントローラを設計することで,$\Delta P(s)$ の変動に対しても安定となるコントローラが得られることになる.

むだ時間を考慮した磁気浮上システムの一般化プラントを図 3.5 に示す.w_2 および W_n は H_∞ 問題の仮定を満たすために加えた観測ノイズである.ここで w から z_1 までの伝達関数は

$$G_{z_1 w}(s) = W_1 \cdot \frac{1}{1 + P(s)K(s)} \quad \cdots\cdots\cdots\cdots\cdots\cdots\cdots\cdots\cdots (3.24)$$

となり,W_1 は感度関数に対する重みとなる.W_1 を大きくすると感度が

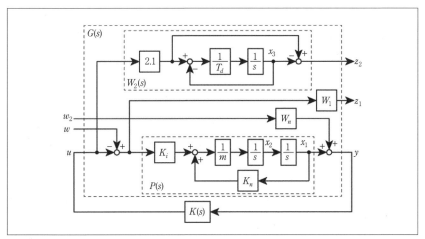

〔図 3.5〕むだ時間を考慮した磁気浮上システムの一般化プラント

小さくなり，外乱抑圧性や定常偏差が改善できるが，ロバスト安定性を達成することが難しくなる．2章と同じ磁気浮上システムに対して，むだ時間を $T_d = 5 \times 10^{-3}$ [s] としてコントローラを設計すると，W_1 に対して以下のような H_∞ ノルムを持つコントローラが得られる．また $W_n = 1 \times 10^{-7}$ とした．

$$W_1 = 0.5 \quad \|G_{z_2w}(s)\|_\infty = 0.981 \quad \cdots\cdots\cdots\cdots\cdots\cdots\cdots\cdots (3.25)$$

$$W_1 = 0.8 \quad \|G_{z_2w}(s)\|_\infty = 1.065 \quad \cdots\cdots\cdots\cdots\cdots\cdots\cdots\cdots (3.26)$$

得られたコントローラを用いてむだ時間のある磁気浮上システムを制御すると図3.6のようになる．左からむだ時間を 0 ms，2.5 ms，5 ms とした時のステップ外乱に対する変位応答のシミュレーション結果を示している．むだ時間が短い場合は，どちらのコントローラでも安定しており，外乱抑圧性は $W_1 = 0.8$ のコントローラの方が高くなっている．しかしむだ時間が5 ms になると，$W_1 = 0.8$ のコントローラが不安定になっているのに対し，$W_1 = 0.5$ では安定に制御できており，むだ時間に対してロバストなコントローラとなっていることが分かる．

以上のように，H_∞ 制御ではモデルの不確かさを一般化プラントに取り込むことで，不確かさに強い，ロバストなコントローラを設計することが可能となる．ここでは違いを明確にするため，比較的長めのむだ時

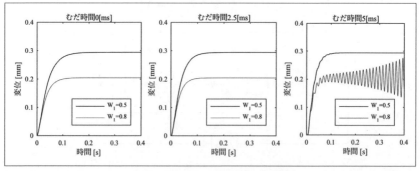

〔図3.6〕シミュレーション結果

間で不確かさを表したが，実際の磁気浮上系に対して制御系を設計する場合は不確かさの表し方が重要となる．不確かさの表し方については文献 (3.11) を参考にされたい．

(4) 並列磁気浮上

　電磁石の吸引力を利用する吸引制御形磁気浮上システムでは，基本的には浮上の対象とするする物体 (以下，浮上体と呼ぶ) は単一で，アクチュエータである電磁石を最小で1個，多自由度の運動を制御する場合には複数個用いる．また，各電磁石について，その励磁を行う電力増幅器 (以下，アンプと呼ぶ) を1台用いる．並列磁気浮上は，単一のアンプを用いて，複数の浮上体あるいは複数の自由度を同時に制御する磁気浮上システムである．ここでは，図3.7に示す電流制御形直列接続式並列二重磁気浮上を取り上げる．

[制御対象]

$$\dot{x}(t) = Ax(t) + Bu(t)$$

$$\frac{d}{dt}\begin{bmatrix} x_1 \\ x_2 \\ x_3 \\ x_4 \end{bmatrix} = \begin{bmatrix} 0 & 1 & 0 & 0 \\ a_{21}^{(1)} & 0 & 0 & 0 \\ 0 & 0 & 0 & 1 \\ 0 & 0 & a_{21}^{(2)} & 0 \end{bmatrix}\begin{bmatrix} x_1 \\ x_2 \\ x_3 \\ x_4 \end{bmatrix} + \begin{bmatrix} 0 \\ b^{(1)} \\ 0 \\ b^{(2)} \end{bmatrix}u \quad \cdots\cdots (3.27)$$

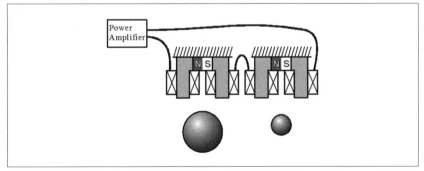

〔図3.7〕直列接続式並列二重磁気浮上システム
　　　　（バイアス磁束を永久磁石で設定する場合）

第3章　磁気浮上の理論と分類

[可制御性]

$$\mathrm{rank}\,\boldsymbol{M}_{\mathrm{c}} = \mathrm{rank}\begin{bmatrix} 0 & b^{(1)} & 0 & a_{21}^{(1)}b^{(1)} \\ b^{(1)} & 0 & a_{21}^{(1)}b^{(1)} & 0 \\ 0 & b^{(2)} & 0 & a_{21}^{(2)}b^{(2)} \\ b^{(2)} & 0 & a_{21}^{(2)}b^{(2)} & 0 \end{bmatrix} = 4 \quad \mathrm{for} \quad a_{21}^{(1)} \neq a_{21}^{(2)}$$

　可制御になるためには，電磁石と浮上体から構成されるサブシステム
を考えたとき，それらの無制御時のダイナミクスが異なることが必要と
なる．この条件が成立するとき，制御対象が可制御となるので，次式で
表される状態フィードバックによって任意の極配置が可能となり，安定
な浮上が達成できることになる．

$$u(t) = \boldsymbol{K}\boldsymbol{x}(t)$$

$$= -\begin{bmatrix} p_d^{(1)} & p_v^{(1)} & p_d^{(2)} & p_v^{(2)} \end{bmatrix}\begin{bmatrix} x_1 \\ x_2 \\ x_3 \\ x_4 \end{bmatrix} \qquad \cdots\cdots\cdots\cdots (3.28)$$

$$= -(p_d^{(1)}x^{(1)} + p_v^{(1)}\dot{x}^{(1)} + p_d^{(2)}x^{(2)} + p_v^{(2)}\dot{x}^{(2)})$$

　このような多重磁気浮上については，文献 (3.15), (3.16) を参考にさ
れたい．

3.1.3　磁気軸受における制御理論

　磁気軸受とは，磁気浮上を利用して回転体（ロータ）を非接触で支持
する機構である．その制御の基本は磁気浮上と変わらないが，浮上体が
回転するので，ジャイロ効果による相互干渉と不つり合い力によるふれ
回りという，回転体に固有な問題が生じる．ここでは，回転体の不つり
合いを考慮した制御方法について述べる．ジャイロ効果の影響を考慮し
た制御については文献 (3.17) を参考にされたい．

(1) 基本モデル

　不つり合い力の影響を解析する場合には，図3.8 に示すような2自由
度モデルを用いる．これは，ロータの半径方向の2自由度の並進運動を

- 94 -

能動的に制御するラジアル磁気軸受を模式的に表したものである．通常は，1自由度を対向する一対の電磁石で制御するが，ここでは，簡単のため，1自由度当たり1個の電磁石しか示していない．さらに，ここでは，x軸方向の特性とy軸方向の特性は同一，すなわち軸対称性を仮定している．非対称系については後述する．動作点の周りで線形化した運動方程式は，次式のように求められる[3.18]．

$$m\ddot{x}(t) = k_s x(t) + k_i i_x(t) + w_x(t) \quad \cdots\cdots (3.29)$$

$$m\ddot{y}(t) = k_s y(t) + k_i i_y(t) + w_y(t) \quad \cdots\cdots (3.30)$$

ここで，
 m：ロータの軸受部での等価質量，
 x, y：ロータの形心Sのx軸，y軸方向の変位，
 i_x, i_y：x軸・y軸方向の電磁石の制御電流，
 w_x, w_y：ロータに作用するx軸・y軸方向の不つり合い力．
不つり合い力w_x, w_yは次式のように表すことができる．

$$w_x = m\varepsilon\omega^2 \cos(\omega t + \gamma) \quad \cdots\cdots (3.31)$$

$$w_y = m\varepsilon\omega^2 \sin(\omega t + \gamma) \quad \cdots\cdots (3.32)$$

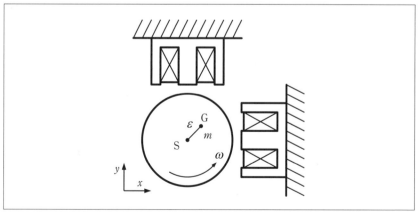

〔図3.8〕ラジアル磁気軸受模式図（S: 形心，G: 重心）

= 第3章　磁気浮上の理論と分類

ここで,

　ε, γ：ロータの不つり合いの大きさと位相（$\varepsilon=\overline{SG}$），

　ω：ロータの回転角速度.

式 (3.29)，(3.30) から，2 自由度の状態方程式は，次式のようになる.

$$\dot{\boldsymbol{x}}(t) = \boldsymbol{A}\boldsymbol{x}(t) + \boldsymbol{B}\boldsymbol{u}(t) + \boldsymbol{D}\boldsymbol{w}(t) \quad \cdots\cdots\cdots\cdots\cdots\cdots\cdots\cdots\cdots \quad (3.33)$$

$$\frac{d}{dt}\begin{bmatrix} x \\ \dot{x} \\ y \\ \dot{y} \end{bmatrix} = \begin{bmatrix} 0 & 1 & 0 & 0 \\ a & 0 & 0 & 0 \\ 0 & 0 & 0 & 1 \\ 0 & 0 & a & 0 \end{bmatrix}\begin{bmatrix} x \\ \dot{x} \\ y \\ \dot{y} \end{bmatrix} + \begin{bmatrix} 0 & 0 \\ b & 0 \\ 0 & 0 \\ 0 & b \end{bmatrix}\begin{bmatrix} i_x \\ i_y \end{bmatrix} + \begin{bmatrix} 0 & 0 \\ d & 0 \\ 0 & 0 \\ 0 & d \end{bmatrix}\begin{bmatrix} w_x \\ w_y \end{bmatrix}$$

$$a = \frac{k_s}{m}, \quad b = \frac{k_i}{m}, \quad d = \frac{1}{m}$$

　回転体の不つり合いによる外乱の特徴は，これ自体，つぎのような状態方程式で記述できることである. これが制御系設計をするときには，大きな意味を持つ.

$$\dot{\boldsymbol{w}}(t) = \boldsymbol{A}_w\boldsymbol{w}(t) \quad \cdots\cdots\cdots\cdots\cdots\cdots\cdots\cdots\cdots\cdots \quad (3.34)$$

$$\frac{d}{dt}\begin{bmatrix} w_x \\ w_y \end{bmatrix} = \begin{bmatrix} 0 & -\omega \\ \omega & 0 \end{bmatrix}\begin{bmatrix} w_x \\ w_y \end{bmatrix}$$

(2) 外乱推定オブザーバを利用した不つり合い補償

　不つり合いのダイナミクスを包含した拡大系の状態方程式は，次式のように表される.

$$\dot{\tilde{\boldsymbol{x}}}(t) = \tilde{\boldsymbol{A}}\tilde{\boldsymbol{x}}(t) + \tilde{\boldsymbol{B}}\boldsymbol{u}(t) \quad \cdots\cdots\cdots\cdots\cdots\cdots\cdots\cdots \quad (3.35)$$

$$\boldsymbol{y}(t) = \tilde{\boldsymbol{C}}\tilde{\boldsymbol{x}}(t) \quad \cdots\cdots\cdots\cdots\cdots\cdots\cdots\cdots\cdots\cdots \quad (3.36)$$

$$
\frac{\mathrm{d}}{\mathrm{d}t}
\begin{bmatrix} x \\ \dot{x} \\ y \\ \dot{y} \\ w_x \\ w_y \end{bmatrix}
=
\begin{bmatrix}
0 & 1 & 0 & 0 & 0 & 0 \\
a & 0 & 0 & 0 & d & 0 \\
0 & 0 & 0 & 1 & 0 & 0 \\
0 & 0 & a & 0 & 0 & d \\
0 & 0 & 0 & 0 & 0 & -\omega \\
0 & 0 & 0 & 0 & \omega & 0
\end{bmatrix}
\begin{bmatrix} x \\ \dot{x} \\ y \\ \dot{y} \\ w_x \\ w_y \end{bmatrix}
+
\begin{bmatrix}
0 & 0 \\
b & 0 \\
0 & 0 \\
0 & b \\
0 & 0 \\
0 & 0
\end{bmatrix}
\begin{bmatrix} i_x \\ i_y \end{bmatrix}
$$

$$
\begin{bmatrix} x \\ y \end{bmatrix}
=
\begin{bmatrix}
1 & 0 & 0 & 0 & 0 & 0 \\
0 & 0 & 1 & 0 & 0 & 0
\end{bmatrix}
\begin{bmatrix} x \\ \dot{x} \\ y \\ \dot{y} \\ w_x \\ w_y \end{bmatrix}
$$

ここでは，変位だけが検出されているとする．このシステムは可制御ではない（外乱は制御できない）が，可観測である．

$$
\mathrm{rank}\boldsymbol{M_o} \geq \mathrm{rank}
\begin{bmatrix} \hat{\boldsymbol{C}} \\ \hat{\boldsymbol{C}}\hat{\boldsymbol{A}} \\ \hat{\boldsymbol{C}}\hat{\boldsymbol{A}}^2 \end{bmatrix}
= \mathrm{rank}
\begin{bmatrix}
1 & 0 & 0 & 0 & 0 & 0 \\
0 & 0 & 1 & 0 & 0 & 0 \\
0 & 1 & 0 & 0 & 0 & 0 \\
0 & 0 & 0 & 1 & 0 & 0 \\
a & 0 & 0 & 0 & d & 0 \\
0 & 0 & a & 0 & 0 & 0
\end{bmatrix}
= 6 \qquad \text{for } d \neq 0
$$

したがって，$\tilde{\boldsymbol{x}}$ を任意の速さで推定するオブザーバが構成できる．その推定値 $\hat{\tilde{\boldsymbol{x}}} = [\hat{x}^T \ \hat{w}^T]^T$ として，制御入力を次式のように表す．

$$
\boldsymbol{u}(t) = \widetilde{\boldsymbol{K}}\hat{\tilde{\boldsymbol{x}}}(t) = \begin{bmatrix} \boldsymbol{K}_x & \boldsymbol{K}_w \end{bmatrix}\begin{bmatrix} \hat{\boldsymbol{x}} \\ \hat{\boldsymbol{w}} \end{bmatrix} = \boldsymbol{K}_x\hat{\boldsymbol{x}}(t) + \boldsymbol{K}_w\hat{\boldsymbol{w}}(t) \quad \cdots\cdots (3.37)
$$

第1項は磁気浮上系を安定化するためのフィードバック制御則で，近似微分によって速度を推定する場合には，オブザーバによる推定値 $\hat{\boldsymbol{x}}(t)$ を用いる必要はなく，つぎのような通常の状態フィードバック（PD制

≒ 第3章 磁気浮上の理論と分類

御）に置き換えることができる.

$$u(t) = K_x x(t) = -\begin{bmatrix} p_d & p_v & 0 & 0 \\ 0 & 0 & p_d & p_v \end{bmatrix} \begin{bmatrix} x \\ \dot{x} \\ y \\ \dot{y} \end{bmatrix} \qquad \cdots\cdots (3.38)$$

第2項が不つり合い補償の項である. 外乱のフィードバック行列 K_w は, 制御目的（どの変数の周期変動をなくすか）にしたがって, 以下のように求められる [3.19].

① 変位変動零化制御（ロータの振れ回りをなくす制御）: 軸受力によって不つり合い力を相殺する. 回転体の位置は一定に保たれる [3.20].

$$K_w \hat{w}(t) = -\frac{d}{b} \begin{bmatrix} 1 & 0 \\ 0 & 1 \end{bmatrix} \begin{bmatrix} \hat{w}_x \\ \hat{w}_y \end{bmatrix} \qquad \cdots\cdots\cdots\cdots\cdots\cdots\cdots\cdots\cdots (3.39)$$

② 電流変動零化制御（電流の回転同期成分をなくす制御）: 制御電流は一定に保たれるが, 回転体は振れ回る. この状態を automatic balance [3.21] と呼ぶことが多いが, 厳密には慣性主軸回りの回転ではない. $a=0$ のときは, 慣性主軸回りの回転, すなわち重心 G は振れ回らない. 高速回転では, ほぼ慣性主軸回りの回転となる.

$$K_w \hat{w}(t) = -\frac{d}{b} \cdot \frac{1}{a+\omega^2} \begin{bmatrix} p_d & -p_v\omega \\ p_v\omega & p_d \end{bmatrix} \begin{bmatrix} \hat{w}_x \\ \hat{w}_y \end{bmatrix} \qquad \cdots\cdots\cdots (3.40)$$

③ 吸引力変動零化制御（軸受力の回転同期成分をなくす制御）: 慣性主軸回りの回転が厳密に達成され, 重心 G は振れ回らず, 原点に保たれる.

$$K_w \hat{w}(t) = -\frac{d}{b} \cdot \frac{1}{\omega^2} \begin{bmatrix} p_d - \dfrac{a}{b} & -p_v\omega \\ p_v\omega & p_d - \dfrac{a}{b} \end{bmatrix} \begin{bmatrix} \hat{w}_x \\ \hat{w}_y \end{bmatrix} \qquad \cdots\cdots\cdots (3.41)$$

(3) 内部モデル原理に基づく不つり合い補償 (対称な場合) [3.18]

解析を簡単にする (1 入力 1 出力系として扱う) ために, つぎのような複素変数を導入する.

$$x_c(t) = x(t) + jy(t)$$
$$i_c(t) = i_x(t) + ji_y(t)$$
$$w_c(t) = w_x(t) + jw_y(t)(= m\varepsilon\omega^2 e^{j(\omega t + \gamma)})$$

これらの変数を用いて式 (3.29), (3.30) を書き直すと, 次式が得られる.

$$m\ddot{x}_c(t) = k_s x_c(t) + k_i i_c(t) + w_c(t) \quad\cdots\cdots\cdots\cdots\cdots\cdots (3.42)$$

簡単のため, 初期値を零として式 (3.42) をラプラス変換し, 整理すると次式を得る.

$$X_c(s) = \frac{1}{t_c(s)}(bI_c(s) + dW_c(s)) \quad\cdots\cdots\cdots\cdots\cdots\cdots (3.43)$$

また, 不つり合いによる外乱は次式で表される.

$$W_c(s) = \frac{A_\omega}{s - j\omega} \quad\cdots\cdots\cdots\cdots\cdots\cdots\cdots\cdots (3.44)$$

ここで,

$$A_\omega = m\varepsilon\omega^2 e^{j\gamma}$$

制御則としては, 次式で表されるものを考える.

$$I_c(s) = -\frac{h_c(s)}{g_c(s)}X_c(s) \quad\cdots\cdots\cdots\cdots\cdots\cdots\cdots (3.45)$$

ここで, $g_c(s)$, $h_c(s)$ は複素係数を持つ s の多項式で, つぎの条件を満たすように選ぶ.

(A.1) 互いに素である.

- 99 -

第3章　磁気浮上の理論と分類

(A.2) 閉ループ系が漸近安定である．すなわち，

$$t_q(s) = (s^2 - a)g_c(s) + bh_c(s)$$

の根はすべて負の実部を持つ．

① 変位変動零化制御

　式 (3.45) を式 (3.43) に代入して整理すると，次式が得られる．

$$X_c(s) = \frac{g_c(s)}{t_q(s)} d_0 W_c(s) = d_0 \frac{g_c(s)}{t_q(s)} \cdot \frac{A_w}{s - j\omega} \quad \cdots\cdots\cdots\cdots (3.46)$$

　出力が定常状態で零に収束するには，$g_c(s)$ が $(s-j\omega)$ を因子に持つことが必要となる（内部モデル原理）．すなわち，

$$g_c(s) = (s - j\omega)\tilde{g}_c(s) \quad \cdots\cdots\cdots\cdots\cdots\cdots\cdots\cdots (3.47)$$

ここで，$\tilde{g}_c(s)$ は，$h_c(s)$ と互いに素な s の多項式である．したがって，制御目的を達成する補償器は，一般的に図 3.9 (a) のように表される．

　実際に制御則を実装する場合には，実変数・実係数を用いて制御則を表す必要がある．このため，つぎのような変数・伝達関数を導入する．

$$\frac{1}{s - j\omega} X_c(s) = Q(s) = Q_x(s) + jQ_y(s) \quad \cdots\cdots\cdots\cdots\cdots (3.48)$$

$$\frac{h_c(s)}{\tilde{g}_c(s)} = G_s(s) + jG_c(s) \quad \cdots\cdots\cdots\cdots\cdots\cdots\cdots\cdots (3.49)$$

これらを用いて，図 3.9 (a) を書き直すと図 3.9 (b) のようになる．

　また，式 (3.48) をラプラス逆変換して，たたみ込み積分を利用して補償入力を計算する形に書き直すと，以下のようになる [3.25]．

$$q_x(t) + jq_y(t) = \int x_c(\tau)e^{j\omega(t-\tau)}\mathrm{d}\tau = e^{j\omega t}\int x_c(\tau)e^{-j\omega\tau}\mathrm{d}\tau \quad \cdots (3.50)$$

これを実変数で表すと，次のようになる．

$$\begin{bmatrix} q_x(t) \\ q_y(t) \end{bmatrix} = R(\omega t)\int_0^t R(-\omega\tau)\begin{bmatrix} x(\tau) \\ y(\tau) \end{bmatrix}d\tau \quad \cdots\cdots\cdots\cdots\cdots (3.51)$$

ここで，

$$R(\omega t) = \begin{bmatrix} \cos \omega t & -\sin \omega t \\ \sin \omega t & \cos \omega t \end{bmatrix}$$

したがって，補償器の動特性は図3.9 (c) のように表すことができる．これは，回転周波数において剛性を高くする補償器[(3.22)]と類似した構造となっている．

これらの議論から，図3.9に示されている補償器は，表現や制御入力

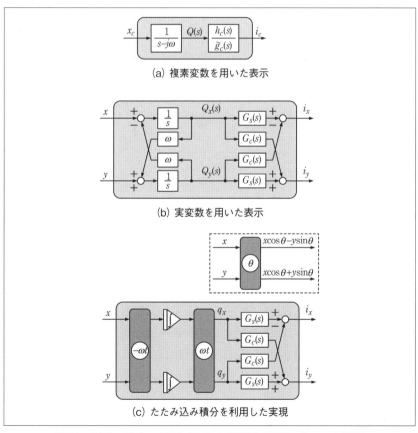

〔図3.9〕不つり合い補償（変位変動零化制御）ブロック線図

第3章　磁気浮上の理論と分類

の計算の仕方に違いはあるが, 等価な動特性を持っていることがわかる.

② 電流変動零化制御

電流の変動を零とするための条件を求める. 式 (3.40) に式 (3.42) を代入すると次式が得られる.

$$I_c(s) = -\frac{h_c(s)}{t_q(s)} dW_c(s) = -d\frac{h_c(s)}{t_q(s)} \cdot \frac{A_w}{s - j\omega} \quad \cdots\cdots\cdots (3.52)$$

したがって, 式 (3.52) を達成するためには, $h_c(s)$ が

$$h_c(s) = (s - j\omega)\widetilde{h}_c(s) \qquad\qquad \cdots\cdots\cdots (3.53)$$

$$\widetilde{h}_c(s) : g_c(s) \text{ と互いに素な } s \text{ の多項式}$$

と表されることが必要となる. これを図で表すと図 3.10 (a) のようになる. これを電流の局所フィードバックを利用した形に書き直すと, 図 3.10 (b) のようになる. この図において, α は等価変換を行うために導入されたパラメータである. また, $\widetilde{Q}(s)$ は,

$$\widetilde{Q}(s) = \frac{\widetilde{h}_c(s)(s + \alpha - j\omega)}{g(s)} X_c(s)$$

によって定義される. 図 3.10 (b) で示される補償器を実変数・実係数を用いて表すと図 3.10 (c) のようになる.

さらに, 前節と同様にして, たたみ込み積分に基づいて入力を計算する補償器は, 図 3.10 (d) のように表される. 図 3.10 (d) は, ロータが慣性主軸回りを回転している状態を実現する目的で用いられている制御回路 [3.23] をより一般化した形になっている. しかしながら, 前述したように, このような構造の補償器で達成できるのは, コイル電流の定常的な周期変動を零にする制御であることに注意しなければならない. この場合には, ロータは, 厳密には慣性主軸回りを回転しないが,

$$a \ll \omega^2 \quad \cdots\cdots\cdots\cdots\cdots\cdots\cdots\cdots\cdots\cdots\cdots\cdots\cdots (3.54)$$

が成立するときには, 慣性主軸回りを回転していると見なせる [3.19]. 式

- 102 -

(3.54) は，回転体が高速回転をしているときやバイアス磁束が零の場合 ($a=0$) に成立する．

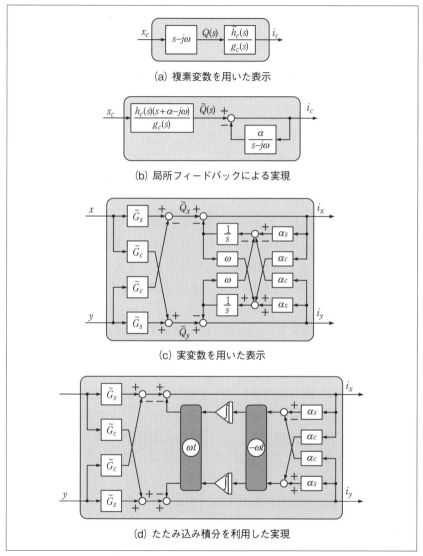

〔図 3.10〕不つり合い補償（電流変動零化制御）ブロック線図

第3章　磁気浮上の理論と分類

③ 吸引力変動零化制御

軸受力の変動分は，次式で評価することができる．

$$f_c(t) = \frac{ax_c(t) + bi_c(t)}{d_0} \qquad (3.55)$$

式 (3.45)，(3.52) から，

$$F_c(s) = \frac{ag_c(s) - bh_c(s)}{t_q(s)} W_c(s) \qquad (3.56)$$

式 (3.56) から，吸引力の変動を零にするには，

$$ag_c(s) - bh_c(s) = (s - j\omega)k(s)$$
$$k(s)：s の多項式（複素係数） \qquad (3.57)$$

を成立させる必要がある．軸受力の周期的な変動がない場合，ロータは厳密に慣性主軸回りを回転する [3.24]．特に $a_0 = 0$ の場合には，慣性主軸回りの回転と電流変動零化制御とは同時に成立する．このことは，式 (3.57) で $a = 0$ とすると，$h_c(s)$ が式 (3.53) と同じ形で表されることからも理解できる．

以上の議論を利用すると，制御目的を達成する補償器を直接構成していくことが可能となる [3.18]．

(4) 内部モデル原理に基づく不つり合い補償（非対称な場合）

(2)，(3) では，軸対称性を仮定していたが，実際の磁気軸受では x 軸方向の特性と y 軸方向の特性は異なる場合がある．このような場合，対称性を前提とした内部モデル [3.19], [3.20] を挿入したのでは，定常的な誤差が生じる可能性がある [3.24]．このような問題は，調和外乱の内部モデルを各軸に挿入することによって解消できる．

ここでは，電流変動零化制御を達成する場合を取り上げる．各軸に適用する不つり合い補償の制御系のブロック線図を図 3.11 に示す．実際の磁気浮上の制御では，スピルオーバなどの問題を避けるために，ある周波成分の信号を除去するためノッチフィルタ（notch filter）を挿入する

－ 104 －

ことが経験的に行われているが，この制御に相当する．

電流変動零化制御を厳密に達成するには，回転体の回転に同期した角周波数 ω を設定する必要がある．回転体の回転に同期した信号を利用した電流変動零化制御の制御系のブロック線図を図3.11に示す．

(5) 不つり合い補償について（まとめ）

回転体を支持する磁気軸受に固有な問題である不つり合いの影響を考慮した制御方法は，実用化の初期の段階から現在に至るまで，活発に研究・開発が報告されている．Habermannらの発明[3.22],[3.23]は，当時の技術レベルから考えると，画期的なものであった．そこには，既に，変位変動零化制御と電流変動零化制御（この名称は用いられていない）の二つの基本的な不つり合い補償を実現する制御回路が示されている．特に，後者は，"automatic balancing system"[3.21]と呼ばれ，実際の製品で使われた．我が国では，不つり合い力推定オブザーバを利用する方法[3.19]が先駆的な試みであったように思われる．この時代の技術の特徴の一つは，ディジタル制御では演算が間に合わなかったので，アナログ回路で実装されたことであろう．その後，ディジタル制御での実装が可能となったこともあり，様々なアルゴリズムの不つり合い補償が実装可能になった．それらは，内部モデル原理に基づく（振動）極零相殺を利用する方法[3.27],[3.28]と，補償に必要な入力（2相の交流信号）を直接構成していく方法[3.29]とに大別できる．また，適用される制御理論も，繰返し制御[3.30]，適応制御[3.29]，ロバスト制御[3.30]など様々である．これらの制御方法の関係についても詳しく考察されている[3.31]．

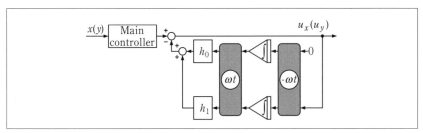

〔図3.11〕不つり合い補償（電流変動零化制御）ブロック線図
　　　　（各軸に補償入力を生成する場合，たたみ込み積分を利用）

3.1.4 柔軟構造体の解析と浮上制御

　数百m離れた駅間を浮上走行する常電導磁気浮上式鉄道や数kmに及ぶ製造ライン中の冷延鋼板，数万kmに及ぶ宇宙エレベータなど，大規模なシステムに磁気浮上技術を応用する場合，浮上対象自体の柔軟性を考慮しなければならない．そのため柔軟構造物に対する検討として，板状の物体を浮上対象とした磁気浮上技術が検討されている．

　浮上対象の面積がアクチュエータの大きさと比較して大きい場合や薄い場合には，浮上時に対象がその柔軟性のために変形し，たわみの発生や励起された弾性振動が浮上制御の安定性を著しく劣化させる．このため浮上体の力学的特性を考慮して制御システムのハード面とソフト面を設計する必要がある．図3.12は国内外における板状の浮上体に対する磁気浮上技術に関する研究の浮上体と面積と板厚の関係である[3.32]-[3.38]．平板の曲げ剛性は板厚の3乗に反比例し，変形量は面積に依存するため図の左上ほど対象が柔軟で浮上制御は困難となる．

　材料力学的見地から柔軟構造体を浮上させた際の形状を算出して評価することで，アクチュエータ位置など制御システムのハード面について検討することができる．平板の静的なたわみの方程式は次式で示される．

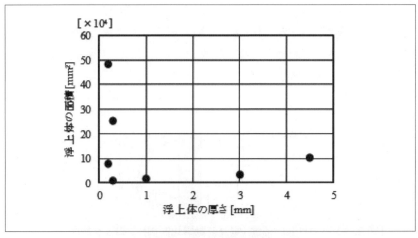

〔図3.12〕浮上体の板厚と面積の関係

$$D\nabla^4 z = \rho g h - f \quad \cdots\cdots\cdots\cdots\cdots\cdots\cdots\cdots\cdots\cdots\cdots\cdots\cdots \quad (3.58)$$

$$\nabla^4 = \frac{\partial^4}{\partial x^4} + 2\frac{\partial^4}{\partial x^2 \partial y^2} + \frac{\partial^4}{\partial y^4}$$

$$D = \frac{Eh^3}{12(1-\nu^2)} \quad \cdots\cdots\cdots\cdots\cdots\cdots\cdots\cdots\cdots\cdots\cdots\cdots \quad (3.59)$$

ここでρ：鋼板の密度 [kg/m^3]，g：重力加速度 [m/s^2]，E：鋼板のヤング率 [N/m^2]，h：板厚 [m]，ν：ポアソン比，x：薄鋼板の長手方向の座標 [m]，y：薄鋼板の短手方向の座標 [m]，z：薄鋼板の鉛直方向変位 [m]，f：電磁石ユニットにより鉛直方向から薄鋼板に加わる単位面積あたりの吸引力 [N/m^2] である．

式 (3.58) を解くことで浮上中の柔軟構造物の形状を得ることができるが，円板以外は数式的に解くことが困難なため数値解法が用いられる．一例として図 3.13 のように幅 600 mm，長さ 800 mm，厚さ 0.3 mm の薄鋼板上方の中央と周囲 4 ヶ所に電磁石を設置した磁気浮上システムにおいて浮上中の鋼板形状について有限差分法を用いて求める．境界条件は

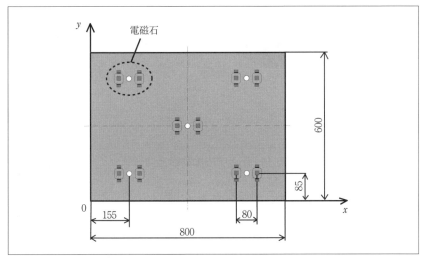

〔図 3.13〕薄鋼板のサイズと電磁石の設置位置

周囲自由とし，差分解析格子の大きさは鋼板のたわみ形状が十分把握でき，かつ計算時間を考慮して 10 mm × 10 mm とした．得られた鋼板形状を図 3.14 に示す．電磁石の吸引力が及ばない領域にたわみが発生している様子が確認できる．

　上記の特性を把握した上で安定性をハード面から向上させるため，浮上体の見かけの剛性を増加させる手法[3.39]や，アクチュエータの周囲に永久磁石を設置して多数の点で対象を支持する手法[3.40]や，柔軟性を積極的に利用して湾曲させて高次の振動モードを抑制する手法[3.38]などが提案され成果が報告されている．またソフト面では複数のセンサによる測定値をモード展開してそれぞれのモードに対してフィードバックを行い，複数のアクチュエータを統合的に制御する手法[3.37],[3.41]や種々のロバスト制御理論を適用することによる安定性の向上が検討されている．

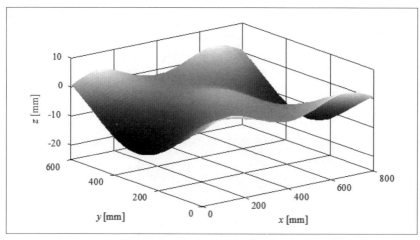

〔図 3.14〕浮上中の柔軟構造体形状

3．2 吸引制御方式（EMS）

3．2．1 電磁石式

　電磁石の吸引力を利用して磁気浮上を行うシステムでは，安定化のためのフィードバック制御が必要になる．以下ではシステムの安定判別や浮上特性の最適化を行う上で必要となる制御対象のモデル化を中心に解説する．

(1) 基本的な磁気浮上機構のモデリング

　ある質量をもつ物体を磁気浮上させる場合の基本的なモデルを図3.15に示す．鉄心の比透磁率を μ_s，断面積を S，磁路の長さを l，断面積は全磁路において一定とする．漏れ磁束は無視し，鉄心の比透磁率 μ_s は非常に大きく，磁気飽和はないと仮定すれば，コイルを流れる電流 I によって発生する磁路の磁束 ϕ は式 (3.60)，磁束密度 B は式 (3.61) で表される．

$$磁束　\phi = \frac{NI}{\dfrac{l}{\mu_0 \mu_s S} + \dfrac{2Z}{\mu_0 S}} = \frac{\mu_0 NSI}{(l / \mu_s) + 2Z} \fallingdotseq \frac{\mu_0 NSI}{2Z} \quad [\text{Wb}] \tag{3.60}$$

$$磁束密度　B = \frac{\mu_0 NI}{2Z} \quad [\text{T}] \quad \cdots\cdots\cdots\cdots\cdots\cdots\cdots\cdots\cdots \tag{3.61}$$

　ギャップ部分に働く吸引力 F は磁束密度の二乗と断面積に比例し，式 (3.62) で表される．またコイルのインダクタンス L は電流 1A 当たりの磁束鎖交数なので式 (3.63) となる．

$$吸引力　F = \frac{B^2}{2\mu_0} \times 2S = \frac{\mu_0 N^2 S I^2}{4Z^2} \quad [\text{N}] \quad \cdots\cdots\cdots\cdots \tag{3.62}$$

$$インダクタンス　L = N\frac{\phi}{I} = \frac{\mu_0 N^2 S}{2Z} \quad [\text{H}] \quad \cdots\cdots\cdots\cdots \tag{3.63}$$

　図3.15において一定電流 I を流した場合，質量 m の物体はコイル側の鉄心に吸い付くか，あるいは重力によって落下するかどちらかであることは容易に想像できる．ギャップを一定に保って浮上させるためには

— 109 —

ギャップ Z のフィードバック値に応じて電流 I の制御を行えばよい．以下では，線形制御理論を応用してフィードバック制御システムを設計する上で必要となる制御対象の状態方程式を導出する．図3.15のように浮上物体に外力 F_d が加わった時の運動方程式は式 (3.64) となる．

$$m\frac{d^2Z}{dt^2} = mg - \frac{\mu_0 N^2 S I^2}{4Z^2} + F_d \quad \cdots\cdots\cdots\cdots\cdots\cdots\cdots\cdots \quad (3.64)$$

また電気回路の方程式は式 (3.65) で表される．

$$\begin{aligned}E &= N\frac{d\phi}{dt} + RI = N\left(\frac{\partial \phi}{\partial z}\frac{dZ}{dt} + \frac{\partial \phi}{\partial I}\frac{dI}{dt}\right) + RI \\ &= \frac{\mu_0 N^2 S}{2Z}\left(-\frac{I}{Z}\frac{dZ}{dt} + \frac{dI}{dt}\right) + RI = -L\frac{I}{Z}\frac{dZ}{dt} + L\frac{dI}{dt} + RI\end{aligned} \quad (3.65)$$

ここで，式 (3.65) の右辺第1項は速度起電力と呼ばれる項であり，平衡点付近で安定浮上している場合は微小となる．この微小項を無視して式 (3.65) を簡略化すると式 (3.66) となる．

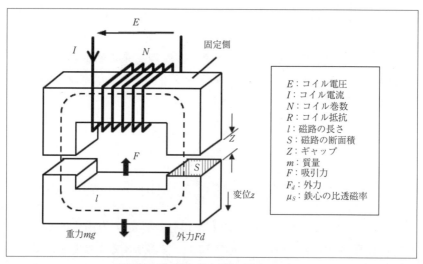

〔図3.15〕基本的な磁気浮上モデル

$$E = L\frac{dI}{dt} + RI \quad \cdots\cdots\cdots\cdots\cdots\cdots\cdots\cdots\cdots\cdots\cdots\cdots \text{(3.66)}$$

式 (3.64), (3.66) は非線形であるため, 平衡点の周りでの線形化を行う.

平衡点でのギャップ, コイル電流, コイル電圧, 外力を Z_0, I_0, E_0, F_{d0} とし, それぞれの微小変化分を z, i, e, f_d とすると, Z, I, E, F_d は次式で表される.

$$Z = Z_0 + z \,,\ \ I = I_0 + i \,,\ \ E = E_0 + e \,,\ \ F_d = F_{d0} + f_d \ \ \cdots \text{(3.67)}$$

平衡点付近でのインダクタンス変化は無視し, 一定値 L_0 とすると

$$m\frac{d^2z}{dt^2} = mg - \frac{\mu_0 N^2 S I^2}{4Z^2} + F_{d0} + f_d \quad \cdots\cdots\cdots\cdots\cdots\cdots \text{(3.68)}$$

$$E_0 + e = L_0\frac{di}{dt} + R(I_0 + i) \quad \cdots\cdots\cdots\cdots\cdots\cdots\cdots \text{(3.69)}$$

$$L_0 = \frac{\mu_0 N^2 S}{2Z_0} \quad \cdots\cdots\cdots\cdots\cdots\cdots\cdots\cdots\cdots\cdots\cdots\cdots \text{(3.70)}$$

また平衡状態では, 微小変化分＝0 なので式 (3.71), (3.72) が成り立つ.

$$mg + F_{d0} = \frac{\mu_0 N^2 S I_0^{\,2}}{4Z_0^{\,2}} \quad \cdots\cdots\cdots\cdots\cdots\cdots\cdots\cdots\cdots \text{(3.71)}$$

$$E_0 = RI_0 \quad \cdots\cdots\cdots\cdots\cdots\cdots\cdots\cdots\cdots\cdots\cdots\cdots\cdots \text{(3.72)}$$

ここで $f(Z, I) = \mu_0 N^2 S I^2 / 4Z^2$ と置き, (Z_0, I_0) のまわりでテイラー展開し, 2次以上の項を無視すると次式を得る.

$$f(Z, I) \fallingdotseq f(Z_0, I_0) + (Z - Z_0)\frac{\partial}{\partial Z}f(Z_0, I_0) + (I - I_0)\frac{\partial}{\partial I}f(Z_0, I_0)$$

$$= \frac{\mu_0 N^2 S I_0^{\,2}}{4Z_0^{\,2}} - \frac{\mu_0 N^2 S I_0^{\,2}}{2Z_0^{\,3}}z + \frac{\mu_0 N^2 S I_0}{2Z_0^{\,2}}i \qquad \cdots \text{(3.73)}$$

≒ 第3章　磁気浮上の理論と分類

式 (3.71)，(3.73) を式 (3.68) に代入すると式 (3.74) のように線形化
される.

$$m\frac{d^2z}{dt^2} = \frac{\mu_0 N^2 SI_0{}^2}{2Z_0{}^3}z - \frac{\mu_0 N^2 SI_0{}^2}{2Z_0{}^2}i + f_d = L_0\left(\frac{I_0}{Z_0}\right)^2 z - L_0\left(\frac{I_0}{Z_0}\right)i + f_d$$

$$\cdots (3.74)$$

同様に式 (3.72) を式 (3.69) に代入した結果と式 (3.74) を整理すると
以下の式を得る.

$$\frac{dz}{dt} = v \cdots\cdots\cdots\cdots\cdots\cdots\cdots\cdots\cdots (3.75)$$

$$\frac{dv}{dt} = \frac{L_0}{m}\left(\frac{I_0}{Z_0}\right)^2 z - \frac{L_0}{m}\left(\frac{I_0}{Z_0}\right)i + \frac{fd}{m} = \frac{k_s}{m}z - \frac{k_i}{m}i + \frac{fd}{m} \cdots (3.76)$$

$$\frac{di}{dt} = -\frac{R}{L_0}i + \frac{1}{L_0}e \cdots\cdots\cdots\cdots\cdots\cdots (3.77)$$

$$k_s = L_0\left(\frac{I_0}{Z_0}\right)^2 \cdots\cdots\cdots\cdots\cdots\cdots\cdots (3.78)$$

$$k_i = L_0\left(\frac{I_0}{Z_0}\right) \cdots\cdots\cdots\cdots\cdots\cdots\cdots (3.79)$$

k_s は（吸引力／変位）係数，k_i は（吸引力／電流）係数である. これら
の状態方程式を行列で表現すると次式となる.

$$\frac{d}{dt}\begin{bmatrix} z \\ v \\ i \end{bmatrix} = \begin{bmatrix} 0 & 1 & 0 \\ k_s/m & 0 & -k_i/m \\ 0 & 0 & -R/L_0 \end{bmatrix}\begin{bmatrix} z \\ v \\ i \end{bmatrix} + \begin{bmatrix} 0 \\ 0 \\ 1/L_0 \end{bmatrix}e + \begin{bmatrix} 0 \\ 1/m \\ 0 \end{bmatrix}f_d \cdots (3.80)$$

式 (3.80) の関係をラプラス変換し，ブロック図として表すと図 3.16
となる.

図 3.16 において右側の磁気回路部のループは正帰還になっており，
磁気浮上系が不安定なシステムであることを示している. 左側の電気回

— 112 —

路部のブロックはコイル電流が電圧に対して遅れて変化することを示している．通常，電磁石のコイルに電流を流すパワーアンプには図3.17のように電流フィードバックが局部的に施されている．パワーアンプのゲイン k_P の設定により，制御周波数帯域内では電流の遅れを無視できる場合が多い．その場合は電流 i が制御対象への入力となり，図3.17のブロック図は図3.18のように簡略化される．k_A は電流指令値 i_r に対するゲインであり，k_P>>R ならば $k_A \fallingdotseq 1$ となる．

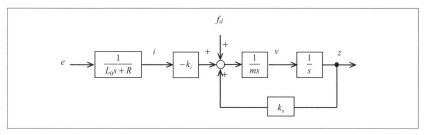

〔図 3.16〕線形化した磁気浮上モデルのブロック図

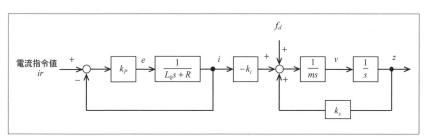

〔図 3.17〕電流フィードバックを施した磁気浮上モデルのブロック図

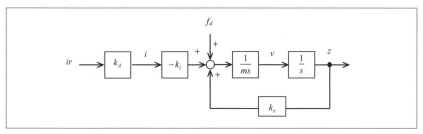

〔図 3.18〕電流の遅れが無視できる場合のブロック図

(2) フィードバック制御系の構成

不安定な磁気浮上系を安定化するためにフィードバック制御が用いられる．制御対象の状態変数のすべてを検出しフィードバックすることでシステムを安定化し，制御特性を自由に設定することが可能となる．さらに変位の積分値もフィードバックに取り入れると定常的に目標値（ギャップ）を保つことができる．図 3.18 に適用する場合は次式となる．

$$ir = k_P z + k_D v + k_I \int z\, dt \quad \cdots\cdots\cdots\cdots\cdots\cdots\cdots\cdots\cdots\cdots\cdots\cdots \quad (3.81)$$

ここで k_P, k_D は各状態変数に対するフィードバック係数（正の値），k_I は積分係数である．これらは一般的によく用いられる PID 制御の係数に相当する．

図 3.19 に PID 制御を行った場合のブロック図を示す．

外力 $f_d = 0$ として変位の目標値 r から変位 z に至る伝達関数を計算する．r, z のラプラス変換を $R(s)$, $Z(s)$ と置くと伝達関数は式 (3.82) となる．

$$\frac{Z(s)}{R(s)} = \frac{\left(k_P + \dfrac{k_I}{s}\right)\left(\dfrac{k_A k_i}{ms^2 - k_s}\right)}{1 + \left(\dfrac{k_A k_i k_D s}{ms^2 - k_s}\right) + \left(k_p + \dfrac{k_I}{s}\right)\left(\dfrac{k_A k_i}{ms^2 - k_s}\right)} = \frac{k_A k_i}{m} \times \frac{k_P s + k_I}{D(s)} \quad \cdots (3.82)$$

ここで

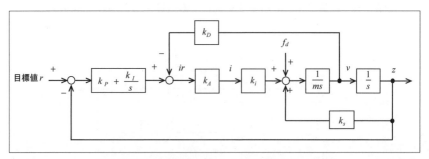

〔図 3.19〕PID 制御を行った場合のブロック図

$$D(s) = s^3 + \frac{k_A k_i k_D}{m} s^2 + \frac{k_A k_i k_P - k_s}{m} s + \frac{k_A k_i k_I}{m} \quad \cdots\cdots\cdots (3.83)$$

式 (3.83) で $D(s)=0$ とおいた式が特性方程式であり，安定性や過渡応答の問題ではこの式の根の値が重要となる．安定性に関しては 3.1.2 項に詳述されているのでそちらを参照されたい．k_P, k_I, k_D によって各係数の値は適当な正の値に設定できるので，系を安定にしかつ希望する特性を持たせることが可能となる．また，式 (3.82) で $s=0$ とすると $Z(s)/R(s)=1$ となることから，一定の目標値に対して変位の定常値はまったく一致することがわかる．

図 3.19 において $F_d(s)$ を外力のラプラス変換として外力 f_d から変位 z に至る伝達関数を求めると式 (3.84) となる．

$$\frac{Z(s)}{F_d(s)} = \frac{s}{ms^3 + k_A k_i k_D s^2 + (k_A k_i k_P - k_s)s + k_A k_i k_I} = \frac{s}{mD(s)} \quad (3.84)$$

式 (3.84) より定常的外力の印加に対しても変位の定常値は 0 になることがわかる．

(3) システムの周波数特性

式 (3.82) において $s=j\omega$ とおけば（ω は角周波数），目標値の正弦波的変動に対する浮上物体の位置変動の割合が得られる．まず，積分ゲイン $k_I=0$ の場合を考えると式 (3.82) は式 (3.85) に簡略化される．

$$\frac{Z(s)}{R(s)} = \frac{k_A k_i}{m} \times \frac{k_P}{s^2 + \dfrac{k_A k_i k_D}{m} s + \dfrac{k_A k_i k_P - k_s}{m}} \quad \cdots\cdots\cdots\cdots (3.85)$$

さらに標準的な 2 次系の式で表すと

$$\frac{Z(s)}{R(s)} = \frac{k_A k_i k_P}{k_A k_i k_P - k_s} \times \frac{\omega_n^2}{s^2 + 2\zeta\omega_n s + \omega_n^2} \quad \cdots\cdots\cdots\cdots (3.86)$$

- 115 -

$$\zeta = \frac{k_A k_i k_D}{2} \sqrt{\frac{1}{m(k_A k_i k_P - k_s)}} \quad \cdots\cdots\cdots\cdots\cdots\cdots\cdots (3.87)$$

$$\omega_n = \sqrt{\frac{k_A k_i k_P - k_s}{m}} \quad \cdots\cdots\cdots\cdots\cdots\cdots\cdots\cdots\cdots\cdots (3.88)$$

従って，システムの応答性は k_P によって，また減衰（ダンピング）は k_D によって調整可能となる．図 3.20 に周波数特性の計算例を示す．

図 3.20 より，固有角周波数 ω_n 以下では変位は目標値に追従するが ω_n 以上での目標値変化には追従できなくなることがわかる．

目標値に対する定常偏差は k_P を大きくすれば減少するが，0 にするためには積分を追加する必要がある．図 3.21 に積分を追加した場合の周波数特性を示す．k_I を適切に設定すれば不安定性を増大させることなく

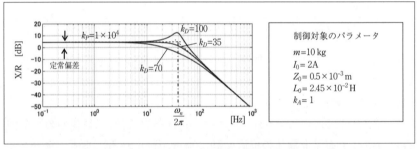

〔図 3.20〕目標値に対する変位の周波数特性（$k_I = 0$）

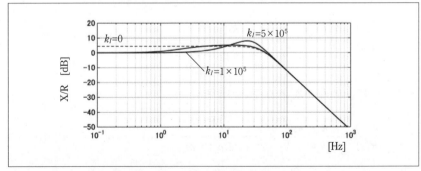

〔図 3.21〕目標値に対する変位の周波数特性（$k_P = 1 \times 10^4$, $k_D = 35$）

定常偏差を0にできることがわかる．

式(3.84)では外力に対する変位の伝達関数を示したが，その逆数を剛性(stiffness)とよんでいる．単位長さを動かすのにどれだけの力が必要かを示す値である．式(3.84)に基づく剛性の周波数特性例を図3.22に示す．制御対象のパラメータは図3.20と同様である．

周波数が低いほど剛性が大きい（外力に対して変位が小さい）のは積分補償を行っているからであり，積分が有効な範囲では剛性は20dB/decで変化する．減衰が小さい場合は固有角周波数ω_n付近で剛性は大きく低下し，小さな外力で浮上位置が変動することになる．ω_n以上ではフィードバック制御が及ばない周波数領域となり，剛性特性は浮上物体の質量のみで決まるため慣性剛性(inertia stiffness)と呼んでいる．

以上のように磁気浮上システムではフィードバック制御によってシステムを安定化するとともに浮上特性をある程度柔軟に調節できる．

フィードバック係数をどのように設定するかの詳細については2.2節を参照されたい．

3.2.2　永久磁石併用式

今，図3.23のように電磁石の作る磁路中に永久磁石を置いた場合を考える．この場合，コイルの起磁力と永久磁石の起磁力の和で磁束Φが作られる．鉄製ガイドを地上側の構造物に固定し，電磁石と永久磁石で構成される磁石ユニットを浮上体に取り付けて磁気浮上系が構成され

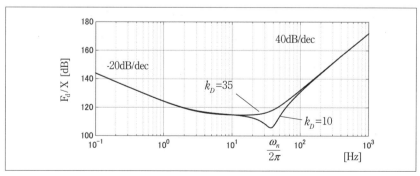

〔図3.22〕変位に対する外力の周波数特性 ($k_P=1\times10^4, k_I=1\times10^5$)

ている．ここで，鉄製ガイドや電磁石鉄心には磁気飽和やヒステリシスがなく，比透磁率が無限大で漏れ磁束がないものとする．ギャップ中の磁束密度 B [T] と磁石ユニットが発生する吸引力 f_m [N] は，ギャップ長を z [m]，鉄心の断面積を S [m²]，電磁石のコイル巻回数を N，コイル電流を i [A]，永久磁石の保持力を H_m [A/m]，永久磁石の磁極方向の長さを l_m [m] として次式で表せる．

$$B(z,i) = \frac{\Phi(z,i)}{S} = \frac{\mu_0(Ni + H_m l_m)}{2z + l_m} \quad \cdots\cdots\cdots\cdots\cdots\cdots (3.89)$$

$$f_m(z,i) = \frac{B(z,i)^2}{\mu_0} S = \mu_0 S \left(\frac{Ni + H_m l_m}{2z + l_m}\right)^2 \quad \cdots\cdots\cdots\cdots (3.90)$$

ここで，Φ は磁気回路の主磁束である．

浮上体の総質量を m [kg]，重力加速度を g [m/s²]，浮上体に加わる外力を f_d [N] とすると，運動方程式は次式となる．

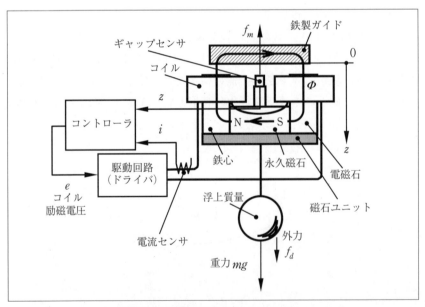

〔図 3.23〕吸引式磁気浮上システム

$$m\frac{\mathrm{d}^2 z}{\mathrm{d}t^2} = mg - f_m(z,i) + f_d \quad \cdots\cdots\cdots\cdots\cdots\cdots\cdots\cdots (3.91)$$

　ギャップ長およびコイル電流の変動によりコイルには逆起電力が発生する．電磁石の励磁電圧を e，コイルの抵抗を R とすれば，電磁石の電気回路に関わる電圧方程式は次式となる．

$$e = N\frac{\partial \Phi(z,i)}{\partial z}\frac{\mathrm{d}z}{\mathrm{d}t} + L\frac{\mathrm{d}i}{\mathrm{d}t} + Ri \quad \cdots\cdots\cdots\cdots\cdots\cdots (3.92)$$

ここで，L は電磁石コイルの自己インダクタンスで，

$$L(z) = N\frac{\partial \Phi(z,i)}{\partial i} + L_\infty \quad \cdots\cdots\cdots\cdots\cdots\cdots\cdots (3.93)$$

である．ただし，L_∞ はギャップ長が無限大時の電磁石コイルの自己インダクタンスである．

　式 (3.91) ～式 (3.93) はいずれも非線形の方程式である．変位 z，電流 i の定常値をそれぞれ z_0，i_0 とし，それぞれの微小変化分を Δ，$L(z_0)=L_{z0}$ として線形化することにより，制御系設計の基となる浮上系の状態方程式を得る．

$$\dot{\boldsymbol{x}} = \boldsymbol{A}\boldsymbol{x} + \boldsymbol{b}u + \boldsymbol{d}v \quad \cdots\cdots\cdots\cdots\cdots\cdots\cdots\cdots (3.94)$$

ここで，

$$\boldsymbol{x} = \begin{bmatrix} \Delta z \\ \Delta \dot{z} \\ \Delta i \end{bmatrix}, \quad \boldsymbol{A} = \begin{bmatrix} 0 & 1 & 0 \\ a_{21} & 0 & a_{23} \\ 0 & a_{32} & a_{33} \end{bmatrix}, \quad \boldsymbol{b} = \begin{bmatrix} 0 \\ 0 \\ b_{31} \end{bmatrix}, \quad \boldsymbol{d} = \begin{bmatrix} 0 \\ d_{21} \\ 0 \end{bmatrix}, \quad u = e, \quad v = f_d$$

である．ただし，

第3章　磁気浮上の理論と分類

$$a_{21} = -\frac{1}{m}\left(\frac{\partial f_m(z.i)}{\partial z}\right)_{z=z_0,\,i=i_0},$$

$$a_{23} = -\frac{1}{m}\left(\frac{\partial f_m(z,i)}{\partial i}\right)_{z=z_0,\,i=i_0}, \quad a_{32} = -\frac{N}{L_{z0}}\left(\frac{\partial \Phi(z,i)}{\partial z}\right)_{z=z_0,\,i=i_0},$$

$$a_{33} = -\frac{R}{L_{z0}}, \quad b_{31} = \frac{1}{L_{z0}}, \quad d_{21} = \frac{1}{m}.$$

式 (3.94) の状態ベクトル x のうち，検出される量について次の出力ベクトル y が定義できる．

$$y = Cx \quad \cdots\cdots\cdots\cdots\cdots\cdots\cdots\cdots\cdots\cdots\cdots\cdots\cdots\cdots (3.95)$$

式 (3.94)，式 (3.95) が吸引式磁気浮上系の線形モデルとなる．この線形モデルに対して所望の応答を得たり，浮上体の質量変動等に対する浮上系のロバスト安定性を向上させたりするために各種制御方法が適用される．図 3.23 の磁気浮上系で，外力 f_d によらずにギャップ長を一定に保つ場合をギャップ長一定制御，コイル電流をゼロに保つ場合をゼロパワー制御 (3.42) という．

このうちゼロパワー制御は，浮上用電力を激減させるので省エネに有効であるほか，電磁石駆動回路（ドライバ）の発熱を劇的に低減する．このため，ドライバの放熱系が小さくなり装置の小型化・軽量化に威力を発揮する．

ゼロパワー制御の代表的手法として，コイル電流のゼロ目標値に対してサーボ制御を施した場合のブロック線図を図 3.24 に示す．図中，F，K_3 はフィードバック定数であり，$F=[F_1\ F_2\ F_3]$ として制御則（電磁石の制御電圧）は次式となる．

$$u = -Fx + K_3\int i\,\mathrm{d}t \quad \cdots\cdots\cdots\cdots\cdots\cdots\cdots\cdots\cdots\cdots (3.96)$$

式 (3.96) のフィードバック定数の決め方については 3.1.2 項を参照されたい．

文献（3.42）ではゼロパワー制御を達成する方法として，
① 電流積分帰還方式：電流を積分して制御入力に帰還する式（3.96）の方法
② 外力帰還方式：外乱オブザーバでステップ状の外力を推定し，この推定値を制御入力に帰還する方法
③ LPF出力帰還方式：ローパスフィルタ（LPF）を介してギャップ長偏差を制御入力に帰還する方法

が挙げられている．また，システムが安定であれば時間 $t \to \infty$ で積分器入力がゼロになる性質を利用して，
④ 積分器入力帰還方式：制御入力を一次遅れフィルタに入力し，一次遅れフィルタの積分器入力信号を新たな制御入力とする方法

がある．特に④は制御入力が電流である場合に便利である．

②の制御系の構成を図3.25に示す．ここで，外力 f_d をステップ状の外力であるとして状態ベクトルを x_d とする式（3.94）の拡大系は，

$$\dot{x}_d = A_d x_d + b_d u \quad \cdots\cdots\cdots\cdots\cdots\cdots\cdots\cdots\cdots\cdots \quad (3.97)$$

となる．このとき，

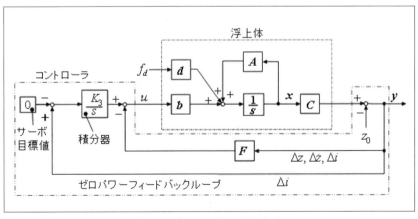

〔図3.24〕電流積分帰還方式

$$x_d = \begin{bmatrix} x \\ f_d \end{bmatrix}$$

と定義される．いま，変位 z と電流 i から速度 $\dot{z}$ と外力 f_d をオブザーバで推定する場合，出力 y_d は次式で表される．

$$y_d = C_d x_d \quad \cdots\cdots\cdots\cdots\cdots\cdots\cdots\cdots\cdots\cdots\cdots\cdots\cdots\cdots \quad (3.98)$$

ただし，

$$C_d = \begin{bmatrix} 1 & 0 & 0 & 0 \\ 0 & 0 & 1 & 0 \end{bmatrix}.$$

式 (3.97)，式 (3.98) に基づいて最小次元オブザーバを構成すると以下のようになる．

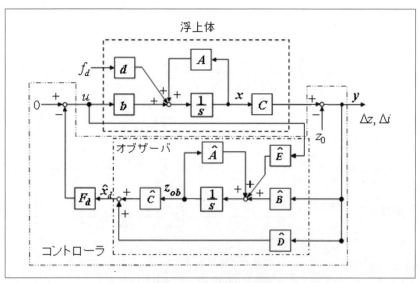

〔図 3.25〕外力帰還方式

$$\begin{cases} \dot{\boldsymbol{z}}_{ob} = \hat{\boldsymbol{A}}\,\boldsymbol{z}_{ob} + \hat{\boldsymbol{B}}\,y + \hat{\boldsymbol{E}}u \\ \hat{\boldsymbol{x}}_d = \hat{\boldsymbol{C}}\,\boldsymbol{z}_{ob} + \hat{\boldsymbol{D}}\,y \end{cases} \quad\cdots\cdots\cdots\cdots\cdots\cdots\cdots \text{(3.99)}$$

$$\hat{\boldsymbol{A}} = \begin{bmatrix} -\alpha_1 & d_{21} \\ -\alpha_2 & 0 \end{bmatrix}, \quad \hat{\boldsymbol{B}} = \begin{bmatrix} a_{21} + \alpha_2 d_{21} - \alpha_1^2 & a_{23} \\ -\alpha_1\alpha_2 & 0 \end{bmatrix},$$

$$\hat{\boldsymbol{C}} = \begin{bmatrix} 0 & 1 & 0 & 0 \\ 0 & 0 & 0 & 1 \end{bmatrix}^{\mathrm{T}}, \quad \hat{\boldsymbol{D}} = \begin{bmatrix} 1 & \alpha_1 & 0 & \alpha_2 \\ 0 & 0 & 1 & 0 \end{bmatrix}^{\mathrm{T}}, \quad \hat{\boldsymbol{E}} = \begin{bmatrix} 0 \\ 0 \end{bmatrix}$$

ここで，$\boldsymbol{z}_{ob}$：オブザーバの状態ベクトル，α_1, α_2：オブザーバの極を決定するパラメータである．

式 (3.99) 中，$\hat{\boldsymbol{x}}_d$ はオブザーバの出力を表し次式である．

$$\hat{\boldsymbol{x}}_d = \begin{bmatrix} \Delta z \\ \Delta \hat{z} \\ \Delta i \\ \hat{f}_d \end{bmatrix} \quad\cdots\cdots\cdots\cdots\cdots\cdots\cdots\cdots\cdots \text{(3.100)}$$

ここで，推定値は記号 $\hat{}$ で表されている．

この時，ゼロパワー制御の制御則は次式となる．

$$u = -\boldsymbol{F}_d\,\hat{\boldsymbol{x}}_d \quad\cdots\cdots\cdots\cdots\cdots\cdots\cdots\cdots\cdots\cdots \text{(3.101)}$$

ここで，

$$\boldsymbol{F}_d = \begin{bmatrix} \boldsymbol{F} & F_4 \end{bmatrix}, \quad F_4 = \frac{d_{21}}{a_{21}} F_1$$

である．式 (3.97)，式 (3.99) および式 (3.101) から，f_d から Δi に至る伝達関数 $G(s)$ を計算すると，I_3, I_2 をそれぞれ 3 次と 2 次の単位行列として

$$G(s) = \frac{N(s)}{D(s)}, \quad D(s) = \det|s\boldsymbol{I}_3 - \boldsymbol{A} + \boldsymbol{b}\boldsymbol{F}\boldsymbol{C}| \det|s\boldsymbol{I}_2 - \hat{\boldsymbol{A}}| \quad\cdots \text{(3.102)}$$

となり，s のべき乗多項式で表される $N(s)$ の定数項がゼロ，つまりゼロ

パワー制御が達成されることになる．

式 (3.101) において，定常状態 ($t \to \infty$) での外力推定値に関する制御入力 u_s は，

$$u_s = -F_1 \Delta z - \frac{d_{21}}{a_{21}} F_1 \hat{f}_d = -F_1 \left(z - \left(z_0 - \frac{d_{21}}{a_{21}} \hat{f}_d \right) \right) \quad \cdots\cdots \quad (3.103)$$

と計算できる．一方，外力 f_d は，外力で発生する変位 Δz_d を用いて，

$$f_d = \frac{a_{21}}{d_{21}} \Delta z_d \quad \cdots\cdots\cdots\cdots\cdots\cdots\cdots\cdots\cdots\cdots\cdots\cdots \quad (3.104)$$

となる．外力とその推定値が等しければ式 (3.103) に式 (3.104) を代入して，

$$u_d = F_1 (z - (z_0 - \Delta z_d))$$

であることから，外力によって生じる浮上ギャップ長の変位分だけギャップ長の平衡点を移動させることと等価であることがわかる．つまり，系の安定性が保証できればゼロパワー制御が達成される．

このことを直接利用したのが③の方法である．図 3.26 において T_f を

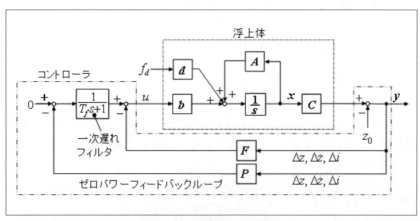

〔図 3.26〕LPF 出力帰還方式

時定数，P を $P=[P_1\ P_2\ P_3]$ なる 1 次の LPF のゲインとすると制御則は次式となる．

$$\begin{cases} u = -FCx + Pw \\ T_f \dot{w} = -w - PCx \end{cases} \quad\cdots\cdots\cdots\cdots\cdots\cdots\cdots\cdots\cdots\cdots\cdots\cdots\cdots (3.105)$$

式 (3.94) および式 (3.105) に基づいて，f_d から Δi に至る伝達関数 $G_f(s)$ を計算すると，

$$P_1 = -F_1$$

のとき $G_f(s)$ の分子の定数項がゼロとなり，ゼロパワー制御が達成できることがわかる．また，P_2, P_3 は特性方程式中で冗長になるので，ゼロとして差し支えない．

④の方法の制御系を図 3.27 に示す．p を積分器出力とすれば，制御則は次式で与えられる．

$$\begin{cases} u = \dot{p} \\ \dot{p} = -FCx - Kp \end{cases} \quad\cdots\cdots\cdots\cdots\cdots\cdots\cdots\cdots\cdots\cdots\cdots (3.106)$$

今，式 (3.94) のタイプの状態方程式を考え，式 (3.106) の制御則を適

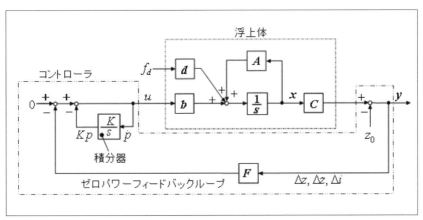

〔図 3.27〕積分器入力帰還方式

第3章 磁気浮上の理論と分類

用した場合の拡大系は次式となる.

$$\frac{\mathrm{d}}{\mathrm{d}t}\begin{bmatrix} x \\ p \end{bmatrix} = \begin{bmatrix} A - bFC & bK \\ -FC & -K \end{bmatrix}\begin{bmatrix} x \\ p \end{bmatrix} + \begin{bmatrix} d \\ 0 \end{bmatrix}f_d \quad \cdots\cdots\cdots\cdots\cdots \quad (3.107)$$

式 (3.107) を安定にする F と K が存在すればステップ状の外力 f_d に対して積分器出力 p は定常偏差を持つが,p の時間微分 $\dot{p}$ はゼロに収束する.つまり,制御入力 u がゼロに収束するのでゼロパワー制御が達成される.

上述の①〜④の方法で②と③は線形制御系のパラメータを用いるので線形性が成立する範囲でゼロパワー制御が達成できる.言い換えると,外力が大きい場合やパラメータ誤差があると電流 i や制御入力 u には定常偏差が生じることになる.一方,①と④の方法はシステムが安定なら積分器入力がゼロになるという原理に基づいているのでパラメータ誤差に影響されずにゼロパワー制御が達成できる.しかし,システムが安定になるまでは積分器出力が±∞となることが多いので,実装するときは駆動回路(ドライバ)の焼損に注意が必要である.また,①,②および④の方法は制御入力が電流でも電圧でも適用可能である.

ゼロパワー制御を実現するにあたり,図 3.28 のように永久磁石と電磁石の磁路を分離するとゼロパワー制御が保証されないので注意が必要である.この場合,磁石ユニット f_m の吸引力は永久磁石の吸引力 f_p と電磁石の吸引力 f_e の和となる.

$$f_m(z,i) = f_p(z,i) + f_e(z,i) = \mu_0 S\left(\frac{H_m l_m}{2z + l_m}\right)^2 + \mu_0 S\left(\frac{Ni}{2z}\right)^2 \quad (3.108)$$

なお,図 3.28 中,Φ_e,Φ_p はそれぞれ電磁石磁気回路の主磁束および永久磁石磁気回路の主磁束であり,

$$\Phi_p(z,i) = \frac{\mu_0 S H_m l_m}{2z + l_m}, \quad \Phi_e(z,i) = \frac{\mu_0 S Ni}{2z}$$

である.

式 (3.108) を $z=z_0$, $i=0$ の近傍で線形化すると式 (3.94) において $a_{23}=0$ となる．2.2.2 項の可制御性が成立する必要十分条件から可制御性をチェックすると，

$$A = \begin{bmatrix} 0 & 1 & 0 \\ a_{21} & 0 & 0 \\ 0 & a_{32} & a_{33} \end{bmatrix}, \quad b = \begin{bmatrix} 0 \\ 0 \\ b_{31} \end{bmatrix}$$

であるから，可制御行列 M_C は

$$M_C = [b, Ab, A^2b] = \begin{bmatrix} 0 & 0 & 0 \\ 0 & 0 & 0 \\ b_{31} & a_{33}b_{31} & a_{33}^2 b_{31} \end{bmatrix}$$

となり，可制御条件 $\mathrm{rank} M_C = 3$ は成立しなくなる．

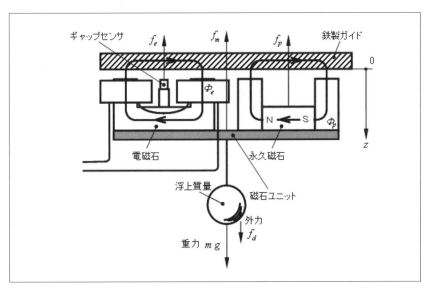

〔図 3.28〕ゼロパワー非可制御系の構成例

3.3 永久磁石変位制御方式 (3.43)-(3.51)

電磁力を能動的に制御する方法としては，2.1節で示されたように，磁気回路内の磁束量を制御すればよい．磁束を制御するためには，電磁石のコイル電流を調整し,起磁力を変化させることが一般的である．しかし，磁気回路の中のギャップなどの磁気抵抗を制御することによっても，磁気力を制御することが可能である．ギャップなどを制御するためには，機械的な運動を用いることが適していると考えられる．以下では，機械的な運動を用いて磁気力を制御する形式の磁気浮上方式について紹介する．

3.3.1 ギャップ制御形吸引力制御機構を用いた磁気浮上機構

浮上体との空隙を調整することによる浮上システムの構成の例を図3.29に示す．これは，浮上体である強磁性体を上から永久磁石で釣り下げる形式の浮上機構で，浮上の自由度は上下方向である．永久磁石の吸引力と浮上体に加わる重力とが釣り合う点が平衡位置である．永久磁石は，上下方向の運動が可能なように支持されており，アクチュエータによってその方向の駆動力を与えられる構造になっている．

この機構でアクチュータに入力を加えないときには，浮上体が平衡位

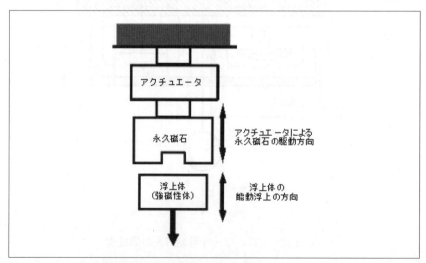

〔図 3.29〕機械運動による磁気浮上方式
（ギャップ制御形吸引力制御機構を用いた浮上機構）

置より磁石に近づけば浮上体に対して吸引力が大きくなり，逆に遠ざかれば吸引力が小さくなる．このためそのままでは，安定な浮上はできない．アクチュエータが磁石に対して，浮上体が平衡位置より近づけば上向きの，遠ざかれば下向きの力を発生することにより，空隙の距離を変化させ，吸引力を調整し，浮上体を非接触支持することが可能である．浮上システムのモデルを図 3.30 に示す．このとき永久磁石および浮上体の運動方程式は，以下のようになる．

$$m_1 \ddot{x}_1 + \xi \dot{x}_1 + k_e x_1 = f_a + f_m + m_1 g$$
$$m_0 \ddot{x}_0 = -f_m + m_0 g \quad \quad \quad \quad \quad \quad \quad \quad (3.109)$$

今，永久磁石で発生する磁力を $f_a = k_m(x_1 - x_0)$ として線形化すると，$\boldsymbol{x} = (x_0 \ x_1 \ \dot{x}_0 \ \dot{x}_1)$ として，次の状態方程式が得られる．

$$\dot{\boldsymbol{x}} = \boldsymbol{A}\boldsymbol{x} + \boldsymbol{b}u \quad \quad \quad \quad \quad \quad (3.110)$$

$$\boldsymbol{A} = \begin{bmatrix} 0 & 0 & 1 & 0 \\ 0 & 0 & 0 & 1 \\ k_m/m_0 & -k_m/m_0 & 0 & 0 \\ -k_m/m_1 & (k_m-k_e)/m_1 & 0 & -\xi/m_1 \end{bmatrix}, \quad \boldsymbol{b} = \begin{bmatrix} 0 \\ 0 \\ 0 \\ k_e/m_1 \end{bmatrix}$$

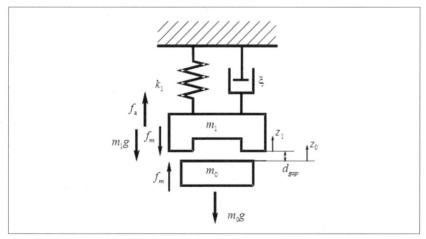

〔図 3.30〕ギャップ制御形吸引力制御機構を用いた浮上機構のモデル

このシステムは可制御であることが確認される．また，浮上体変位 x_0 を検出することにより可観測であることもわかる．変位 x_0 を PD 制御した場合に浮上を実現するためには，磁石とギャップの定数とばね定数に以下の関係が必要である．

$$m_0 k_e > (m_0 + m_1) k_m \quad \cdots \cdots \cdots \cdots (3.111)$$

式 (3.109) を線形化した後，ブロック線図で表すと，図 3.31 のようになる．磁気浮上機構システムの入力をアクチュエータの発生力 f_a とすると，式 (3.109) の上の式で表されるブロック線図の左側のブロックは，入力から磁石変位を表しており 2 次系である．つまり，磁気力の調整も 2 次の遅れが生じることになる．これは，電磁石を用いたシステムがほぼ遅れなく吸引力を制御できる（電流出力アンプを用いる）場合や，一次遅れ系の（電圧出力アンプを用いる）場合に比べて，フィードバックゲインの制限が大きい．このことは，浮上体の支持剛性が制限されることを意味する．

また，システムの入力機構であるアクチュエータは，磁気浮上支持の精度が μm～数十 μm オーダーであることを考えると，同等以上の精度や入力と運動の関係が線形であることが求められる．バックラッシュのあるギアなどの減速機減速機構の利用は難しい．このため，拡大機構を用いたピエゾアクチュエータや，VCM（ボイスコイルモータ）機構を用いてダイレクトドライブにより永久磁石を駆動する機構が用いられている．

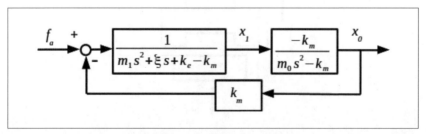

〔図 3.31〕ギャップ制御形吸引力制御機構を用いた浮上システムのブロック線図

3.3.2 ギャップ制御形反発力制御機構を用いた磁気浮上機構

前節では，ギャップ制御による吸引力調整による浮上機構を紹介したが，ギャップ制御による反発力を用いることも可能である．図 3.32 に示すように永久磁石同士の同極を対向させた場合反発力が生じ，図の鉛直方向には安定であるが，水平方向には不安定である．機械的な運動により下側の永久磁石を駆動し不安定方向を安定化させることができる[3.54]．しかし，この機構を実現するためには，水平方向の 2 自由度の運動制御装置を構築する必要があるが，このような機構は実現性が難しく，また水平軸回りの制御も考慮する必要があり，センサおよび制御機構の構築も困難である．

以上のことを考慮し，図 3.33 に示すような円筒形の反発力によるギャップ制御形磁気浮上機構が提案されている[3.53][3.56]．上下 2 組のリング状永久磁石は，反発力により半径方向を安定浮上させる．上下方向の運動は不安定であり，力の平衡を保つようにリニアアクチュエータで制御される．また，図 3.33 に示されるシステムは，浮上体の鉛直軸回りに回転可能な磁気浮上機構（磁気軸受）として用いることができる．

3.3.3 回転形モータを利用した磁路制御形磁気浮上機構

回転形モータを用いた磁気浮上機構として，図 3.34 に示される機構

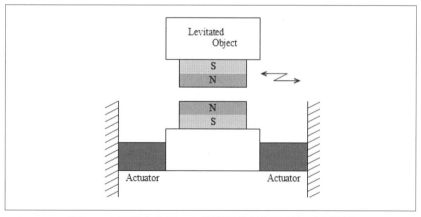

〔図 3.32〕反発力を用いた機械運動制御形磁気浮上機構

のものがある．この機構は，円盤形永久磁石，回転モータ，F形コアを用いて永久磁石の発生する磁路を変更することにより吸引力を制御するものである．永久磁石が同図左のように磁極が上下方向を向いている状態にあるときは，下部の浮上体に磁束が通らないため吸引力は働かず，

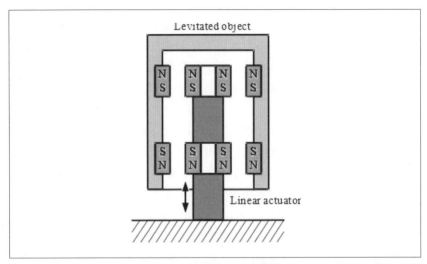

〔図3.33〕反発力を径方向に用いて上下方向を能動的に制御する形式の磁気軸受

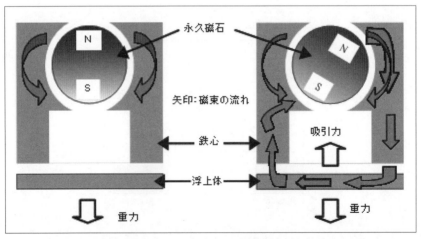

〔図3.34〕回転形モータを利用した磁路制御形磁気浮上機構

同図右のように磁極が斜めになっている状態にあるときには吸引力が働く. 永久磁石を回転形アクチュエータに取り付けることにより浮上力を調整し, 浮上体を非接触浮上させることができる.

吸引力は, 実験による測定の結果ほぼ次の式で近似できることがわかった.

$$f = k_m \sin^2 \theta / (d + \Delta d)^2 \quad \cdots\cdots\cdots\cdots\cdots\cdots\cdots\cdots\cdots\cdots \quad (3.112)$$

これは, 浮上体を通過する磁束が $\Phi = k \sin \theta$ と考えて得られた結果と同様になる.

回転形モータは, 入力電流と出力トルクの関係が線形であるアクチュエータとして DC モータを利用している. しかし, DC モータだけでは永久磁石を駆動するためのトルクが不足しており, 減速機ギアを用いている. 前述したようにギアのバックラッシュの影響をできるだけ減らすために, ハーモニックドライブ減速機を利用している. 減速機を利用しているために浮上支持力を比較的小さい駆動電流で支持できる可能性がある. また, 左右のそれぞれの磁極で 2 つの浮上体を非接触支持できるということも報告されている.

なお, 可変磁路制御形磁気浮上装置としては, この方式以外にも, 種々のリニアアクチュエータを用いた機械運動による浮上機構が提案されている.

3.4 誘導方式の理論と分類 (3.52)-(3.60)

電磁誘導方式（Electro Dynamic Suspension：EDS 方式）は，界磁と誘導電流による反発力を利用した浮上方式である．過去に様々な方式が検討されてきたが，最も代表的なのが，超電導磁気浮上式鉄道（通称：JR マグレブ，超電導リニア）の浮上システムであろう．

簡単に原理を説明すると，移動体（車両）に搭載された磁石が何らかの推進力により移動すると，地上に設置された短絡コイル（コイル軌道）や導体板（シート軌道）に鎖交する磁束により渦電流が生じる．この渦電流はレンツの法則により磁石を反発させる方向に生じる．このため，磁石に重力に逆らう浮上力が発生することとなる．この方式では，速度によって発生する渦電流が変化するため，浮上力には速度特性がある．一般的には，速度が遅いほど発生する渦電流が小さくなるため，浮上力も小さく，車両が停止している時には，浮上力が発生しない．そのため，車両が停止または低速走行時には別の方法で支持する必要がある．固定翼の飛行機は，停止時には揚力が発生しないため，止まっている時は車輪により支持し，速度が高くなった時点で離陸（リフトアップ）するが，電磁誘導方式の浮上システムでも同様に支持力が十分に得られる速度に達した時点で磁気浮上に移行することとなる．

なるべく低速で支持力が得られるように，車両側の磁石は強力な磁界を発生させることが必要であり，磁石自身の重量も軽くないと浮くこと

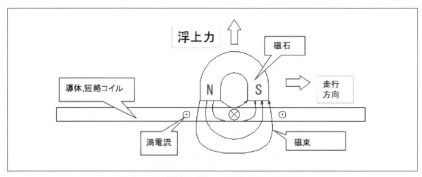

〔図 3.35〕電磁誘導（EDS）方式の原理

ができない．このため，超電導磁石やハルバッハ配置を用いた永久磁石が使用されることとなる．

軌道側はコイル（リアクタンス大）とシート（リアクタンス小）形状のものが使用される．渦電流を発生させて浮上するという原理には違いがないが，構造がコイルとシートで大きく違うため区別して説明する．

また，この方式はアクティブな制御を必要としないため，センサや制御器が必要ない．さらに，車両側の磁力が確保されている限り速度に応じた支持力が発生するため，地震などの急な外乱や停電などが生じても落下する心配がないという特長がある．

3.4.1 コイル軌道方式

軌道側に短絡コイルを使用する方式は，1966年米国のJ.R. PowellとG.R. Danbyが提唱した方式である．地上に設置された浮上コイルは短絡されており，車上に設置された超電導コイルが近傍を通過すると，フレミングの電磁誘導法則により浮上コイルに電流が流れる．超電導コイルと浮上コイルの電流により，電磁力が発生するが，この電流の流れる向きは，レンツの法則により磁束を排除する方向，電磁力としては重力に

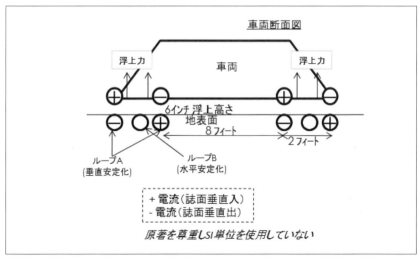

〔図3.36〕PowellとDanbyによる超電導磁気浮上システムの概念図

よる落下に逆らう方向となる．この事象により，超電導コイルと浮上コイルは反発しあい，車両を浮上させることとなる．ただし，電磁誘導は超電導コイルと浮上コイルとの間に相対運動がないと起きないため，走行中にのみ浮上力が発生する．相対運動がないと浮上しない原理は，シート形状の場合も同様である．

JRマグレブのコイル配置を図 3.37 に示す．車両の側面には超電導磁石が取り付けられており，地上のガイドウェイと呼ばれる構造物に推進コイルと浮上案内コイルが設置されている．

浮上案内力においては，

車両を支えるのに必要な支持力は，

$$F_{Lall} = mg + F_{Ldyne} \qquad (3.113)$$

ここで，m[kg] は車両質量，g[m/s^2] は重力加速度，F_{Ldyn}[N] は車両運動に伴う変動分である．

一方，案内力は，

$$F_{Gall} = F_{Gdyn} \qquad (3.114)$$

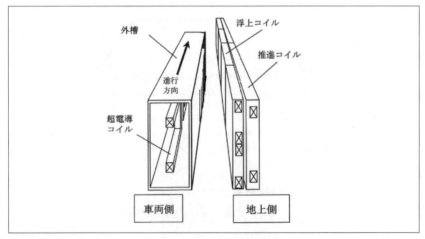

〔図 3.37〕コイル配置

ここで,F_{Gdyn}[N]は車両運動に伴う変動分である.

このため,一般的には,支持力の方が案内力に比べて大きな値となる.

図3.38には,支持力を発生する浮上コイルの設置方法による違いを示す.ガイドウェイ床面に設置する対向浮上方式が最初に検討されたが,後述する磁気抗力が抑えられるため,側壁浮上方式がシステムとしてより効率がよいことが分かった.案内力に関しては,対向浮上方式では,推進コイルが,側壁浮上方式では,浮上コイルが担うことになる.

超電導磁石は導線の性質上「定磁束モード(constant flux mode)」で励磁されているが,上記の浮上原理では,「定電流モード(constant current mode)」でも浮上できる.これは,重量さえ考慮しなければ,永久磁石でも浮かすことができることを示唆している.

電磁力を計算するには,フレミング左手の法則による方法,マクスウェルの応力による方法,仮想変位による方法がある.超電導磁気浮上システムでは磁性体を使用していないため,計算が簡易なフレミングの法則を使用する.

$$F = I \times B \tag{3.115}$$

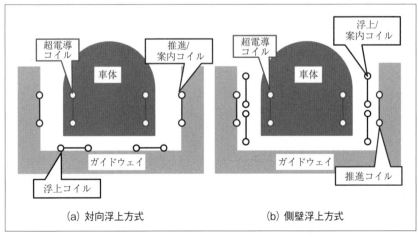

〔図3.38〕EDSシステムのコイル配置

第3章　磁気浮上の理論と分類

　すなわち，電流ベクトルと磁束密度ベクトルの外積により力が計算できることとなる．

　磁束密度は，ビオ・サバールの法則により形状と電流値のみで得られる．

$$dH = \frac{I}{4\pi}\frac{ds \times R}{r^3}$$　$\cdots\cdots\cdots\cdots\cdots\cdots\cdots\cdots\cdots\cdots\cdots$　(3.116)

　要素 ds に I[A] の電流が流れた時，r だけ離れた場所での磁界の強さを示している．

　磁界の強さと磁束密度は，マクスウェルの物性方程式より下記で与えられる．

$$B = \mu H$$　$\cdots\cdots\cdots\cdots\cdots\cdots\cdots\cdots\cdots\cdots\cdots\cdots\cdots$　(3.117)

　ビオ・サバールの式は，直線線分や円などの単純な形状の電流については解析解が与えられているため，超電導磁石から発生する磁界は単純な形状の組み合わせで求めることができる．

　例えば，線分電流による磁界は式 (3.118) で与えられる．

$$H = \frac{I}{4\pi r}(\cos\theta_1 + \cos\theta_2)$$　$\cdots\cdots\cdots\cdots\cdots\cdots\cdots\cdots$　(3.118)

　ここで θ は線分端点から求める磁界をのぞむ平面角である．

　誘導される浮上コイルの電流を求める必要があるが，これは，微分方程式を解かなければならない．浮上コイルの回路方程式と電磁誘導の法則を誘起電圧で結ぶと下記となる．

$$L\frac{di}{dt} + Ri = -\frac{d\varphi}{dt}$$　$\cdots\cdots\cdots\cdots\cdots\cdots\cdots\cdots\cdots\cdots$　(3.119)

　ここで，L, R は浮上コイルのインダクタンス，抵抗，φ は浮上コイルに鎖交する磁束である．また，鎖交磁束を求めるために，コイル間の相対位置時間変化を知る必要がある．

－ 138 －

ここで，鎖交磁束を正弦波と仮定すると電流の微分方程式を解析的に解くことができる．

超伝導コイル中心位置を x とし，浮上コイルが $x=0$ の位置にあるとき，地上コイルの鎖交磁束と電流を式 (3.120) のように定義する．

$$\varphi = \varPhi \cos kx, \ x = vt, \ \omega = kv \ \cdots\cdots\cdots\cdots\cdots\cdots\cdots\cdots \ (3.120)$$

式 (3.120) を式 (3.119) に代入すると，式 (3.121) が得られる．

$$I_d = -\frac{\omega^2 L}{(\omega L)^2 + R^2} \varPhi$$
$$I_q = \frac{\omega R}{(\omega L)^2 + R^2} \varPhi \qquad\cdots\cdots\cdots\cdots\cdots\cdots\cdots\cdots \ (3.121)$$

超電導コイルが $x=0$ にあるとき最大になる電流 (cos 成分) が浮上力に寄与する．

$$I_d = -\frac{\varPhi}{L}\frac{(\omega T)^2}{1+(\omega T)^2}$$
$$T = \frac{L}{R} \qquad\cdots\cdots\cdots\cdots\cdots\cdots\cdots\cdots \ (3.122)$$

この電流の大きさは ω と共に増大し，$\varPhi/L$ に漸近する．T は時定数であり，浮上力は電流値に比例するため，周波数（速度）とともに浮上力が上昇することが分かる．

一方，超電導コイルが $x=0$ にあるとき 0 で，コイルの境目で最大になる電流 (sin 成分) が浮上力に寄与せず磁気抗力となる．

$$I_q = \frac{\varPhi}{L}\frac{\omega T}{1+(\omega T)^2}$$
$$T = \frac{L}{R} \qquad\cdots\cdots\cdots\cdots\cdots\cdots\cdots\cdots \ (3.123)$$

この電流は，L が無視できる条件では $\omega \varPhi/R$ となる．磁気抗力はこの電流に比例するため，周波数（速度）に関して上に凸の曲線となる．速度とともに磁気抗力は急上昇するが，$\omega T=1$ で最大値をとり，以降減少

- 139 -

していく．
　対向浮上方式での計算の一例を図3.39に示す．低速での磁気抗力が大きいことが分かる．
　側壁浮上方式での具体的な，浮上力の計算は，以下の2通りで計算できる．
・浮上コイルの水平辺に流れる電流（x 成分）と，超電導コイル電流が作る磁束密度の横方向成分（y 成分）の積
・超電導コイルの水平辺に流れる電流と，地上コイル電流が作る磁束密度横方向成分の積

空心コイルの場合，どちらの方法で計算しても同じ結果となるはずであるが，コイル巻線の分布等により誤差が生じる場合がある．
　案内力については，左右の浮上コイルをヌルフラックス線で結ぶことで実現できる．対向浮上方式では負の案内ばねを持つので，それを打ち消す大きな力を発生する必要があり，推進コイルにヌルフラックス線を接続するため，ヌルフラックス線にも耐電圧が必要となる．側壁浮上方式では，浮上系で負のばねを発生しないので，案内系の負担が小さく，

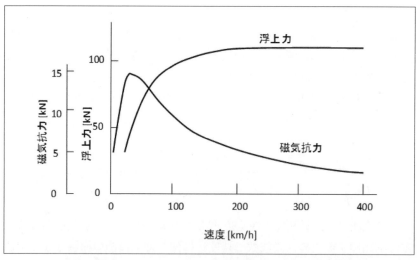

〔図3.39〕EDSシステムにおける支持力と磁気抗力の関係

浮上コイルに案内力を兼用させることができるため、ヌルフラックス線に耐電圧が要求されない。

案内系の電流および磁気抗力についてみてみると、

上下、左右の変位が小さいとすると、各コイルでの磁束は、上下、左右の変位 (Δz, Δy) に比例する。

左上矩形、左下矩形、右上矩形、右下矩形での磁束は、

$$\phi_1 = \Phi_z \Delta z + \Phi_y \Delta y, \quad \phi_2 = -\Phi_z \Delta z + \Phi_y \Delta y$$
$$\phi_3 = \Phi_z \Delta z - \Phi_y \Delta y, \quad \phi_4 = -\Phi_z \Delta z - \Phi_y \Delta y$$
 ……………… (3.124)

電流は、

$$i_1 = i_L + i_G, \quad i_2 = -i_L + i_G$$
$$i_3 = i_L - i_G, \quad i_4 = -i_L - i_G$$
 ………………………… (3.125)

i_L は浮上に寄与する電流、i_G は案内に寄与する電流である。浮上と案内に分離し、変位が大きい時は上側と下側で案内電流の大きさが異なることになる。

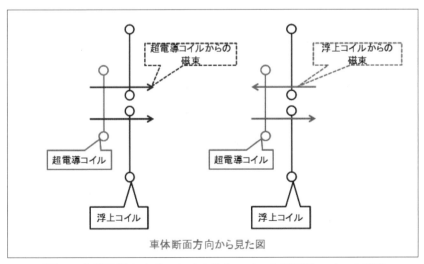

〔図 3.40〕側壁浮上方式における地上コイルと超電導コイルの関係

案内電流は左右変位 Δy に比例するので，地上コイルに発生する損失は Δy の2乗に比例する．

$$R\left\{(i_L+i_G)^2+(i_L-i_G)^2+(-i_L+i_G)^2+(-i_L-i_G)^2\right\}=4R\left\{i_L^2+i_G^2\right\} \quad (3.126)$$

すなわち，磁気抗力は，浮上電流の損失と案内電流の損失の単純な和となる．車両がガイドウェイ中心を走行し左右変位がないと，浮上系だけの損失となる．

ここまで，推進，浮上，案内力を車両に搭載した超電導磁石1つで発生する仕組みについて述べてきた．さらに，この発展で，地上コイルを一つのコイルとして，推進浮上案内を行うこともできるアイデアも検討，試験されている[3.57]．また，車上の補機電源を得るために，誘導集電も兼用するシステムも試作試験された[3.49]．すなわち，車上の超電導磁石の界磁を，推進，浮上，案内，発電に兼用することも原理的には可能であることが示唆されている．

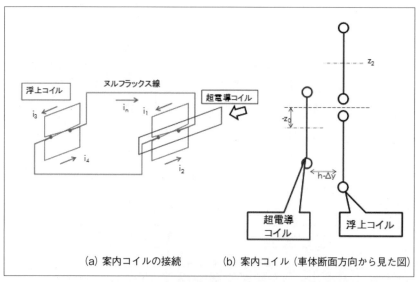

〔図3.41〕ヌルフラックス接続による案内力の発生原理

3.4.2 シート軌道方式

原理的には，コイル軌道方式と同じで導体に誘導される電流と磁界の作用により支持力を得る．地上側にシート状の良導体（アルミや銅など）を配置し，磁石を搭載した車両を浮かしたり，良導体の物体を地上から変動磁場を与えて浮かしたりする方式である．

単純な平板の場合，支持力に有効な誘導電流の成分が限られるため，ラダー状（1ターンのコイルと考えられる）にすることがある．コイル方式と比べて，磁気抗力が大きい，導体発熱が多いなどの課題もある．

古くから試験や検討が行われているが，実際に試作を行われた例として，インダクトラックと磁気車輪がある．

インダクトラックは2000年頃，Lawrence Livermore研究所のP. F. Postらにより提唱された方式で，車上にハルバッハ配列の永久磁石を配置し，地上側に短絡コイルもしくはラダー状導体を用いる．数10 km/h程度の低速から浮上することができ，貨物輸送などへの応用が期待される．

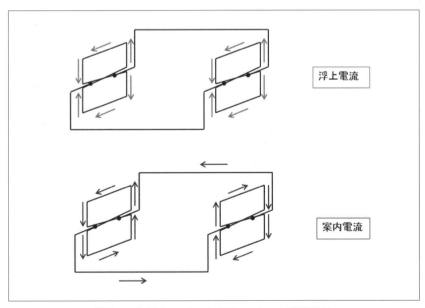

〔図3.42〕浮上コイルと案内コイルの誘導電流

⊒ 第3章　磁気浮上の理論と分類

　磁気車輪は，車上に搭載した回転する永久磁石により，変動磁界を発生し，シート状の導体の上を二次元に移動できるものである．シートの発熱や車上への給電方法が確立していないなど，小形の模型でとどまっている．

　非磁性導電性薄板に対する磁気浮上搬送としては，アルミニウムなどの軽量かつ良導体を浮上させるために，地上にマトリックス状に配置された交流電磁石に数 kHz ～ 数 100kHz の電流を通電し，浮上させる試みがなされている．これは交流電磁石から発生する交番磁界によりアルミニウム板に誘導電流が流れ，交番磁界との作用で，反発力が生まれるという原理を使用しており，先に述べた，電磁誘導方式の車両と地上を逆転させたような構成となっている．

3.5 渦電流併用方式

非磁性導電性金属に対する磁気浮上方式として，常電導電磁石からの交流磁界に対し，金属内に誘起される誘導電流を利用して，反発力で物体を浮上させる方式（交流誘導反発式磁気浮上）がある[3.50]．本方式は，JR マグレブなどの電磁誘導方式のような可動子側（浮上体）と固定子側の相対運動が不要である．また，吸引式磁気浮上システムのようなフィードバック制御による安定化も不要であり，センサや制御回路を大幅に削減できるといった利点が挙げられる．

交流誘導反発式磁気浮上の原理を図3.43に示す．電磁石に交流電流を印加し，発生した交流磁束 ϕ_1 が浮上体（金属板）に鎖交することで，浮上体には誘導電流（渦電流）i_e が流れる．この誘導電流 i_e による磁束 ϕ_2 と固定子側の磁束 ϕ_1 が作用し平均値としての反発力が生成される．しかし，受動的な安定は浮上方向に限定され，その直角方向（案内方向）は不安定となる．図3.43 (a) は，交流電磁石の磁極の一部に浮上体のエッジが来るように配置した際の誘導電流と磁束を表す．交流磁束 ϕ_1 によって発生した渦電流 i_e は浮上体のエッジに集中し磁束 ϕ_2 を生成する．このとき金属板は単相誘導機のくま取りコイルと同様の効果を生み出す．つまり，図中の領域①では磁束が減少し，領域②では磁束が増加す

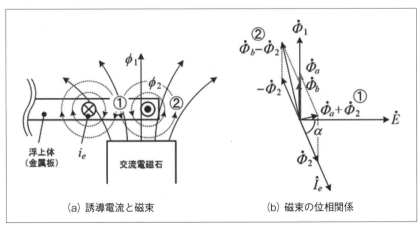

(a) 誘導電流と磁束　　(b) 磁束の位相関係

〔図3.43〕交流誘導反発式磁気浮上の原理

ることで，②から①の方向に案内力が生成される．図 3.43 (b) は磁束の位相関係を示しており，磁束 $\varPhi_1$ による誘導起電力 $\dot{E}$ に対し，浮上体のインピーダンスによって位相 α だけ遅れた渦電流 $\dot{I}_e$ および磁束 $\varPhi_2$ が生じる．磁束 $\varPhi_1$ のうち浮上体に鎖交する分を $\dot{\varPhi}_a$，鎖交しない分を $\dot{\varPhi}_b$ とすると，領域①，②ではそれぞれ $\dot{\varPhi}_a+\dot{\varPhi}_2$, $\dot{\varPhi}_b-\dot{\varPhi}_2$ となり，②→①の順で磁束が最大となるように時間的に推移する．このことからも図 3.43 (a) において案内力が左向きに作用することがわかる．以上のように，浮上体と常電導電磁石の位置関係を工夫することで浮上力の方向を案内方向に分配し，浮上体の横ずれに対する安定性を確保することができる．なお，浮上力，案内力は交流磁束の反転に関わらず同一方向となることから，励磁周波数の 2 倍の周波数で変動する．

　搬送装置の一般的な構成は図 3.44 のようになる．固定子側をレール化しリニア誘導モータとして駆動すれば，浮上搬送テーブルとして利用可能である．なお，浮上と搬送のコントロールは，電磁石鉄心に互いに異なる励磁周波数の磁束を重畳することで独立に行うことができる．固定子側の励磁コイルは，浮上用と搬送用を別々に準備してもよく，兼用とすることも可能である．浮上体の案内安定性を確保するために，図のように十字型 [3.50] や V 溝型 [3.61] にするなどの工夫がなされる．また十字型の場合は直角分岐軌道にも対応できる．

　図 3.45 は，非磁性導電性金属板の下方にマトリクス状に交流電磁石

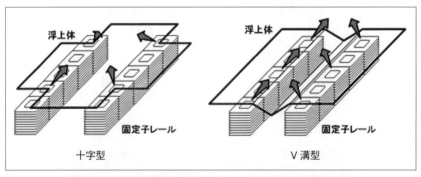

〔図 3.44〕交流誘導反発式磁気浮上搬送装置の基本構成

を敷き詰めた交流誘導反発式磁気浮上装置である．金属板の全面を用いて交流磁束を有効に鎖交させることで反発力の増大を図る．励磁周波数が低い場合，金属板内に誘起される渦電流も小さく反発力が稼げない．一方，励磁周波数を高く設定すれば，金属板の表皮効果により渦電流が表面にしか流れず反発力が低下する．また，金属板の材質や厚みによって励磁周波数の最適条件も異なる．実際の装置では，10×10 のマトリクス状に配置された電磁石に対し，N極とS極が交互に現れるように極性を与え，約3.5 kHzで励磁することで，アルミニウム薄板（A1050, 96 mm × 96 mm × 0.3 mm）を1.0 mmのギャップで支持できることが示された[3.35]．

非磁性導電性薄板を搬送テーブルとして利用する場合，例えば半導体ウェハなどの軽量物の搬送であれば交流誘導反発式が適用できる．交流誘導反発式の大きな問題として，渦電流による発熱とそれに伴う浮上高の低下が挙げられる．交流誘導反発式の原理自体は誘導加熱（IH: Induction Heating）と同じであり，電磁調理器や電磁溶融るつぼ等の熱利用が主である．そのため非接触浮上状態を長時間必要とする用途には適さない．また，反発力しか発生しないため図3.44や図3.45のように交流電磁石を敷き詰め，浮上体を下から押し上げる構成にならざるを得ない．

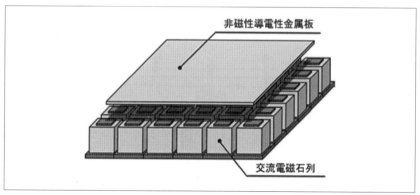

〔図3.45〕二次元配列電磁石による交流誘導反発式磁気浮上（概念図）

一方，非磁性導電性金属自体が生産品となる場合もある．例えば代表的なアルミニウムは，まず条や板，箔などの一次生産品となり，さらに建材や車両，家電，日用品などの製品に加工される．一次生産品のような基本形状に対して，浮上体での発熱を抑制しながら浮上力を増大させる磁気浮上方式として交流アンペール式磁気浮上が提案されている[3.62]．

交流アンペール式磁気浮上の浮上力発生原理を図 3.46 に示す．交流電磁石 EM1 からの主磁束 ϕ_1 がアルミニウム板と鎖交し，渦電流 i_{e1} が生じることで，EM1 とアルミニウム板の間に交流誘導反発式による反発力 f_1 が生成される．この渦電流 i_{e1} がアルミニウム板のエッジ付近を流れる場合，図 3.46 のように新たに交流電磁石 EM2 を配置し，渦電流に同期するように副磁束 ϕ_2 を発生させることで，フレミング則に従う上向きの力（本項ではアンペール力とよぶ）f_2 が生成される．

交流アンペール式は，これまでジュール熱にしかならなかった渦電流の一部を浮上力として利用する．したがって，同一質量のアルミニウム薄板であれば，従来の交流誘導反発式よりも薄板の温度上昇が抑制され，発熱に伴う浮上高の低下も抑えられる[3.63]．

また，アンペール力の方向は，渦電流と副磁束の位相関係によって変更できる．従来の交流誘導反発式では，原理上反発力しか発生しないため，固定子を浮上体の下に配置する必要があるが，交流アンペール式で

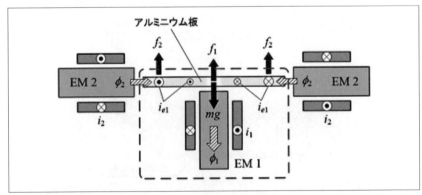

〔図 3.46〕交流誘導反発式（破線内）と交流アンペール式の浮上原理

は，図 3.46 の構成を上下反転し，位相関係を調整することにより，アンペール力でアルミニウム板を引き上げることができる可能性がある．

実際の装置例を図 3.47，図 3.48 に示す．図 3.47 はアルミニウム方形薄板用装置である[3.64]．浮上力とともに案内力を発生させるために，薄板の下にジグザグ状に交流電磁石 EM1，EM2（固定子レール）を設置する．また，EM2 の磁極ピッチ間に交流アンペール力用電磁石 EM3 の磁極を薄板の側面に引き出して配置する．固定子レールでの極性は薄板のエッジに渦電流を導くような特殊な配置となっている．EM1，EM2 に対し，EM3 の電流を 90 度遅相で印加することで浮上方向のアンペール力が生成される．EM1〜EM3 の励磁周波数 120 Hz とし，さらに搬送用

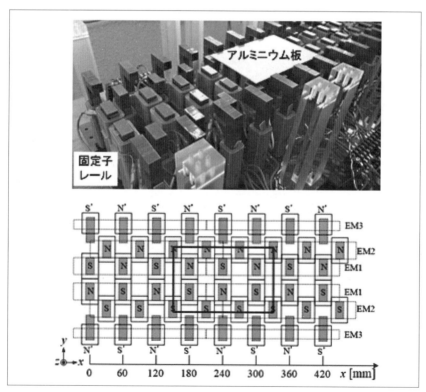

〔図 3.47〕交流アンペール式磁気浮上搬送装置（上）と磁極構成例（下）

コイルを設置しインバータ駆動（3相，80 Hz）することで，180 mm×120 mm×2 mm のアルミニウム薄板を約 0.6 m/s で浮上搬送させている．図 3.48 は，アルミニウムリングをアンペール力で引き上げるための構成例である[3.65]．リングの自重とリング上方に設置された交流電磁石からの下向きの反発力よりも大きな上向きのアンペール力を生成できれば，リングは浮上力を得ることができる．本装置による実験例では，直径 120 mm，断面積 5 mm^2，質量 24 g のアルミリングに対し，交流電磁石 EM1，EM2 ともに励磁周波数を 180 Hz とし，EM1 に対し 60 度進相となるように側方 6 箇所の EM2 を励磁することで，自重の 2 倍程度の上向きの力が生成され，EM1 側に引き上げられる状態を確認している．

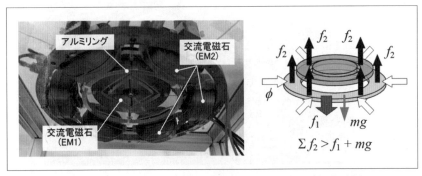

〔図 3.48〕アルミリング引上げ装置（左）と引上げ条件（右）

3.6 高温超電導方式

3.6.1 超電導現象

　超電導はその名の通り，電流が物質中を流れる際に発生する電気抵抗がゼロになる現象である．1911 年にオランダの Onnes（オンネス）が絶対温度 4 [K] 付近で水銀の電気抵抗が突然ゼロになることを発見したことに発する．その後，水銀以外に鉛，スズなどの金属も超電導を示すことが発見され，さらに 1986 年，IBM チューリッヒ研究所の Bednorz（ベドノルツ）および Müller（ミューラー）が，ランタン，バリウム，銅の混合材料を焼き固めて作った酸化物セラミックが約 30 [K] で超電導を示すことを発見した．これ以降，多くの研究機関で新しい酸化物超電導体が発見され，短期間に 100 [K] あまりも臨界温度が向上し，液体窒素の沸点（約 77 [K]）を超える材料がいくつも開発された [3.66]．酸化物超電導体は従来の金属超電導体に比べ臨界温度が高いため，高温超電導体ともよばれる．超電導の磁気浮上における最も基礎的な利用方法は超電導体を線材化してコイルとし，電気抵抗ゼロを利用して大電流を流し，高磁場を発生するマグネットを実現することである．適用例としては JR マグレブ（リニアモーターカー）や MRI（磁気共鳴画像）用マグネットがあげられる．

3.6.2 超電導体の種類

　超電導体は大きく分けて金属系（合金，化合物を含む）による超電導体と，1980 年代後半に登場した酸化物系超電導体に分かれる．大電流を流すことが可能であった NbTi，Nb$_3$Sn などの金属系の超電導体はケーブル，コイル線材として MRI，高磁場を発生させるマグネットなどに利用されてきた．これらの金属超電導体は液体ヘリウム温度（約 4 [K]）まで冷却する必要があるが，それに対して酸化物超電導体は入手が簡単である液体窒素による冷却で超電導現象を実現することが可能である．主に，イットリウムやビスマスを用いた酸化物超電導体がある．従来は，浮上やシールドとしての応用が主であったが，REBCO（RE は希土類元素）による線材が実用化されたため，コイル線材，ケーブルとしての利用も拡大されている．

3.6.3 マイスナー効果

電気抵抗ゼロ以外の基本特性として1933年にMeissner（マイスナー）とOchsenfeld（オクセンフェルト）によって発見されたマイスナー効果があげられる．超電導体に外部磁場をかけても超電導体内の磁束密度はゼロに保たれる．これは完全反磁性，つまり透磁率 $\mu = -1$ であることを示す．

図3.49にマイスナー効果を示す．図のように超電導体は超電導状態でない場合は，磁束が内部に進入できるが，超電導状態になると磁束は全て超電導体外に押し出され，内部の磁束密度 $B=0$ になる[3.67]．

3.6.4 ピン止め浮上

高温超電導体のバルク（塊）材においてピン止め効果とよばれる現象が見られる．これは高温超電導バルク材において内部に超電導でない，つまり常電導部分が存在する．その状態で磁場を加えて超電導化する．常電導部分がない場合には超電導体内の磁束は完全反磁性によってすべて外部に押し出される．ところが，常電導部分があると，そこを貫いていた磁束は常電導部分にとどまる方が，超電導部分を押しのけて外部に出るよりエネルギー的に有利となる．その結果，磁束がバルク材の中にとどまることになる．この状態が磁束のピン止めである．磁束がピン止めされる常電導部分をピンニングセンタとよぶ．これは不純物，格子欠

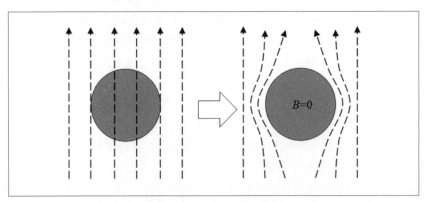

〔図3.49〕マイスナー効果

陥,析出物,結晶粒界などさまざまなものがある.ピン止め効果により,磁束が固定されるため,一定の浮上高さを保とうとする.つまり他の方式では実現が難しい「制御なしでの浮上」を実現することができる.また,浮上だけでなく,案内効果も発生する.例えば,リング状に着磁した永久磁石を超電導体の上方に置き,ピン止めさせると,同じ大きさの磁束が着磁されている方向,つまりリングが回る円周方向には自由に動くが,運動方向に対して磁束変化がある半径方向に動かそうとすると,もとの中心方向に戻そうとする復元力が発生する.

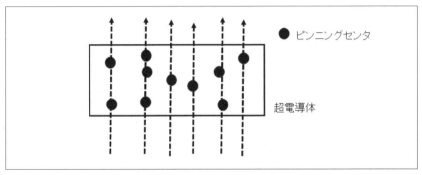

〔図 3.50〕ピンニング効果

第3章　磁気浮上の理論と分類

【参考文献】

(3.1) 電磁学会磁気浮上応用技術調査専門委員会編「磁気浮上と磁気軸受」，コロナ社，6p，ISBN 4-339-00614-9, 1993.

(3.2) Ulbrich, H., Schweitzer, G., and Bauser, E. "A rotor supported without contact --- Theory and application", Proceedings of the 5th World Congress on Theory and Mechanism, pp. 181-184, ASME, 1979.

(3.3) 水野毅：「センサレス磁気浮上」，計測と制御，38巻，2号，pp. 92-96, Feb., 1999.

(3.4) Vischer, D. and Bleuler, H.: "Self-Sensing Active Magnetic Levitaion", IEEE Trans. on Magnetics, Vol. 29, No. 2, pp. 1276-1281, 1993.

(3.5) Mizuno, T. and Bleuler, H.: "Self-Sensing Magnetic Bearing Control System Design Using the Geometric Approach", Control Engineering Practice, Vol. 3, No. 7, pp. 925-932, 1995.

(3.6) 水野，ブロイレル，田中，橋本，原島，上山：「変位センサレス磁気軸受の実用化に関する研究」，電気学会論文誌 D, 116巻，1号，pp. 35-41, 1996.

(3.7) Noh, M. D. and Maslen, E. H.: "Self-Sensing Magnetic Bearings (Part I)", Proc. 5th Int. Symp. on Magnetic Bearings, pp. 95-100, Kanazawa Univ., 1996.

(3.8) 松田，岡田，谷：「差動トランス方式セルフセンシング磁気軸受の研究」，日本機械学会論文集（C編），63-609, pp. 1441-1447, 1997.

(3.9) 水野，石井，荒木：「ヒステリシスアンプを利用したセルフセンシング磁気浮上」，計測自動制御学会論文集，32-7, pp. 1043-1050, 1996.

(3.10) Schammass, A., Herzog, R., Bühler, P. and Bleuler, H.: "New Results for Self-sensing Active Magnetic Bearings Using Modulation Approach", IEEE Transactions on Control Systems Technology, Vol. 13, No. 4, pp. 509–516, 2005.

(3.11) システム制御情報学会編：「制御系設計－H_∞制御とその応用」，朝倉書店，1994

(3.12) 野波健蔵，西村秀和，平田光男：「MATLAB による制御系設計」，

- 154 -

東京電機大学出版局，1998.

(3.13) 野波健蔵，田宏奇：「スライディングモード制御 －非線形ロバスト制御の設計理論－」，コロナ社，1994

(3.14) 岩井善太，水本郁朗，大塚弘文：「単純適応制御 SAC」，森北出版，2008

(3.15) 水野毅，髙﨑正也，石野 裕二：「多重磁気浮上システム（第 1 報，基本構想と基本定理)」，日本機械学会論文集（C 編)，76 巻，761 号，pp. 76-83, 2010.

(3.16) Mizuno, T., Takasaki, M. and Ishino, Y. : "Controllability and Observability of Parallel Magnetic Suspension Systems", Asian Journal of Control, Vol. 18, No. 4, pp. 1313–1327, 2016.

(3.17) 樋口俊郎，水野毅：「5 自由度制御形磁気軸受制御系の研究 －ジャイロ効果による相互干渉のある系の最適レギュレータの構成－」，計測自動制御学会論文集，18 巻，5 号，pp. 507-513, 1982.

(3.18) 水野毅：「伝達関数を用いた磁気軸受制御系の基本構造の解析」，日本機械学会論文集（C 編)，65 巻，637 号，pp. 3507-3514, 1999.

(3.19) 水野毅，樋口俊郎：「オブザーバによる不つり合い推定信号を利用した磁気軸受の制御」，電気学会論文誌 D，110 巻，8 号, pp. 917-924, 1990.

(3.20) 水野毅，樋口俊郎：「不つり合い補償機能を備えた磁気軸受制御系の構成」，計測自動制御学会論文集，20 巻，12 号，pp. 1095-1101, 1984.

(3.21) Habermann, H. and Brunet, M. : "The Active Magnetic Bearing Enables Optimum Damping of Flexible Rotor", ASME Paper 84-GT-117, 1984.

(3.22) ハベルマン，ブルネ：「電磁式軸受に懸垂されるロータの臨界周波数減衰装置」，公開特許公報，昭 52-93853, 1977.

(3.23) ハベルマン，ブルネ：「磁気懸垂方式ロータに於ける同期妨害補償装置」，公開特許公報，昭 52-93852, 1977.

(3.24) Takeshi MIZUNO, Tomohiro AKIYAMA, Masaya TAKASAKI, Yuji ISHINO: "Application of Frequency-Following Servocompensator to

第3章 磁気浮上の理論と分類

Unbalance Compensation in Gyro with Flexures Gimbal", IEEE/ASME Transactions on Mechatronics, Vol. 21, No. 2, pp. 1151-1159, 2016.

(3.25) 水野, 樋口：「磁気軸受の制御に関する研究 －回転同期信号を利用した不つり合い補償法－」, システムと制御, 30巻, 8号, pp. 512-520, 1986.

(3.26) 樋口, 水野, 大塚：「繰り返し制御を利用した磁気軸受における不つり合い補償」, システム制御情報学会論文誌, 3巻, 5号, pp.147-153, 1990.

(3.27) Herzog, R., Bühler, P., Gähler, C., and Larsonneur, R.: "Unbalance Compensation Using Generalized Notch Filters in the Multivariable Feedback of Magnetic Bearings", IEEE Transactions on Control System Technology, Vol. 4, No. 5, pp. 580-586, 1996.

(3.28) Li, L., Shinshi, T., Iijima, C., Zhang, X. and Shimokobe, A.: "Compensation of rotor imbalance for precision rotation of a planar magnetic bearing rotor", Precision Engineering, Vol. 27, pp. 140-150, 2003.

(3.29) Shafai, B., Beals, S., LaRocca, P., Cusson, E. : "Magnetic Bearing Control Systems and Adaptive Forced Balancing", IEEE Control System Magazine, Vol. 14, No. 2, pp. 202-2211, 1994.

(3.30) Seto, H., Namerikawa, T. and Fujita M.: "Experimental Evaluation on H ∞ DIA Control of Magnetic Bearings with Rotor Unbalance", Proceedings of the 10th International Symposium on Magnetic Bearings, Hotel du Parc, Martigny, Switzerland, 2006.

(3.31) 中村泰貴, 涌井伸二：「5軸能動形磁気軸受における不釣り合い振動補償群の関係性とそれを活用した振動抑制」, 日本機械学会論文集, Vol.82, No.837, DOI: 10.1299/transjsme.15-00607, 2016.

(3.32) Toru Namerikawa, Daisuke Mizutani, Shintaro Kuroki : "Robust H ∞ DIA Control of Levitated Steel Plates", 電気学会論文誌 D, Vol. 126, No. 10 pp. 1319-1324, 2006.

(3.33) Jung Soo Choi, Yoon Su Baek : "Magnetically-Levitated Steel-Plate Conveyance System Using Electromagnets and a Linear Induction Motor",

－ 156 －

IEEE Transactions on Magnetics, Volume 44, Issue 11, pp. 4171-4174, 2008.

(3.34) 大路貴久，苗真，高見典幸，飴井賢治，作井正昭：「交流アンペール式リニア誘導浮上搬送装置の磁極配置と Al 薄板の浮上特性」，日本 AEM 学会誌，Vol. 19, No. 3, pp. 550-556, 2011.

(3.35) 秋山京介，鳥居粛，岩下聡：「高周波駆動の誘導反発型磁気浮上装置における非磁性導体の導電率の影響」，電気学会論文誌 D，Vol.133, No.11, pp. 1097-1103, 2013.

(3.36) 岩下聡，鳥居粛，「吸引磁気浮上における振動周波数可変方法の提案」，電気学会論文誌 D（産業応用部門誌），Vol.135, No. 5 pp. 475-480, 2015.

(3.37) Orai Suzuki, Daisaku Nagashima, Ken Nishimura, Toshiko Nakagawa: "Magnetic Levitation Control by Considering the Twisting Mode of a 0.18 mm Thick Steel Plate", IEEE Transactions on Magnetics, Volume 51, Issue 11, 8600304, 2015.

(3.38) 丸森宏樹，米澤暉，成田正敬，加藤英晃，押野谷康雄：「薄鋼板の湾曲磁気浮上装置の検討」，日本機械学会論文集，Vol.81, No.823, p. 14-00471, 2015.

(3.39) Takayoshi Narita, Takeshi Kurihara, Hideaki Kato: "Study on stability improvement by applying electromagnetic force to edge of non-contact-gripped thin steel plate", Mechanical Engineering Journal, Vol. 3, No. 6, pp. 15-00376, 2016.

(3.40) 石井宏尚，成田正敬，加藤英晃：「電磁石と永久磁石による薄鋼板のハイブリッド磁気浮上システム —磁場の相互作用を考慮した最適配置探索に関する基礎的検討—」，日本 AEM 学会誌，Vol. 24, No. 3 pp. 149-154, 2016.

(3.41) 多田誠，米澤暉，丸森宏樹，成田正敬，加藤英晃：「湾曲柔軟鋼板の弾性モードを考慮したモデルに対する浮上性能評価」，日本磁気学会論文特集号，Vol. 1, No. 1, pp. 70-75, 2017.

(3.42) 森下，小豆沢：「常電導吸引式磁気浮上系のゼロパワー制御」，電気学会論文集 , Vol. 108-D, No. 5, pp. 447-454, 1988.

第3章　磁気浮上の理論と分類

(3.43) J.R. Powell and G.R. Danby: "High-Speed Transport by Magnetically Suspended Trains", The American Society of Mechanical Engineers, ASME publication, 1966.

(3.44) S. Fujiwara: "Characteristics of the combined levitation and guidance system using ground coils on the side wall of the guide way", Magnetically levitated systems and linear drives, pp. 241, July 1989.

(3.45) T. Murai, "Test run of combined propulsion, levitation and guidance system in EDS Maglev": Maglev '95, pp. 289, Nov., 1995

(3.46) 長嶋，上條，飯倉，長谷川，重枝，中島:「磁気車輪で推進・浮上・案内する磁気浮上車模型」，平成7年電気学会全国大会，No.1060

(3.47) 藤井，林，坂本:「自己回転型磁気車輪とそれを用いた試験車の特性」，電気学会論文誌D, Vol. 120, No. 4, pp. 495-502, 2000.

(3.48) R. F. Post, D. D. Ryutov, "The Inductrack Approach to Magnetic Levitation:" 16th MAGLEV2000, pp. 15-20, 2000.6

(3.49) 村井，長谷川:「インダクトラック磁気浮上方式の電磁力解析」，電気学会論文誌D, Vol. 121, No. 10, 2001.

(3.50) 川田，森井，中島，金子，山田:「誘導反発原理による磁気浮上搬送の試み」，電気学会リニアドライブ研究会資料，LD-91-105, pp. 69-77, 1991.

(3.51) 大路，佐藤，飴井，作井:「非磁性金属薄板の内部渦電流に対する交流アンペール力発生法と誘導反発式磁気浮上への効果」，電気学会論文誌D, Vol. 128, No. 3, pp. 238-243, 2008.

(3.52) 樋口，岡:「リラクタンス制御形磁気浮上システム ―永久磁石とリニアアクチュエータを用いた浮上機構―」，電気学会論文誌D編 Vol. 113-D, No. 8, pp. 988-994, 1993.

(3.53) K. Oka and T. Higuchi : "Magnetic levitation system by reluctance control: levitation by motion control of permanent magnet", International Journal of Applied Electromagnetics in Materials, Vol. 4, No. 1, pp. 369-375, 1994.

(3.54) 水野，大内，石野，荒木:「磁石の運動制御を利用した反発形磁

- 158 -

気浮上機構」，日本機械学会論文集 C 編，Vol. 61, No. 589, pp. 3587-3592, 1995.

(3.55) 水野，関口，荒木：「永久磁石の運動制御を利用した反発形磁気軸受に関する研究：アキシャル方向の安定化制御」，日本機械学会論文集 C 編，Vol. 64, No. 628, pp. 4717-4722, 1998.

(3.56) 水野，相澤，石野：「圧電素子による永久磁石の運動制御を利用した反発形磁気軸受機構の開発」，日本機械学会論文集 C 編，Vol. 68, No. 674, pp. 2917-2948, 2002.

(3.57) 孫，岡：「円盤磁石の回転を用いた磁路制御形非接触浮上機構の開発」，日本機械学会論文集 C 編，Vol. 76, No. 771, pp. 2916-2922, 2010.

(3.58) 孫，岡：「円盤磁石を用いた可変磁路制御機構による磁気浮上（二つの鉄球同時浮上実験）」日本機械学会論文集（C 編），Vol. 78, No. 792, pp. 2771-2780, 2012.

(3.59) 水野，平井，石野，高崎：「磁路制御形磁気浮上に関する研究（ボイスコイルモータを用いたシステムの開発）」日本機械学会論文集 C 編，Vol. 72, No. 721, pp. 2869-2876, 2006.

(3.60) 古舘，稲葉，石野，高崎，水野：「磁路制御形磁気浮上の基本特性の評価と浮上実験」，日本機械学会論文集 C 編，Vol. 74, No. 741, pp. 1185-1191, 2008.

(3.61) 野村：「交流磁気浮上式リニアモータの試作」，実教出版工業教育資料，194，pp. 30-32, 1987.

(3.62) 大路，佐藤，飴井，作井：「非磁性金属薄板の内部渦電流に対する交流アンペール力発生法と誘導反発式磁気浮上への効果」，電気学会論文誌 D，Vol. 128, No. 3, pp. 238-243, 2008.

(3.63) 森下，大路，押野谷，田中：「環境負荷の低減をめざして－高品質・高精度化に関わる技術－」，平成 25 年電気学会産業応用部門大会シンポジウム，3-S11-3，pp. III-47-III-50, 2013.

(3.64) T. Ohji, F. Kato, K. Amei, and M. Sakui: "A comparative numerical study of repulsive forces for stabilizing a rectangular aluminum plate between ac induction type and ac ampere type magnetic levitation methods",

第3章　磁気浮上の理論と分類

Int. J. Applied Electromagnetics and Mechanics, Vol. 45, pp. 895–901, 2014.

(3.65) 大路，須田，飴井，作井：「アルミニウムリング引上げのための交流アンペール力の生成」，第40回日本磁気学会学術講演会，p. 27, 2016.

(3.66) 電気学会：「超電導工学」，オーム社, 1994.

(3.67) ISTEC ジャーナル編集委員会：「超電導技術とその応用」，丸善株式会社, 1996.

第 4 章
磁気回路専用形

これまで一般的には，磁気浮上，磁気軸受技術を分類する場合，受動的な方式と能動的な方式で大きく分けた後，更に細分化していた．これは磁気浮上を安定化する基本的な原理に基づく分類と考えられる．すなわち，無制御で安定なシステムであるか，制御により安定化するシステムかということとなる．磁気浮上式鉄道で例えると，受動的な方式（無制御で安定）が超電導磁気浮上方式であり，能動的な方式（制御により安定）が常電導磁気浮上方式となる．

　本書では，上記と違った観点で磁気浮上を分類することとした．磁気浮上，磁気軸受システムは支持や案内する力と，推進や回転させる力の2つが必要である．ただ浮いて止まっているだけであれば支持や案内力のみでよいが，装置として何らかの機能を有するためには，推進や回転力が必要となる．そこで，この機能の違う，支持や案内力と推進や回転力に着目し，それぞれを発生させる磁気回路が共通であるか，独立であるかという視点から大きく分類することにした．磁気支持や磁気軸受の応用がなされてきた現在，原理的な分類から構造的な分類に見方を変えるということを試みた．

　本章では，このような分類を行った上で，支持や案内力と推進や回転力を発生する磁気回路がそれぞれ独立している，磁気回路専用形について述べる．この構造は，磁気回路がそれぞれ独立専用になっていることで，装置としては大型重量になってしまう傾向がある一方で，お互いの干渉が少なく，設計や制御が容易で性能が確保できるという利点がある．

4.1　回転形
4.1.1　1自由度能動制御磁気軸受
　機構，制御システムの極限の小形化，簡素化，低コスト化を目指し，ロータの軸方向運動のみを能動制御すること（1自由度能動制御）で，完全非接触浮上・回転案内を可能とする磁気軸受を提案・試作している事例を紹介する．図4.1左のように，軸方向に電磁吸引力を利用して位置を制御する磁気軸受では，直径の2倍以上の軸長を有する場合，軸方向に適切な磁気カップリングを形成することで，ラジアル変位や傾きに

対して復元力・トルクを発生し，軸方向のみの能動制御で，安定な非接触浮上が実現可能なことが知られている[4.1].

また，永久磁石の磁気吸引力と反発力をバランスよく組み合わせることで，図4.1右のように，軸長にくらべ，軸径が大きなロータでも，軸方向のみの能動制御で，安定な非接触浮上が可能なことが示されている[4.1]．図4.1の両タイプに対して，軸方向の能動制御のみで，安定浮上・回転案内可能な磁気軸受の試作例を紹介する．

(1) 円筒タイプ

軸方向のみ制御することで，完全非接触浮上・回転案内が可能な磁気吸引形1自由度能動制御軸受の構造と原理[4.2]を図4.2に示す．ロータは，非磁性のシャフトと磁性のシリンダから構成される．ステータは，磁性体のフランジ，2組の円筒状の磁性体ヨーク，円筒状の永久磁石，2組の空心コイルから構成されている．

永久磁石から発生する磁束により，ロータは，両端のフランジより軸方向の吸引力を受ける．軸方向は，磁気力の安定点が存在しないため，軸方向の変位情報をもとに，両端ギャップの磁束を調整し，安定化を実現する．ラジアル方向と傾き方向は，シリンダが両端のフランジより磁気吸引力を受けているため，変位や傾きに対して，復元力や復元トルクが発生する．図4.3に，図4.2の構造をもとに試作した小形磁気軸受の分解および組み立て写真を示す．ロータの外径は2 mm，軸長は16 mm，質量130 mg，軸受のハウジングは$10 \times 10 \times 8$ mmと極めて小形である．軸方向の変位をもとにフィードバック制御を行うことで，完全非接触な

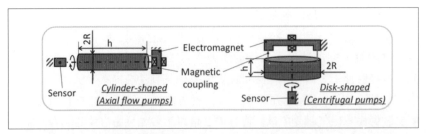

〔図4.1〕1自由度制御形磁気ベアリング（円筒タイプ・ディスクタイプ）

磁気浮上を実現している．

　また，軸端に羽根車を取り付け，圧縮空気を吹き付けることでロータを回転したところ，最高 39,000 rpm までの非接触回転に成功している．その時のラジアル方向の振動は，30 μm_{p-p} 程度であった．

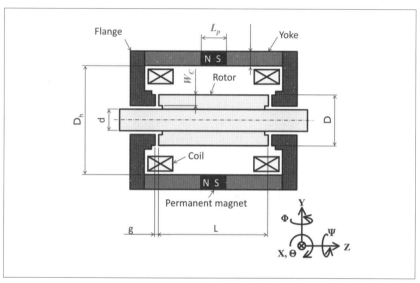

〔図 4.2〕軸方向を制御した円筒形磁気ベアリング

〔図 4.3〕円筒形磁気ベアリングの試作機

第4章 磁気回路専用形

(2) 円盤タイプ

軸方向のみ制御することで，完全非接触浮上・回転案内が可能な磁気吸引・反発併用形1自由度能動制御軸受の構造と原理[4,3]を図4.4に示す．本軸受は，トップステータ，ロータ，およびボトムステータから構成される．ロータは，上下面にそれぞれリング状永久磁石2個とフランジ状バックヨークを設置する．上下のステータには，ロータの上下面に設置した磁気部品と対向するように，リング状永久磁石2個とフランジ状のバックヨーク，およびコイルを設置する．磁気軸受中央部の電磁石・永久磁石対は，内側の永久磁石リングが発生するバイアス磁束により，ロータ・ステータ間に閉磁気回路が形成され，磁気カップリングが生じる．一方，磁気軸受外周部では，永久磁石リングが同極を向かい合わせるように配置されるので，反発力が発生する．

このため，中央部は，半径方向の変位に対して，復元力（正剛性），傾き方向に対しては，傾きを増加する方向にトルクが働く（負剛性）．一方，外周部は，ロータの傾きに対して，それを低減する復元トルク（正剛性）が，半径方向には，その変位を増大する方向に力（負剛性）が働く．半径方向に対しては，中央の正剛性が外周部の負剛性に打ち勝ち，傾き

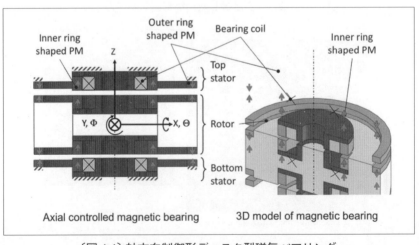

〔図4.4〕軸方向制御形ディスク型磁気ベアリング

方向に対しては，外周部の正剛性が，中央部の負剛性を上回る設計をすることで，半径，傾き両方向の剛性を正とすることができる．図4.5に試作磁気軸受の組立写真と上下ステータとロータの分解写真を示す．ロータは，ϕ50 mm，高さ17 mmで，質量は0.11 kgである．軸方向の計測変位をフィードバックすることで，完全非接触浮上を実現している．磁気浮上中のロータ側面に圧縮空気を吹き付けることで，ロータを2,250 rpmまで回転することに成功している．2,000 rpmの回転時のロータの振動は，軸方向30 μm_{p-p}，半径方向300 μm_{p-p}であった．また，ロータを2,000 rpmまで回転したのちに圧縮空気の供給をとめ，回転停止までの時間を計測したところ，341 sであり，回転抵抗が極めて小さいことを確認した．

4.1.2　弾性ロータの制御

ロータの形状が細く，また長くなれば，ロータの曲げ変形を考慮しなければならない．曲げ変形を考えずに設計した制御器では，安定に浮上・回転できないことが多く，安定化のために一工夫する必要がある．本節では曲げ変形を伴うロータの取り扱いについて述べる．

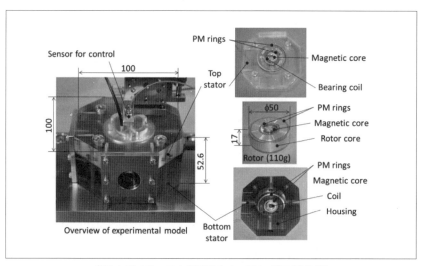

〔図4.5〕ディスク型磁気ベアリングの試作機

≒ 第4章 磁気回路専用形

　ロータの曲げ変形は，図4.6のように腹と呼ばれる大きく変位する部分と節と呼ばれる振動しない部分が複数箇所現れるように生じる．同じ形状のロータであっても，ロータに加わる振動の周波数やロータの回転数によって，その位置や大きさが変化する．大きな振動が生じる周波数を固有振動数と呼び，この時の振動の様子を振動モードと呼ぶ．曲げ振動の固有周波数以下で運転されるロータを剛性ロータ，それ以上の回転数で用いられるロータを弾性ロータと呼ぶ．

　ロータの曲げ変形は，連続的な変形となるので振動モードは無限に存在し，モデル化や制御系設計などを行う際は，分布定数系としてロータを取り扱うことになる．しかし，分布定数系は偏微分方程式で表されるため，取り扱いが非常に複雑になる．そこでロータを簡単な形状の集中定数系で近似する方法や，高次の振動モードを無視したモデルを作成する方法により，制御系の設計を行うことになる．したがって，全ての振動モードをモデル化するのではなく，周波数の低い振動モードから考慮していき，周波数の高い振動モードは無視することになる．

　ロータの固有振動数とモード形状は，ロータを支える軸受の支持剛性や減衰力によっても影響を受ける．磁気軸受で支持する場合は，機械式軸受に比べ軸受の剛性が低くなるため，支持方法を自由－自由とした時

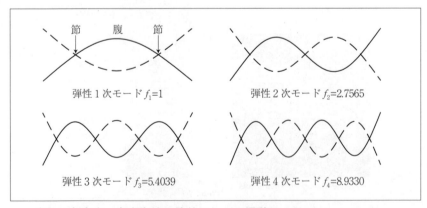

〔図4.6〕自由－自由支持の棒状ロータの振動モード
　　　　（図中の固有振動数は弾性一次モードを基準に正規化した値）

の振動モードとほぼ一致する．よってロータ支持を自由－自由とした時の解析や実験によって曲げ振動の振動モードを求めることができる．振動モードの固有振動数が低い場合は，弾性ロータとして扱わなければならない．またフライホイールのような慣性モーメントが極めて大きいロータが高速で回転する場合は，ジャイロモーメントも考慮しなければならない．ジャイロモーメントにより後向きの固有振動数が低下するので注意が必要である．

　また磁気軸受で弾性ロータを支持する場合は，電磁石と変位センサの位置に注意する必要がある．剛性ロータの場合は，ロータの変位をどの位置で測定してもフィードバック制御への影響はほとんどないが，弾性ロータの場合，センサと電磁石の位置がずれていると，図4.7のようにセンサ位置での変位と電磁石位置での変位が一致せず，不安定化しやすい．センサと電磁石の位置を一致させることが理想であるが，磁気軸受ではできないことが多い．一致している場合をコロケーション，一致していない場合をノンコロケーションと呼ぶ．ノンコロケーションの場合は，集中制御系による制御が望ましい．

　センサと電磁石の位置は可制御性と可観測性にも影響する．振動モードの節にセンサがあると，センサ位置での変位はゼロとなるため不可観測となる．また節に電磁石を置いても振動振幅を小さくするような力をロータに与えることができない．振動を低減させたい場合は，振動モードの腹に近いところにセンサや電磁石を配置する必要がある．

　さらに弾性ロータの場合は，モデル化の時に無視した振動モードが不

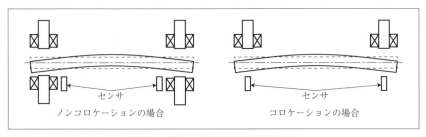

〔図4.7〕センサと電磁石の配置

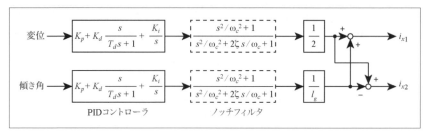

〔図 4.8〕ノッチフィルタを用いた弾性ロータの制御器

安定化することがあるので注意が必要である．この現象はスピルオーバ不安定と呼ばれる．剛体ロータとして制御系を構成した時に不安定となる場合は，スピルオーバ不安定となっている可能性があるので，ロータの弾性モードを考慮した制御系を構成する必要がある．

弾性ロータの制御については様々な方法があるが，ここではノッチフィルタを用いた制御方法を紹介する[(4.4),(4.5)]．制御対象は両端を磁気軸受によって支持された直径 10 mm，長さ 800 mm のロータで，45 Hz に弾性一次モード，140 Hz に弾性二次モードを有する．コントローラを図 4.8 に示す．ロータの変位と傾き角のそれぞれに対して PID 制御を行う集中制御系を用いた．浮上実験の結果を図 4.9 に示す．PID 制御のみの場合は，ロータに外乱を加えた後の振動が収束せず，不安定になっていることが分かる．この振動の FFT 解析の結果を見ると，約 140Hz 付近にピークがあり，弾性二次モードの振動が不安定になっていることが分かる．この弾性二次モードを安定化するため，中心周波数 ω_c を 140 Hz としたノッチフィルタを挿入する．変位に対してのみノッチフィルタを挿入した場合は，弾性二次モードが安定化できず，効果がないことが分かる．これに対し，傾き角にノッチフィルタを挿入すると，外乱を加えても振動が現れず，弾性二次モードが安定化されていることが分かる．以上のように弾性モードの振動が生じる場合，弾性モードの周波数に合わせたノッチフィルタを用いることで安定化することが可能である．この手法はフィルタを挿入するだけなので簡単に実装することができ，実際のシステムに対して非常に有効な手法となる．

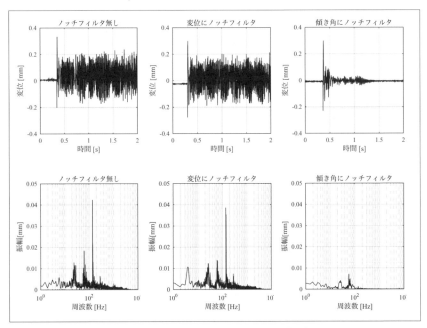

〔図4.9〕インパルス応答とFFT解析結果

4.1.3 血液ポンプへの応用

　重度の心不全患者の救命や重症心不全予備群のQOL（Quality Of Life）向上を目的に，体内埋込形の補助人工心臓用血液ポンプの開発が行われている．血液ポンプのインペラは磁気浮上モータにより支持・回転する．これにより摺動部を撤廃することができるため，血液破壊・血液凝固が回避でき，血液適合性が向上する．本節では大学等で開発中の人工心臓で使用されているアキシャル形磁気浮上モータについて概説する[(4.6)]．

　磁気浮上モータは図4.10に示すように浮上対象の両端に磁気軸受ステータとモータステータを配置する[(4.7)]．モータ機構で発生する磁気吸引力と拮抗する磁気吸引力を磁気軸受で発生，調節することで浮上対象物の磁気浮上を行う．磁気浮上対象の軸方向位置等を制御するために位置センサが設けられており，軸方向位置のみを能動制御するもの，軸方

向位置，径方向軸回りの回転（傾き）の3軸を制御するものがある．制御軸以外の自由度は受動安定で支持することで系の簡略化，小形化を図っているが，受動安定性が安全性のキーファクターとなる．磁気軸受は電磁石のみでも構成可能であるが，アキシャル形の場合，①モータ回転用の永久磁石で発生する軸方向吸引力をバイアス吸引力で打ち消し効率を向上する，②ワイドギャップに対応するために吸引力増加を図る，二つの目的のためにハイブリッド形磁気軸受が適している．本磁気浮上モータでは浮上対象物の磁気軸受側表面にハイブリッド磁気軸受用の永久磁石が，その裏面に回転用永久磁石を貼り付けてある．磁気軸受側ギャップでは永久磁石が発生する磁束が軸受電磁石発生磁束に重畳されるため，磁束密度の自乗に比例する磁気吸引力の増強が図れる．磁気軸受はギャップの磁束密度の調節を行うことで磁気方向位置，径方向軸回りの回転の制御を行う．磁気軸受は複数（例示では4つ）の電磁石ポールで構成されている．図4.11にその断面図を示す．

　図中，左右両方のポール下ギャップの磁束密度を電磁石発生磁界により増減することで軸方向位置の制御が可能となる．また左ポール下ギャップの磁束を増強，他方のポール下ギャップの磁束を減少することで径方向軸回りの回転制御を行うことが可能である．本構造の磁気浮上モータでは，安定した磁気浮上回転を実現するために回転数変更時のモータd軸電流の変動等による磁気吸引力変動への対応，受動安定軸の動特性

〔図4.10〕アキシャル形磁気浮上モータの写真

の把握が重要となる．本磁気浮上モータの応用例としては体外設置用血液ポンプ，人工心臓が挙げられる．体外設置用血液ポンプの概要図を図4.12 に示す[4.8]．本ポンプは急性心不全患者や Bridge to Device, Brige to Recovery のために体外設置で装着し，数ヶ月の循環補助を行うことを目的に研究開発が進められている．広い磁気回路面積を利用できるアキシャル形磁気浮上モータの利点を活かして，最大流量 20 L/min と従来の血液ポンプの2倍以上のポンプ性能，自己心臓拍動に同期して回転数を変化させることによる拍動運転が可能な血液ポンプが開発されている．なお，本磁気浮上モータは米国で開発中の全置換形人工心臓にも応用さ

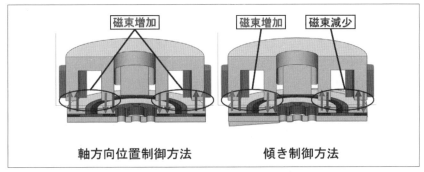

〔図4.11〕磁気軸受制御原理

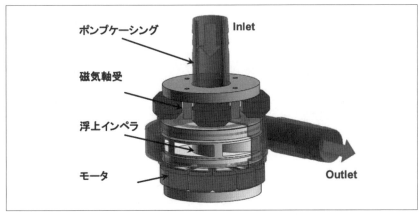

〔図4.12〕体外設置用血液ポンプの概略図

れている[(4.9), (4.10)]。

さらに，乳幼児のための補助人工心臓のためにより小形な磁気浮上モータの開発も進められている[(4.11), (4.12)]。本モータではダブルステータ構造を採用することで小形化に伴うトルク減少の回避，5軸制御の実現を図っており，モータ外径が22 mm，高さが34 mm，体積が18 ccの超小形な磁気浮上モータと乳幼児用補助人工心臓のプロトタイプ機が開発されている[(4.11), (4.13)]。図4.13，図4.14に小児用補助人工心臓の概要と外観を示す．小児用補助人工心臓は上部ステータ，下部ステータ，浮上クローズドインペラ，ポンプケーシングから構成される．クローズドインペラの両表面には4極の永久磁石が配置され，モータステータには軸方向位置・回転・径方向位置・径方向軸回り傾き制御用磁界を発生させる集中巻きコイルが巻かれている．浮上インペラの軸方向位置，回転制御にはベクトル制御を用い，上部，下部モータステータが発生する3相4極回転磁界のd軸成分を調節し，軸方向支持力を発生させる．浮上インペラの径方向位置および径方向軸回りの傾き制御にはP±2極理論を適用している．図4.15に径方向支持力の発生原理を，図4.16に径方向軸回りの傾きと径方向位置の独立制御の方法を示す．永久磁石が発生する4極の磁界に対し，上部，下部のモータステータにより3相2極の制御磁

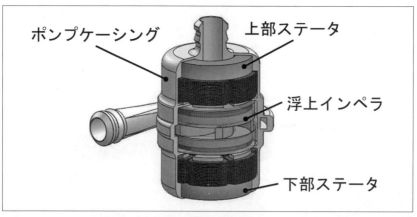

〔図4.13〕乳幼児用補助人工心臓のための小型ダブルステータ型磁気浮上モータ

界を発生させる．図 4.15（左）に示すように，永久磁石が発生する磁界を浮上インペラの左半分で強め，右半分で弱めることで，径方向軸回りの傾きトルクが発生する．それと同時に，図 4.15（右）に示す径方向力が発生する．これらの力を上下ステータで同時に発生させることで図 4.16（左）に示すように，径方向力を打ち消し，同一傾きトルクのみを

〔図 4.14〕乳幼児用補助人工心臓プロトタイプ機

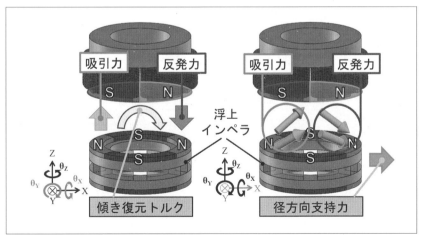

〔図 4.15〕傾きトルクと径方向力の発生原理

- 175 -

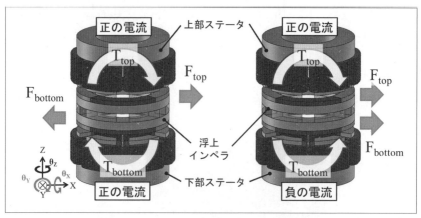

〔図4.16〕ダブルステータによる傾きトルクと径方向力の独立発生

発生させることが可能となる．同様に，図4.16（右）に示すように，傾きトルクを打ち消し，径方向力のみを発生させることも可能である．本人工心臓のプロトタイプ機は，ポンプ揚程 100 mmHg に対して流量を 0.1 L/min から 2.5 L/min まで調節可能であり，乳児から6歳程度までの乳幼児の補助人工心臓としての性能を示している．本モータは小形化のためにダブルステータ方式を採用しているが，大型化すれば大トルクの磁気浮上モータが実現可能であり，大型モータの開発も進められている[4.12]．

4.1.4　ターボ分子ポンプへの応用

産業用の高速回転体を非接触支持する磁気軸受としては5自由度制御形磁気軸受が一般的であり，クリーン，メンテナンスフリー，低振動といった点が評価されて，圧縮機，ブロワ，水車発電機，ターボ分子ポンプなどに適用されている．しかしながら，複雑，高価な制御装置が軸受とは別に必要になるといった点から他の応用分野では普及が進んでいない．

本節では磁気軸受制御装置小形化の現状について紹介する．

(1) 電源喪失時の保護対策

供給電源が遮断されると磁気軸受は機能を停止するため，UPS（無停電電源装置）を装備し，バッテリ正常時のみ運転可能にするシステムなどを搭載する場合が多かった[4.14]．これに対し，図4.17のように電源喪

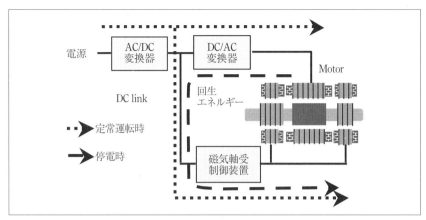

〔図4.17〕回生エネルギーによる停電時バックアップ

失時にはモータを発電機として動作させ，直流中間電圧部（DC Link）の電圧を一定に保つことによって磁気軸受動作を継続するシステムが増えている[4.15]．バッテリの保守が不要となり，制御装置の大幅な小形化が可能になっている．

(2) 制御回路の集積化

5自由度制御形磁気軸受の場合，5軸分の変位センサ信号を取り込み，10個の電磁石の電流を個別に制御する．磁気軸受はディジタルシグナルプロセッサ（DSP）などを用いて安定化制御されるのが一般的であるが，ターボ分子ポンプなどの場合，最高回転周波数は1 kHz程度に達するため高速な信号処理が必要となる．従来は，高速なA/D変換器，D/A変換器，FPGAなどをDSPとは別に搭載しており，電磁石電流を指令値にしたがって制御する電流フィードバックループはハードウェアで構成する例が多かった[4.16],[4.17]．近年，比較的高速なA/D変換器やPWMモジュールが内蔵されたDSPの登場によって，周辺ICを省いて1チップ化することが可能になっている[4.18]．図4.18にDSPで電流フィードバックループの制御を行う場合の構成を示す．10個の電磁石電流値をA/D変換器でディジタル値に変換し，電流指令値との差からPWMパルスを生成し，パワー素子のゲート信号として出力する．D/A変換器やコ

ンパレータなどが必要なくなるためハードウェアが簡素化される．従来は，周辺回路が複雑となるために適用例が少なかった，PWM スイッチングアンプの 3 レベル制御も DSP が PWM 信号を直接出力する構成によって容易に適用可能となる[4.18]．
(3) 制御方式の改良による小形化

　PWM アンプの構成としては図 4.19 (a) のようなセミブリッジが一般的であり，通常の 2 レベル制御では S1，S2 を同時に ON/OFF させて電磁石コイル両端の電圧を正／負に変化させ，電流を制御する．2 レベル制御では応答性向上のために電源電圧を大きくするとコイル電流に大きなリップル電流が重畳し，渦電流損，ヒステリシス損の増大を生じてしまう．3 レベル制御ではスイッチ S1 と S2 を独立に制御してコイル電流を還流させる状態を実現する．電流が目標値に達したら還流状態にすることでリップルの発生を防止できる．スイッチング周波数を低くしてもリップルが増えないため，渦電流損低減，ヒステリシス損低減，パワー素子のスイッチング損低減を同時に実現できる．特に，積層鋼板を使わないアキシャル磁気軸受に対して適用すると効果的である．リップル電流低減によって電源平滑用のコンデンサも小形になり，損失低減によって電源の小容量化，小形化が可能になる．
(4) 制御装置の小形化例

　ターボ分子ポンプは磁気軸受応用の成功例として知られ，半導体，

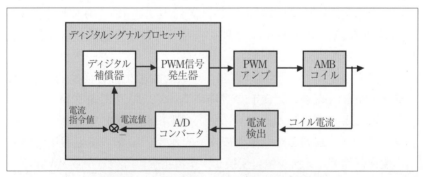

〔図 4.18〕電流制御ループのブロック線図

FPD，太陽電池，工業用ガラスコーティング等の産業用大型装置でのプロセスガス排気などに使用されている．これらの装置では図4.20のように多数のポンプを使用するため，磁気軸受制御装置やケーブルを設置

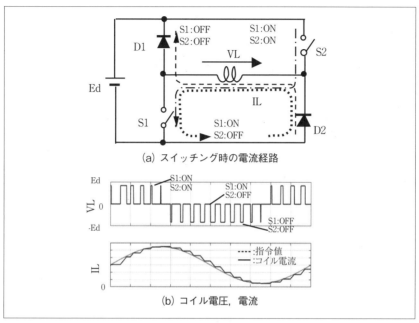

〔図4.19〕3レベルPWMアンプの動作

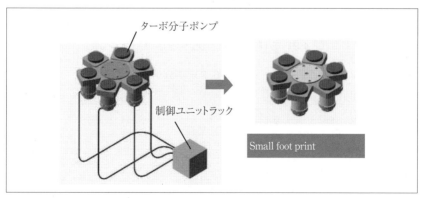

〔図4.20〕ターボ分子ポンプの実装例

第4章 磁気回路専用形

するスペースが装置コストに大きく影響し，その削減が強く望まれていた．ディジタル制御IC，制御方式の進歩によって，磁気軸受制御装置の小形化が急速に進み，現在ではポンプ本体に制御装置を内蔵するタイプが主流になりつつある．図4.21にコントロールユニット一体形ターボ分子ポンプの例を示す（製品の主な仕様を表4.1に示す）．この例ではAC/DC電源，モータ制御回路，停電時の電力回生システム，磁気軸受制御回路，外部との通信回路などがすべて内蔵されており，磁気軸受制御回路が占めるスペースの割合は小さい．従来，磁気軸受普及を妨げる要因の一つとされていた複雑，高価な制御装置というデメリットは解消されつつある．

〔図4.21〕STP－iXR2206 ターボ分子ポンプ

〔表4.1〕STP－iXR2206 ターボ分子ポンプの仕様

項目	ポンプ仕様
排気速度 (N2)	2200 L/s
定格回転数	36,500 rpm
入力電力	750 VA maximum
寸法	$\phi 324 \times H375$ mm
質量	48 kg
磁気浮上システム	5自由度能動制御

4.2 平面形
4.2.1 EMS浮上式鉄道（HSST）

電磁吸引制御方式（EMS）を用いた磁気浮上式鉄道は，磁気回路専用形の代表と言えよう．案内浮上に常電導磁石を，推進にリニア誘導モータ（LIM：Linear Induction Motor）を使用することで，集電装置以外は非接触で推進・浮上・案内を実現している．この方式の鉄道は国内において既に実用化されており，愛称リニモの名で愛知高速交通東部丘陵線が2005年3月6日より営業運転されている[4.19].

リニモはHSST（High Speed Surface Transportation）として1974年に日本航空で高速空港アクセス手段として開発が始まった．1976年には川崎市東扇島の実験線で試験走行が開始し，翌年，有人走行を行った．1985年の国際科学技術博覧会（つくば'85）や1988年のさいたま博覧会，1989年の横浜博覧会で展示走行され実用レベルの実証を行った．

図4.22に浮上機構の模式図を示す[4.20]．図は車両および軌道の断面を

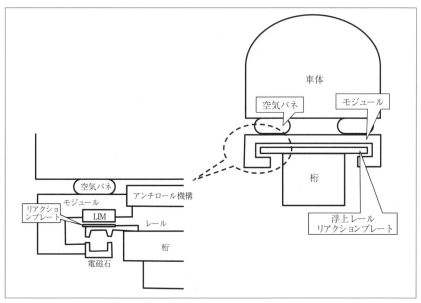

〔図4.22〕電磁吸引制御方式磁気浮上システム

示している．車両は軌道を抱え込むような構造であり，モノレールと同様である．軌道側は桁の上にリアクションプレート（リニア誘導モータの二次側）と吸引浮上用の鋼製レールを一体化したものが載っている．リアクションプレートは，アルミ製で鋼製レールの上面に車両のLIMと対向する形で敷かれている．鋼製レールの下面は逆U字形状の断面をしており，車両の磁気浮上用電磁石に対向するように設置されている．車両側はモジュールと呼ばれる電気機器が装備された台車の上に空気バネを介して車体が載っている．モジュールにはLIMの一次側が下向きに，浮上用電磁石が抱え込むように上向きに設置されている．

　推進はLIMによる非接触駆動で，集電レール（図示せず）から供給された電力は，電力変換器により電圧および周波数が変換されLIM一次側に通電される．LIMは車上一次方式で，軌道側のリアクションプレートに誘導電流が生じ，推進力が発生する．鋼製レールはリアクションプレートのバックアイアン（ヨーク）を兼ねており，磁気回路を構成している．

　車上の電磁石はギャップセンサにより空隙を検知し，空隙が広くなると電流を増加し，狭くなると電流を減少させることで所定の浮上高さを保つ能動制御を行っている．実空隙は1cm程度である．案内力は，軌道のレールおよび車上の電磁石の断面をU字形状とすることで，リラクタンス力により得ており，レールから逸脱する可能性は少ない．

　緊急時には，スキッドと呼ばれる橇（そり）状のものがモジュールについており（図示せず），安全に軟着陸する構造となっている．

　電磁吸引浮上のため，静止時から浮上することができ，静止摩擦がなく起動抵抗が少ないというメリットがある．

　一方で駆動にLIMを使用しているため，端効果などにより，高速時に推力が減少し，おおよそ300km/h程度が上限とされる．また，LIMの吸引力は速度により変化するため，これに応じて浮上用電磁石の電流を変化させることとなる．

　常電導電磁吸引制御方式の磁気浮上式鉄道は，従来の電気機器の組合せで実現されており，超電導のような冷凍装置など特殊な技術を必要としない．また，車輪に比べて電磁力で支持するため分布荷重となり，軌

道構造物もあまり強固に作る必要がないと考えられる．このため，300 km/h 以下の低速においては，低コストでメンテナンスフリーな鉄道が実現できる可能性がある．空港アクセスや都市近郊旅客輸送，貨物輸送など幅広い適用が期待できる．

４．２．２　磁気浮上式搬送機

磁気浮上式鉄道にも応用可能な小形で省エネルギータイプの磁気浮上搬送装置の研究開発が行われてきた．電磁吸引浮上のため，静止状態から浮上することができ，完全非接触のためメンテナンスが軽減できる．主な用途は高清浄度が要求される半導体製造過程での搬送や薬品製造過程での輸送用である．磁気浮上式搬送機を用いることで，完全非接触で塵埃や騒音の発生がなくスムーズに搬送できる．ここで紹介する磁気浮上式搬送機は，以下に示す多くのユニークな特徴をもっている．

図 4.23 に装置全体の概要図を示す[4.21]．磁気レールの下部に浮上台車を配置するので懸垂形磁気浮上方式と呼ばれる．図にはないが実際は浮上体の下部にかごを設け物品を積載する．分岐部には非可動式分岐機構

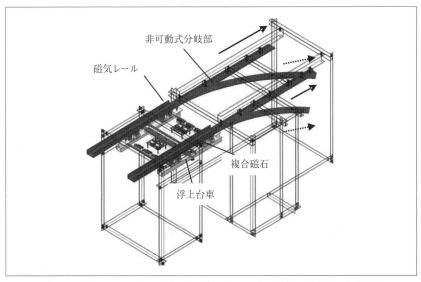

〔図 4.23〕非可動式分岐方式の省エネルギー磁気浮上機の全体図

≒ 第4章 磁気回路専用形

を採用しており，同一平面上で走行状態を保ちつつスムーズに軌道を変えて走行することができる．図4.23は実験機のため磁気レールを地面から浮かせて支持しているが，実用としては天井に磁気レールを固定し走行させることを計画している．この方式は天井走行式OTV（Overhead Traveling Vehicle）と一般的に呼ばれる．利点としてはスペースの有効利用，走行スピードを速くできるといったことがあげられる．接触形において高所のためメンテナンスが容易でないという欠点は非接触磁気浮上方式の場合は問題がない．

　浮上は浮上台車に取り付けられた複合磁石を用いて行う．図4.24に複合磁石の構成を示す[4.21]．浮上台車には複合磁石を4組取り付けてある．いわゆる4点支持磁気式浮上である．浮上台車の剛性を低くしてあり，1点ずつの浮上も4点同時浮上も可能である．複合磁石とは通常の電磁石に永久磁石が組み込まれたもので，電磁石のみの場合と比べて，浮上時の吸引力のほぼすべてを永久磁石よりまかなうことができるので，省エネルギーで浮上することができる．図4.24に示すように，コイルはコイルAとコイルBの2種類がある．コイルAの2つは直列に接続されておりコイルBも同様である．永久磁石は磁力を鉄心に集中

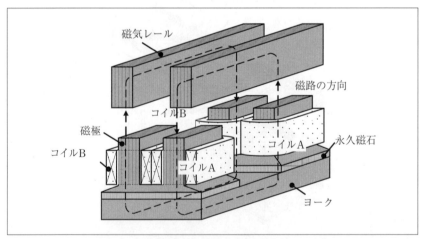

〔図4.24〕複合磁石の構成

するように厚みが薄く面積を大きくしてある．コイルに流す電流を永久
磁石の磁力と同じ方向もしくは逆の方向に流して磁気レールと複合磁石
上面との空隙を制御して安定浮上させている．このことにより，浮上台
車は空隙の大きい場合と小さい場合の両方の状況から安定浮上に移行で
きる大きな特徴を持っている．浮上の原理は，空隙を一定に保つように
制御するのではなく，浮上体の下部に積載する荷重の増減に応じてギャ
ップが変化して浮上を維持する．例えば積載荷重が増加すると空隙の磁
力を大きくする必要があるので空隙が小さくなるように制御される．よ
って，安定浮上時において複合磁石に流れる電流に変化はなく，消費さ
れる電力が一定となる．電力は入手が容易な単三形ニッケル水素電池を
10 本直列に使用して浮上体に搭載している．安定浮上時の空隙は積載
荷重によって変化するが，おおむね 4 mm から 11 mm の範囲である．
常時バイアス電流を流しているので，いわゆるゼロパワー制御ではない．
浮上空隙を測定し，浮上制御するために渦電流式センサを各複合磁石の
そばに設置してある．

　さらに複合磁石は図 4.24 に示すように，分割鉄心形になっており，
磁気レールも同様に分割配置することで，浮上力のみならず，走行時の
案内力を大きくとることができる [4.21]．複合磁石の大きな特徴は浮上案
内兼用として使用している．よって，直線走行時の蛇行運転を抑えるこ
とができ，急カーブ走行で磁気レールから逸脱する可能性が少ない．積
層の磁気レールを用いれば，渦電流による電磁ブレーキがかからず高速
で走行できる．最大積載量は浮上台車自体の重量の 3 割程度である．

　推進は図 4.25 に示すように電磁石による吸引力の水平方向の力を利
用している [4.22]．この装置で推進に用いられるリニアモータは一般的に
は LSRM（Linear Switched Reluctance Motor）の分類に入るが，この装置
のものはバックヨークのない独特の構造である．構造は簡単で一次側の
電磁石と二次側の二次鉄板からなる．一次側の電磁石は磁気レール上に
配置し，二次側の二次鉄板は浮上台車の上部に配置する．バックヨーク
がないので製作が容易，安価，軽量，配置の自由度が高いといった特徴
がある．電磁石と二次鉄板の LSRM 一組を多数個磁気レール上に配置し，

順次走行させる方向に電磁石に電流を流して電流を切り替えて磁界を移動させ走行させる．ここで重要なのは電磁石の真下に二次鉄板が来る直前に電流をオフにすることで，順次スイッチングして電流を制御することである．電磁石の真下に二次鉄板があった際も電流が流れていれば，走行方向の推進力より垂直方向の吸引力が大きくなり，磁気浮上台車の浮上に悪影響を及ぼし，走行できなくなる．この状態を防ぐためには電磁石に流す電流のスイッチングのタイミングが重要になる．そのために電磁石と二次鉄板との位置関係を検出する光センサを使用している．電磁石および二次鉄板の厚みを最小限にし，できるだけ浮上力の妨げになる吸引力を小さくし，推進力を大きくとれるように設計する必要がある．電磁石の設計についてはトレードオフの関係があるので，コイルの巻数を多くとれば少ない電流で駆動できるが，重量が増し，電圧をあげる必要があるので，コイルの巻数と電流は浮上台車自体の重量と積載荷重を考慮し決定する必要がある．さらに推進力を大きくする際は磁気飽和の影響も考慮しなければならない．電力は直流電源を用いて外部から供給している．

　分岐は一般的には機械的に動いて移動させる機構になっており，分岐部の構造が複雑で建設コストも高い．さらに可動部には潤滑油を使用す

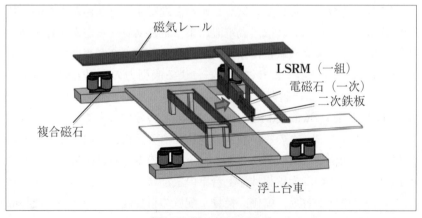

〔図 4.25〕LSRM の構成

る必要があるため，高清浄度を要する状況下では使用できない．そこで非可動式分岐機構が必要になる．

図4.26に分岐機構の概略図（下面図）を示す[4.22]．図は分岐用電磁石と二次鉄板の配置を示している．図4.27に分岐用電磁石の拡大図を示す[4.22]．本装置は同一平面上の分岐機構なので，磁気レールに可動部分がなく簡易な構造となっている．製作も容易で，製造コストが安くできる．

浮上台車が完全非接触なので，分岐するためには電磁石の吸引力を利

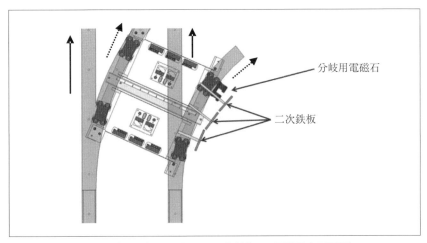

〔図4.26〕分岐用電磁石と二次鉄板の配置図（下面図）

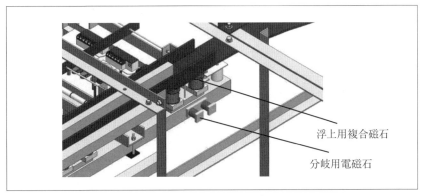

〔図4.27〕分岐用電磁石の拡大図

第4章　磁気回路専用形

用する．分岐の際は走行速度を落として分岐部へ進入する．

　浮上体の側面4箇所に分起用電磁石を取り付け，対となるように渦電流式センサを磁気レール面と対向して設置している．磁気レール面と垂直な方向に分岐用の二次鉄板を配置する．渦電流式センサは二次鉄板と接触しないようにセンシングするために使用している．分岐部の手前の位置に二次鉄板を配置し，別軌道へと誘導する．渦電流センサが分岐部に近づくにつれセンサと磁気レールとの対向面積が大きくなり，一次側の分岐用電磁石に電流が流れ分岐を開始する．浮上台車が別軌道に完全に移行すると，分岐用電磁石の電流は流れなくなる．つまり，電流の制御は分岐用電磁石と二次鉄板との距離が一定となるようにする．

　電力は浮上の際に述べた単三形ニッケル水素電池を共用している．浮上体は完全にコードレスなので走行距離の制約を受けない．

　分岐の際には最大3A程度の電流が流れるが，走行しながら分岐部を通過する時間が短いので，消費電力は少なくてすむ．浮上体の浮上時間を長くするには搭載する電池を並列接続し増加させるとよい．本装置は高清浄度の環境下で活躍する磁気浮上搬送機であるが，装置を大型化すれば，人を乗せて走行する磁気浮上リニアモーターカーとしても利用でき，アイデア次第で様々な分野で活用できる．

4.2.3　XYステージ他

　XYステージへの磁気浮上の適用においては種々の提案がなされているが，極めて高精度な例として，半導体露光装置 [4.23],[4.24] への提案を示す．なお，実用化された半導体露光装置には，xy平面モータと，z軸自重支持位置決めにはボイスコイル使用している．6軸の高精度位置決めの概念として有用である．

　半導体露光装置は，単純な構造で，保守が容易，省床面積，軽量であることが求められる．さらに基本的性能として，nmレベルの露光精度が要求される．露光装置は，静的な光学系とウエハを載せる動的なステージ系により構成され，両者の協調設計が重要となる．ステージは露光パターンの刻まれたレチクルを搭載するステージと，レチクルのパターンが投影露光されるウエハを搭載するウエハステージにより構成され

－ 188 －

る．レチクルを透過した露光光がウエハに投影照射され複数の IC が形成される．

ウエハステージは投影光学系に対するフォーカス・チルト機能を持たせるため，x, y, z 軸並進の他，各軸回りの回転動作の 6 軸の自由度（位置決め）を備える必要がある．位置の検出には高精度なレーザ干渉計を用いる．

x, y 方向の位置決めを行うための平面モータは二相励磁のもので，ステージの位置に応じて変化することにより生ずる z 軸回りの回転トルクを永久磁石と電機子コイルの相対的な幾何関係により電流振幅を変調し制御している．位置決め応答の制御帯域は，25〜30 Hz である．微動ステージ位置決め制御の駆動源であるボイスコイルモータには，自重を支える定常電流と，位置決めのための非定常電流が入力されることとなる．一方で定常電流を流し続けるとジュール熱の発生が増加し，冷却の問題が生じる．冷却のための冷媒流量は乱流を起こすほどに大量になるため，高精度の位置決めに影響を及ぼすことになる．そこで，自重の大部分を空圧で支え，位置決めや外乱補正の部分だけボイスコイルモータに電流を流す構造となっている．さらに，除振機能も付加しつつ，制御帯域200 Hz 以上の高応答の z 軸支持機構が実現された．

4.2.4　渦電流を用いた振動減衰

常電導吸引式磁気浮上技術は無発塵搬送システムや高速浮上鉄道への応用を目指してこれまで研究がなされてきたが，東日本大震災を契機としてより省エネでより簡単に非接触支持の特徴を実現するシステムの研究へとその方向が変化している[4.23]．ここでは，渦電流による振動減衰効果を利用すると磁気浮上搬送装置が非常にシンプルに構成できることを紹介する．

図 4.28 に 1 点支持式磁気浮上搬送装置の構成を示す．車両には磁石ユニットとギャップセンサが取り付けられ車載電源および車載コントローラによりゼロパワー制御で浮上する．磁石ユニットは，永久磁石を 2 つの電磁石で挟んで構成されているため，電磁石鉄心が LSM の NS 界磁を構成する．上部の鉄板下面に三相コアレスコイルを敷設することで

― 189 ―

≒ 第4章 磁気回路専用形

搬送車両の案内と推進を行っている．厳密には磁気回路専用形ではないが，浮上力に比べて案内力および推力は2～3桁ほど小さく，浮上制御は案内・推進と切り離すことができる．車両重量は12 kg，磁石ユニット上端から車両重心までの距離は100 mm，慣性モーメント0.10 kgm^2，磁気ギャップ長12 mm である．

図4.28 の車両には1点支持式のため加減速時にピッチ方向の揺れが発生する．この運動は重心の上下方向の運動と重心まわりの回転運動に分解できる．コイルの励磁電流を考慮するとシステム全体は次式のように運動方程式と電圧方程式で記述される[4.25]．

$$\begin{cases} m\ddot{z} = f_m(z',i)h(z',\theta) + \rho_z\dot{z} + mg + f_d \\ I_\theta\ddot{\theta} = f_m(z',i)h(z',\theta)l_r\sin\theta + f_m(z',i)k(z',\theta) + \rho_{\theta ALL}\dot{\theta} + T_d \\ L_0(z')\dot{i} = -N\dfrac{\partial \Phi(z',i)}{\partial z'}\dot{z}' - Ri + e \end{cases} \quad \cdots (4.1)$$

ここで，

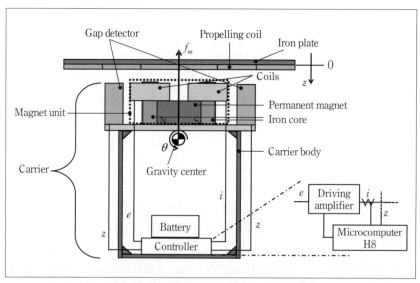

〔図4.28〕1点支持式磁気浮上搬送装置

$$z' = z + 2l_r \sin^2 \frac{\theta}{2} \quad \cdots\cdots\cdots\cdots\cdots\cdots\cdots\cdots\cdots\cdots\cdots\cdots \quad (4.2)$$

である．また，m：車両の総質量，g：重力加速度，i：コイル励磁電流，l_r：車両重心から磁石ユニット上端までの高さ，I_θ：車両重心まわりの慣性モーメント，L_0：コイルの自己インダクタンス，N：コイルの巻回数，Φ：コイルを通る磁束，R：コイルの電気抵抗，f_d：外力，T_d：外乱トルク，ρ_z：z 方向の速度抵抗係数，$\rho_{\theta All}$：θ 方向の速度抵抗係数，f_m：磁石ユニットが水平の場合の吸引力，h：磁石ユニットが傾いた場合の吸引力変動率，k：磁石ユニットが傾いた場合の左右の鉄心の吸引力作用点が鉄心中央にあるとしてトルクの差と f_m の比を表す仮想腕の長さである．

　3 次元リアルタイム磁場解析ソフトウェア Qm® で車両の磁石ユニットの揺れで生じる鉄板中の渦電流損失を計算し，その結果から式 (4.1) 中の ρ_z と $\rho_{\theta All}$ を求めると，前者が 0.2293 Nm/(m/s)，後者が 0.0916 Nm/(rad/s) となる．また，h および k については，磁界解析ソフトウェア JMAG® を用いて各パラメータ変化させて逐次吸引力を計算し，計算結果を補間することで連続的な数値を得ることができる．このモデルで ρ_z と $\rho_{\theta All}$ をゼロとした場合と，そうでない場合に車両を所定の角度からフリーにしたときの θ のシミュレーション結果を図4.29に示す．また，渦電流損失を考慮したシミュレーション結果と実験結果を図4.30 に示す．図4.29 から渦電流損失が十分な振動抑制効果を生むことがわかる．また，図4.30 から本モデルの妥当性およびローリングに起因する吸引力変動では鉄心に作用する電磁力作用点の移動を考慮する必要のあることがわかる．

４．２．５　磁束集束を利用した磁路制御式磁気浮上機構

　磁気浮上の方式の一つとして，磁路制御式磁気浮上が提案されている[4.26]．この原理を図4.31 に基づいて説明する．図4.31 (a) に示すように，支持力発生用永久磁石（磁力源）と浮上体（強磁性体）との間に強磁性体の板（制御板）を挟んだ構造をしており，一対の制御板の間隔によって，

浮上体に作用する吸引力を変化させる．すなわち，制御板の間隔を広げると制御板を通る磁束が少なくなり，浮上体に作用する吸引力は増加する（図4.31 (b)）．逆に制御板の間隔を狭めると吸引力は減少する（図4.31 (c)）．このように，制御板が磁力源から浮上体へ流れ込む磁束を遮ることから「遮束形」と呼んでいる．この方式の特徴は，アクチュエー

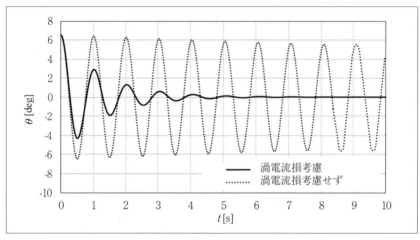

〔図4.29〕渦電流の減衰効果

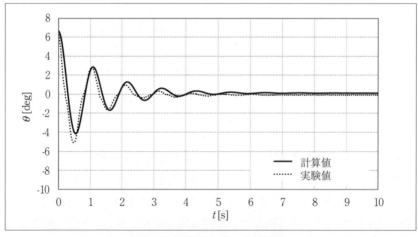

〔図4.30〕解析モデルの妥当性

タが浮上体に作用する重力を直接受けない構造なので，低出力のアクチュエータで磁気浮上が実現できることである．しかしながら，磁力源からの磁束が制御板の方にも流れ込むので，浮上体へ到達する磁束がそれほど大きくない．

この問題は，磁路制御式磁気浮上に磁束集束[4.27]の概念を取り入れることによって解決することができる．磁束集束を利用する方式では，図4.32（a）に示すように，制御板の材質を強磁性体から永久磁石に変え，磁力源および制御板の磁極が同一極となるように配置する．これは，磁

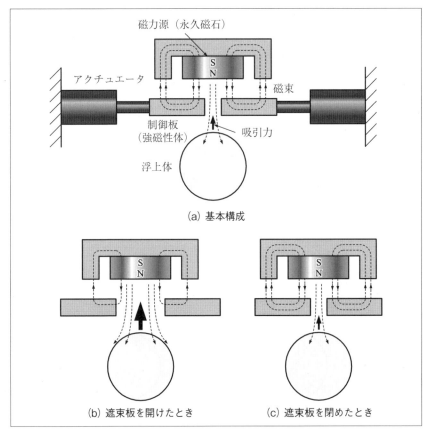

〔図4.31〕遮束形磁路制御式磁気浮上機構

⇄ 第4章 磁気回路専用形

束集束の原理を磁路制御式磁気浮上に適用したものである．このような磁極配置とした場合，制御板間の距離を小さくすると集束板間の磁束は強くなり，浮上力が増加する（図 4.32 (b)）．逆に大きくすると，浮上力が減少する（図 4.32 (c)）．この方式では，磁力源から制御板へ流れ込む磁束がほとんどないので，大きな吸引力が得られる．

　遮束形，集束形のそれぞれにおいて，制御板の間隔を変化させて，浮上体に作用する吸引力を測定した結果を図 4.33 に示す．図から，遮束形では，制御板（遮束板）を開くほど吸引力は増加し，制御板の間隔を

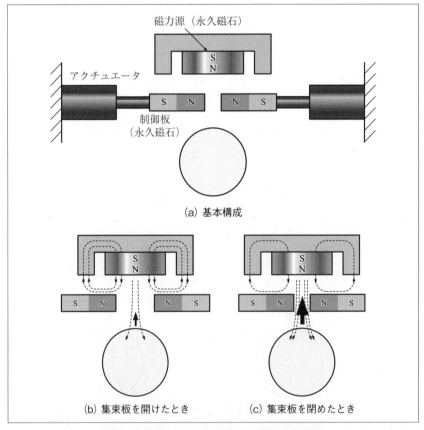

〔図 4.32〕集束形磁路制御式磁気浮上機構

10 mm 変化させると約 3 N の吸引力変化（以下ではこれを可制御力と呼ぶ）が見られる．一方，集束形では，遮束形と比べ約 2.5 倍の吸引力が得られる．ただし，遮束形とは逆に制御板（集束板）を開くほど吸引力は減少する．また，制御板の間隔を 10 mm 変化させたときの可制御力は約 2 N に留まっている．このように，集束形磁路制御式磁気浮上機構は，遮束形と比較して大きい吸引力を得られるが，可制御力が小さいので，安定な磁気浮上を達成するのは容易ではない．

集束形磁気浮上機構において，可制御力の大きさを決める要因としては，集束板の運動方向，配置，形状の三つが考えられる[4.28]．この中で，特に運動方向の影響について調べるため，図 4.34 (a) に示す 4 方向（A～D）へ±5 mm の並進運動を与えて吸引力の解析を行った結果を図 4.34 (b) に示す．この結果から，Cのように集束板を法線方向に運動させると，比較的大きな可制御力が得られることがわかる．なお，磁力源，制御板，ギャップの大きさなどの条件が異なるため，吸引力は，図 4.33 で示されたものより全体的に小さな値となっている．また，集束板を法線方向

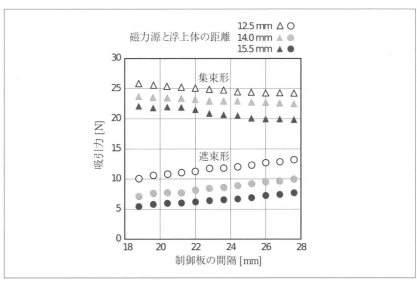

〔図 4.33〕吸引力特性（遮束形と集束形の比較）

に運動させることによって安定な磁気浮上を達成できることは実証されている[4.29].

4.2.6 永久磁石による薄板鋼板の振動抑制

薄板鋼板の溶融めっき工程では，鋼板に振動や変形が発生し，製品の品質低下を招くことがある．この問題を解決するために，電磁石や永久磁石の磁気力を利用した非接触振動抑制方法が提案されている[4.30],[4.31]．ここでは永久磁石を用いて振動を抑制する方法を説明する．

図4.35は溶融めっき工程の概略である．右方向から入ってきた鋼板は，溶液中のローラによって向きを変えられ，図の上方にある冷却・乾燥工程に送られる．溶液中で溶融金属を付着させた後，めっき厚さ調整のためのエアなどによるワイピングが行われる．ワイピングによる力の影響や，鋼板の搬送速度が速いために，鋼板に振動や変形が生じる．これらを抑制するために，図に示すように永久磁石をリニアアクチュエータによって位置制御し，鋼板に与える力を調整することにより，振動，変形を抑制する．永久磁石と鋼板との間に働く吸引力は，距離の自乗に反比例すると考えられるため，次式の運動方程式が得られる．

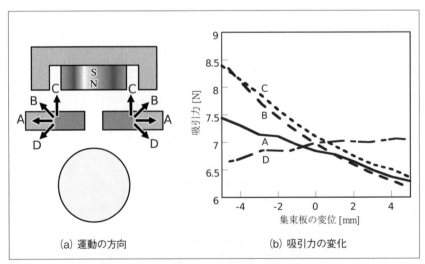

〔図4.34〕吸引力特性（集束板運動方向の影響）

$$f_m = f_{m2} - f_{m1} = \frac{k}{(d_0 + z_2 - z_0)^2} - \frac{k}{(d_0 + z_0 - z_1)^2} \quad \cdots\cdots\cdots \quad (4.3)$$

ここで，f_m は鋼板に働く力，f_{m1}，f_{m2} は左右の磁石と鋼板に働く力，d_0 は平衡状態の空隙，z_0 は鋼板の位置，z_1，z_2 は左右の永久磁石位置である．鋼板の位置 z_0 の運動に基づいて，z_1，z_2 をリニアアクチュエータでフィードバック制御し，振動や変形を抑制することができる．図 4.36 は左右の磁石を PD 制御することにより振動を抑制した結果である．上側の図は磁石位置を固定したときの結果であり，下側の図はフィードバック制御を行ったときの結果である．図からわかるように，左右の磁石を適切に駆動することにより振動を早く収束させられることがわかる．

4.2.7 反磁性材料の磁気支持と磁気回路

希土類（RE：Rare-Earth）系バルク高温超電導体やグラファイトなど，反磁性材料に特徴的な磁気特性により，複雑な制御系を付加することなくパッシブな磁気浮上・磁気支持が実現する．反磁性材料を用いたパッシブな磁気支持形のアクチュエータを構成する場合，そこに用いる反磁性材料の磁気特性に加え，構成する磁気回路の特性が極めて重要となる．

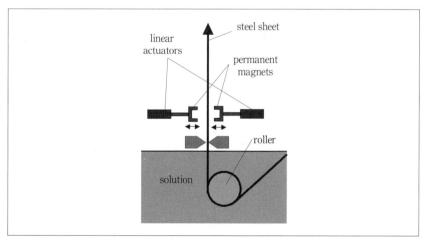

〔図 4.35〕薄板鋼板の溶融めっき工程

第4章 磁気回路専用形

　バルク超電導体の「磁束のピン止め効果」を利用した磁気支持機構においても、またグラファイト材（弱反磁性材料）による磁気支持モデルにおいても、材料選択の自由度は一般に限られている．よって，反磁性材料の種類や材質が選定されたあとには，試料形状と永久磁石等で形成する磁場，およびこれらの相対的な位置関係によって，システムの磁気支持力特性は概ね決定される．特に，反磁性グラファイト材（PG：Pyrolytic Graphite など）を用いた室温環境下でのパッシブ磁気浮上においては，形成される磁場の分布，磁束密度と磁場勾配がグラファイト板試料の安定な磁気浮上と非接触駆動（リニア駆動，マイクロ・モーション，回転）にとって重要なファクターとなる．つまり，バルク超電導体やPG板によって構成する磁気支持モデルにおいて，磁気支持の原理は異なるものの，特殊な磁場の分布と強度を形成することのできるハルバ

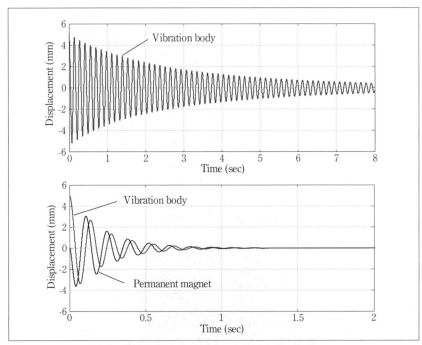

〔図4.36〕PD制御による振動抑制効果

ッハ（Halbach）配列永久磁石は磁気回路として極めて有効であるといえる．以下では，バルク高温超電導材料や反磁性グラファイト材料を用いた磁気浮上・磁気支持モデルに用いられている，種々の形状の永久磁石で構成する磁気回路について紹介する．

図 4.37 は，ロッド形状（$5 \times 5 \times 100$ mm）の永久磁石で構成したリニア Halbach 配列永久磁石である．この磁気回路では，y 方向（配列方向）の大きな磁場勾配によりバルク超電導体試料や PG 板試料は空間的に磁気支持されながら，x 方向（永久磁石の長手方向）の均一磁場により，磁気的な抵抗を受けずに位置移動が可能である．

また，Halbach 配列を径方向に構成し，円周方向に均一磁場が形成される同心円状 Halbach 配列永久磁石を図 4.38 に示す．この磁気回路では，

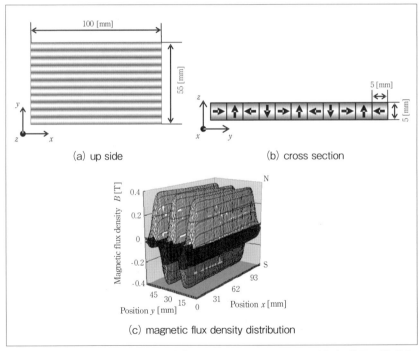

〔図 4.37〕ロッド状永久磁石で構成したリニア Halbach 配列永久磁石の構成と磁束密度分布

第4章 磁気回路専用形

セグメント（C）形状の Nd 系磁石母材に対し径方向に着磁したものと，軸方向に着磁したものを用いて，径方向に大きな磁場勾配を5層形成し，また中心部と最外周の磁束密度を大きく形成することで，ディスク状の PG 板試料の安定な磁気浮上と円周方向への自由回転を実現するための設計となっている[4.32]．

立方形状の Nd 系永久磁石を市松模様のように二次元配列構成した Halbach 配列永久磁石を図 4.39 に示す．図 4.39（左）には八角形状の PG 板試料がパッシブ磁気浮上している様子が見られるが，これは同図（右）に見られる特異な磁場分布によって PG 板の試料面とその端部に作用す

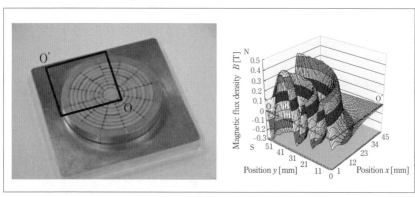

〔図 4.38〕同心円状 Halbach 配列永久磁石とその磁束密度分布（実測）

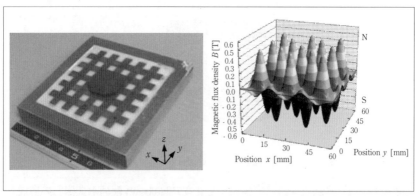

〔図 4.39〕二次元に構成した Halbach 配列永久磁石とその磁束密度分布（実測）

る反磁性磁気反発力のバランスによって実現しているモデルである[4.33].

ごく最近，シリンダ形状永久磁石で構成したHalbach配列の磁気特性についての報告がある．従来のHalbach配列は，隣り合う直方体形状の永久磁石を密着させて配列構成することから生産性が悪く，また形成された磁場の強度や分布を容易に変更することは不可能であった．J. E. Hiltonらは，径方向に磁化したシリンダ形状永久磁石によって構成したリニアHalbach配列の磁場の反転制御について，磁場シミュレーションによって報告している[4.34]．一方，基本構成は同一であるが，シリンダ形状永久磁石を同方向に同角度，同期回転させることで，磁石列上面に形成されるHalbach特有の強磁場と分布を保持したままスライドさせるモデルが報告された（図4.40参照）[4.35]．このような磁場の変位（制御）が可能となるHalbach配列の磁気回路が得られれば，反磁性材料を用いた非接触磁気支持形のアクチュエータの適用範囲が拡大するだけでなく，新たなアクチュエーションモデルの開発につながると期待される．

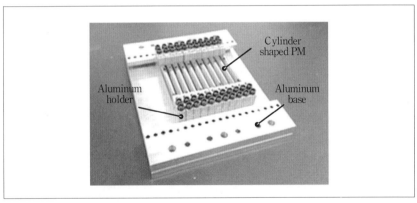

〔図 4.40〕シリンダ形状永久磁石で構成した磁場のスライド機能を可能とするHalbach配列永久磁石

第4章 磁気回路専用形

【参考文献】

(4.1) I. D. Silva and O. Horikawa, "An Attraction-Type Magnetic Bearing with Control in a Single Direction", IEEE Transaction on Industry Applications, Vol. 36, No. 4, pp. 1138-1142, 2000.

(4.2) J. Kuroki, T. Shinshi, L. Li and A. Shimokohbe, "Miniaturization of one-axis-controlled magnetic bearing", Precision Engineering, Vol. 29, No. 2, pp. 208-218, 2005.

(4.3) 湯本淳史，進士忠彦，張暁友，下河邉明，「小型遠心ポンプ用1自由度制御型磁気軸受の研究」，日本機械学会誌論文集C編，Vol.74, No.742, pp.1625-1630, 2008.

(4.4) Nozomu Ishikawa and Satoshi Ueno, "Levitation of a Flexible Rotor Supported by Hybrid Magnetic Bearings", Journals of the Japan Society of Mechanical Engineers, Vol. 2, No. 4, 14-00564, 2015.

(4.5) 田中宏樹，上野哲，姜長安，「ハイブリッド磁気軸受を用いた弾性ロータの制御」，第58回自動制御連合講演会，2015.

(4.6) 増澤徹，「磁気浮上型人工心臓」，日本AEM学会誌，Vol. 25, No. 3, 2017

(4.7) 北郷将史，増澤徹，西村隆，許俊鋭，「治療用人工心臓のためのアキシャル型磁気浮上モータの開発」，日本AEM学会誌，Vol. 19, No. 2, pp. 280-285, 2011

(4.8) 下堀拓己，増澤徹，西村隆，許俊鋭，「心拍同期型磁気浮上血液ポンプにおける受動安定軸の浮上安定性評価」，日本AEM学会誌，24 (3), pp. 210-221, 2016.

(4.9) N. A. Greatrex, D. L. Timms, N. Kurita, W. W. Palmer, T. Masuzawa, "Axial Magnetic Bearing Development for the BiVACOR Rotary BiVAD/ TAH", IEEE Transactions on Biomedical Engineering, Vol. 57, No. 3, pp. 514-721, 2010.

(4.10) Nobuyuki Kurita, Daniel Timms, Nicholas Greatrex, Matthias Kleinheyer, Toru Masuzawa, "Optimization design of magnetically suspended system for the BiVACOR total artificial heart", Proc. of ISMB14,

437-440, Linz, Austria, August, 2014.

(4.11) 斎藤拓也，増澤徹，長真啓，巽英介，「超小型磁気浮上式小児用人工心臓の開発」，日本 AEM 学会誌，Vol. 25, No. 2, pp. 198-204, 2017.

(4.12) Nobuyuki Kurita, Takeo Ishikawa, Naoki Saito and Toru Masuzawa, "A double sided stator type axial self-bearing motor development for left ventricular assist devices", International Journal of Applied Electromagnetics and Mechanics, vol. 52, no. 1-2, pp. 199-206, 2016.

(4.13) 長真啓，増澤徹，巽英介，「乳児用人工心臓用ダブルステータ型磁気浮上モータの開発」，日本 AEM 学会誌，Vol. 19, No. 2, pp. 267-273, 2011

(4.14) 上田憲治，長谷川泰士，八幡直樹，横山明正，向井洋介：「国内初 磁気軸受搭載高効率ターボ冷凍機"ETI-MB シリーズ"」，三菱重工技報 Vol. 51, No. 1, pp. 93-97, 2014.

(4.15) 進藤裕司，阪井直人，山内正史：「磁気軸受のターボ機械への適用」，日本ガスタービン学会誌 Vol. 43, No. 4, pp. 25-29. 2015.

(4.16) 上山拓知：「制御型磁気軸受の最近の開発動向」，Koyo Engineering Journal No. 163, pp. 23-30, 2003.

(4.17) Zhou Dan, Zhu Changsheng ; "Failure Mechanism of Improved Three-Level Power Amplifier for Active Magnetic Bearings", Proceedings of the 12th international Symposium on Magnetic Bearings, pp. 385-394, 2012.

(4.18) Weiyu Zhang, Huangqiu Zhu : "Control System Design for a Five-Degree-of- Freedom Electrospindle Supported With AC Hybrid Magnetic Bearings", IEEE/ASME Transactions on Mechatronics, Vol. 20, No. 5, pp. 2525-2537, October 2015.

(4.19) 村井，細田：「HSST 推進系の開発経緯と東部丘陵線（リニモ）の制御装置」，鉄道車両と技術，No. 107，日本鉄道車両機械技術協会.

(4.20) 正田，北野，水間，藤原：「リニアモーターカー実用化の動向」，電気学会論文誌，Vol. 110-D, No. 1, 1990，電気学会.

(4.21) Toshio Kakinoki, Hitoshi Yamaguchi, et al., "A Turnout without Movable Parts for Magnetically Levitated Vehicles with Hybrid Magnets",

Journal of International Conference on Electrical Machines and Systems
（JICEMS）,Volume 3 （Number 3）, pp. 312-316, 2014.

（4.22）Toshio Kakinoki, Hitoshi Yamaguchi, et al., "Development of New
Propulsion System for Magnetically Levitated Vehicle", The 15th
International Symposium on Magnetic Bearings（ISMB15）, T3C5,
pp. 304-308, 2016.

（4.23）環境調和型磁気支持応用技術の体系化調査専門委員会編「環境調
和型磁気支持応用技術の体系化」，電気学会技術報告, No. 1334, 2015.

（4.24）田中慶一：「電子ビーム露光装置／極紫外線露光装置対応高精度
位置決めステージの研究」，東京工業大学博士論文，乙第 4066 号

（4.25）Yuta Nakamura, Mimpei Morishita, "Swing Damping Effect of Eddy
Current for Electromagnetic Suspension System", ISEM2015, 1A1-A-3,
Awaji Kobe, Sept. 16, 2015.

（4.26）水野毅，星野博，髙﨑正也，石野裕二，「磁路制御形磁気浮上の
提案と基礎実験」，日本 AEM 学会誌，Vol. 14, No. 3, pp. 346-352, 2006.

（4.27）榎園正人，戸高孝，槌田雄二，原田真，下地広泰，碇賀厚，「高
磁場収束配列型永久磁石モータの開発」，平成 18 年電気学会全国大会
講演論文集，No. 5, pp. 185-186 , 2006.

（4.28）米野友貴，水野毅，髙﨑正也，石野裕二，「磁束集中を利用した
可変磁路式磁気浮上に関する研究」，日本機械学会関東支部第 17 期総
会講演会講演論文集，pp. 263-26, 2011.

（4.29）高林篤，水野毅，髙﨑正也，石野裕二：「集束型磁路制御式磁気浮
上機構の開発」，日本機械学会論文集 C 編，Vol. 79, No. 801, pp. 1483-1494,
2013.

（4.30）K. Matsuda, M. Yoshihashi, Y. Okada Y. and Tan, "Self-Sensing Active
Suppression of Vibration of Flexible Steel Sheet", Trans. ASME J. Vib.
Acoust., Vol. 118, 1996.

（4.31）Phaisarn Sudwilai, Koichi Oka, Yuuta Hirokawa, "Vibration Control
With Linear Actuator Permanent Magnet System using LQR Method",
Journal of System Design and Dynamics, Vol. 5, No. 6, pp. 1238-1250, 2011.

（4.32）H.Suzuki, A.Suzuki, S.Sasaki, A.Ito, F.Barrot, D.Chapuis, T.Bosgiraud, R.Moser, J.Sandtner, H.Bleuler, "Proto-model of novel contact-free disk suspension system utilizing diamagnetic material", The 10th International Symposium on Magnetic Bearing, ISMB10, pp. 98-99, 2006.

（4.33）Ryosuke Saito, Kazuto Itatsu, Minoru Kanke, Atsushi Ito, Haruhiko Suzuki, "Contact-free Two Dimensional Micro-displacement Actuation by Using Diamagnetic Graphite", IEEJ, Vol. 130-D, No. 11, pp. 1221-1225, 2010.

（4.34）J. E. Hiliton, S. M. McMurry, "An adjustable linear Halbach array", Journal of Magnetism and Magnetic Material 324, pp. 2051-2056, 2012.

（4.35）土屋裕紀, 徳永昇吾, 伊藤淳, 鈴木晴彦, M. J. Bragge, 「シリンダ形状永久磁石を用いた Halbach 配列分岐機構試作機の磁気的性能」, 日本 AEM 学会, 第 23 回「MAGDA コンファレンス in 高松」講演論文集, pp. 385-388, 2014.

第 5 章
磁気回路兼用形

磁気軸受は，回転体を磁気力によって非接触で支持する機械要素であり，その磁気回路はモータの磁気回路と干渉しないように設計される．一方，本章で取り扱う磁気回路兼用形の電磁機械では，固定子に非接触磁気支持と回転の両巻線を施す，あるいは，可動子磁石を非接触支持と推進に利用する等，磁気回路が兼用されている．このため，磁気軸受とモータを組合せた磁気回路専用形の電磁機械と比較して，磁気回路兼用形は，小形化・簡素化等の特長を有する．本章では，磁気回路兼用形の電磁回転機であるベアリングレスモータ，および並進システムである超電導・常電導磁気浮上式鉄道について述べる．

5.1 回転形 ーベアリングレスモータの原理・制御概要・座標変換ー

ベアリングレスモータは回転機のベクトル制御理論の発展，パワーエレクトロニクスの低価格化，磁気浮上理論の発展とともに，1980年代後半から研究されるようになった[(5.1)・(5.8)]．本節ではベアリングレスモータの定義，原理，各種ベアリングレスモータの概要を説明する．

5.1.1 ベアリングレスモータの定義と基本原理

ベアリングレスモータの定義として，2つの定義が提案されている[(5.9)-(5.10)]．

(1) 磁気的結合により磁気軸受機能をもつモータ

(2) 磁気的結合によりモータ機能を持つ磁気軸受

である．磁気的結合によって，モータの中で発生する回転磁界を利用して，わずかな電圧電流で非接触磁気支持を実現することができる．

図5.1 (a) は5軸を能動的に位置制御する磁気軸受を伴うモータの構成を示している．モータの両端に半径方向の位置を支持するラジアル磁気軸受が配置され，右側にz方向の位置を能動的に制御するスラスト磁気軸受が配置されている．1つのラジアル磁気軸受には4つのコイルがあり，単相（1ϕ）インバータが4台必要である．また，モータ駆動には三相（3ϕ）インバータが1台必要になる．

一方，図5.1 (b) はラジアル磁気軸受機能と，モータ機能を併せ持ったベアリングレスモータを適用した5軸能動位置制御磁気支持系である．1つのベアリングレスユニットはx, y方向の半径方向力を発生する

⇌ 第5章　磁気回路兼用形

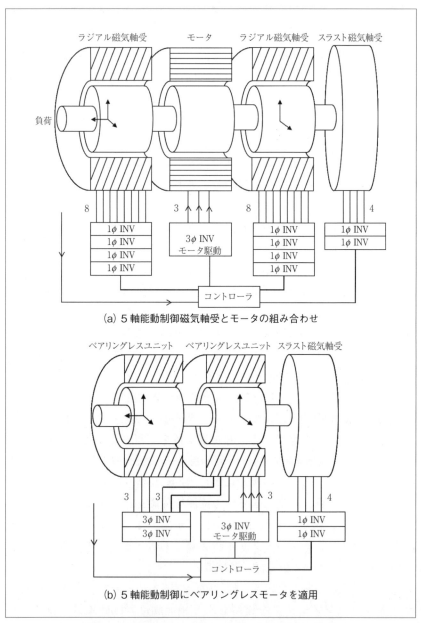

〔図 5.1〕磁気軸受とベアリングレスモータの比較

とともに，モータとして機能するためにトルクを発生する．2つのベアリングレスユニットのモータ巻線を直列に接続して，1台のモータ駆動インバータが接続される．また，x, y 方向の半径方向力を発生させるため，ユニットごとに小形の三相インバータが1台必要になる．インバータの台数，電気機械が簡単化されるメリットがあることがわかる．

図5.2はベアリングレスモータが関連する技術分野を示している．ベアリングレスモータが1980年後半から研究され始めたのは，取り囲む4つの技術の発展があったからである．まず，パワーエレクトロニクス技術が進み，価格が低下した．80年頃はモータに接続するインバータはおよそモータの10倍の価格であった．現在では，モータの価格より安価となっており，1つのモータドライブに幾つかのインバータを接続することがコスト的に問題なくなってきている．

次に，ディジタル信号技術の発展も重要である．80年代のCPUあるいはDSPは遅く，高速な割り込み処理が必要な磁気支持系の制御は困難であった．しかし，現在，スマートフォンなどに使用されるCPUは高速で低消費電力であり，磁気支持系の制御は問題ない．

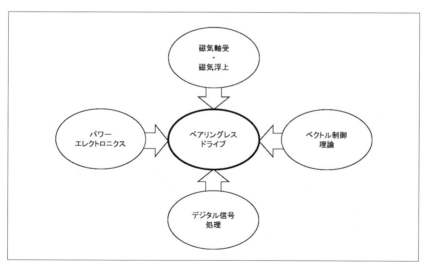

〔図5.2〕ベアリングレスモータが関連する技術

≃ 第5章 磁気回路兼用形

　また，ベクトル制御理論は80年代に確立し，回転磁界の大きさ，角速度を正確に制御できるようになった．このため，回転磁界を不平衡にして半径方向力を発生しても，安定な磁気支持系を実現できるようになった．
　最後に，名古屋のリニモ，JRマグレブ，上海のトランスラピッドなどの磁気浮上列車の実現，ターボ分子ポンプ，電源用フライホイールなど，磁気軸受技術の普及は磁気支持技術が未来の技術ではなく，実現可能な技術であることを示している．
　以上の技術の発展に伴って，ベアリングレスドライブが実現でき，ユーザに認められるようになってきている．
　半径方向力とトルクを磁気的結合により発生する方法はいくつかの方法がある．たとえば，磁気軸受用に4つの巻線を配置し，その電流に交流成分を重畳し，回転磁束が発生できる．回転子を誘導形，永久磁石形などに工夫することによって，モータとしてトルクを発生することができる．
　図5.3は更に工夫された4極，2極の磁界を重畳するベアリングレスモータの半径方向力発生原理を示している．図5.3 (a)は4極の4a巻線だけに電流を流し，4極の磁界を発生している．回転子と固定子の間のギャップ1，2，3，4では等しい磁束密度である．したがって，回転子

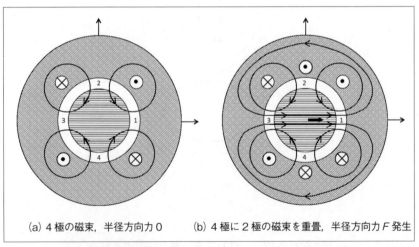

(a) 4極の磁束，半径方向力 0　　(b) 4極に2極の磁束を重畳，半径方向力 F 発生

〔図5.3〕4極磁界に2極磁界を重畳して半径方向力を発生

と固定子間の磁気吸引力は4方向に等しい力が発生し釣り合っている.

図5.3 (b) は2極の2a巻線を追加し，電流を流すことによって，磁束 ψ_{2a} を発生している．ギャップ1では4極と2極の磁束が等しい方向であり，磁束密度が増加する．一方，ギャップ2では磁束が逆方向であるため，磁束密度は低下する．磁束密度が高いギャップではより大きな磁気吸引力が発生するため，力の釣り合いは崩れ，回転子には右方向に作用する半径方向力が発生する．2a巻線の電流を反転すると，Fと逆方向の力が発生する．Fはほぼ2a巻線の電流に比例する．

巻線2aに直交する巻線2bを施せば，y方向の半径方向力が発生でき，2a，2b巻線の電流を調整することにより，任意の方向，大きさの半径方向力を発生できる．4極の磁束をわずかに不平衡にすれば良いので，半径方向力発生に必要な電圧電流は小さい．

図5.4は2極の巻線2a，2bと4極の巻線4a，4bをもつベアリングレスモータの原形である．いま，4極の巻線に直交する正弦波電流を流し，回転磁界を発生しよう．すなわち，次式のようにする．

$$i_{4a} = I_4 \cos 2\omega t \qquad i_{4b} = I_4 \sin 2\omega t \quad \cdots\cdots\cdots\cdots\cdots\cdots (5.1)$$

すると，半径方向力 F_x, F_y と2極の巻線の電流 i_{2a}, i_{2b} は以下の関係式で表される．

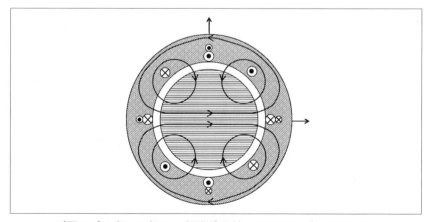

〔図5.4〕4極，2極の2相巻線を持つベアリングレスモータ

第5章 磁気回路兼用形

$$\begin{bmatrix} F_x \\ F_y \end{bmatrix} = M'I_4 \begin{bmatrix} \cos 2\omega t & \sin 2\omega t \\ \sin 2\omega t & -\cos 2\omega t \end{bmatrix} \begin{bmatrix} i_{2a} \\ i_{2b} \end{bmatrix} \quad \cdots\cdots\cdots\cdots\cdots\cdots \quad (5.2)$$

この式から以下の点が明らかである.
 (1) 半径方向力と電流の関係は回転磁界によって変調される.
 (2) 半径方向力はモータの励磁電流 I_4 に比例する.
 (3) 半径方向力は半径方向力巻線の電流 i_{2a}, i_{2b} に比例する.

ベアリングレスモータにおいて, モータの励磁電流は磁気軸受のバイアス電流の役割を担っている. モータの励磁電流は誘導機, リラクタンス形では必要であるが, 永久磁石形では永久磁石が励磁電流の代わりをするため, 電流が不要になる. いずれにせよ, 励磁レベルが高いほどより少ない電流で半径方向力を発生することができる.

半径方向力と電流の関係は, 回転磁界によって変調される. そこで, この式の逆行列を求め, 電流について解けばどのような電流を流したらいいのかを明らかにできる. これはベアリングレスモータに特徴的な変調制御ブロックとなる.

図5.5は制御システムの基本構成を示している. x, y 方向の変位をセンサで検出し, 誤差を増幅して PID 制御器で力の指令値を発生する. こ

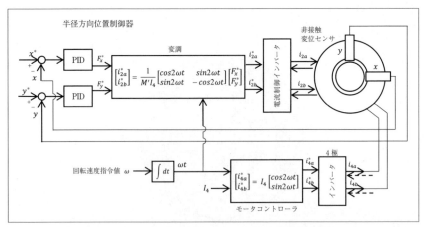

〔図5.5〕2軸能動制御の制御システムの基本構成

の力の指令値から逆行列を使って，電流指令値を発生する．この電流指令値通りに電流をインバータで流すことにより，2軸を能動的に非接触で位置制御できる．

なお，磁気支持用の半径方向力を発生する巻線を別途施すのではなく，5相，6相巻線を施し，モータ電流成分と半径方向力電流成分を重畳する方式やブリッジ回路を用いて電流を不平衡にする方式が提案されている．1980年代から日本，スイスにて研究が行われ，2000年以降には世界各地で盛んに研究が行われ，いろいろな方式が提案されている状況にある．

5.1.2 誘導機形ベアリングレスモータ

ここでは，誘導機の原理を持つベアリングレスモータについて解説する．誘導機は，固定子巻線に三相交流を流すことにより，回転磁界を発生すると，回転子鉄心に施された回転子巻線に誘導電流が流れ，回転子がトルクを発生して回転するモータである．世界中で最も多用されているモータであり，50 Hzあるいは60 Hzなどの商用電源に直接接続して運転することができ，安価に動力を得ることができる特徴がある．回転子の巻線は，多くの場合はリスかごに似た，かご形回転子が多く，スリップリングなどが不要であるため，堅牢でかつ安価である．

そこで，誘導機をベアリングレス化する試みは1980年代後半から研究者によって進められている[(11)-(14)]．とくに，誘導機のベクトル制御理論により，正確な回転磁界の大きさ，方向が特定できるようになると，この回転磁界を利用するベアリングレスモータの理論は飛躍的に進歩した．

図5.6は最も多く利用されているかご形回転子である．円筒形の鉄心にリスかご状の短絡導体が施され，エンドリングで短絡されている．このかご形巻線はアルミダイキャストなどで作成すると，安価で，堅牢である特徴があり，汎用モータから，高速モータまで，その適用範囲は広い．

しかし，ベアリングレスモータとしては大きな問題がある．基本的なベアリングレスモータの構成としては，4極の三相巻線と2極の三相巻

線が固定子に施され，4極がモータ巻線，2極が半径方向力巻線となる．あるいは，2極がモータ巻線，4極が半径方向力としてもよい．いずれをモータ巻線としても，かご形回転子は，極数がフレキシブルであるので，2極の誘導電流も，4極の誘導電流も誘導して，回転子に電流が流れ，トルクを発生することができる．しかし，半径方向力の発生は問題がある．半径方向力巻線に電流を流して，回転磁界を不平衡にしようとした際に，回転子に誘導電流が流れてしまい，周波数によっては多くの電流が無駄になってしまう．また，最も問題なのは，誘導電流が発生するため，回転磁界の不平衡を発生する際に遅れが発生してしまい，位相余裕が減少して安定化するのが困難になる．

　半径方向力の制御遅れを回避するためには，4極のモータ巻線の際には4極の回転磁界だけから誘導電流が発生すればよい．あるいは，2極のモータ巻線であれば，2極の回転磁界に対してだけ誘導電流が流れるように回転導体の接続を工夫すればよい．

　図5.7 (a) は2極の誘導電流だけを流し，4極の誘導電流が流れない回転子導体の一相分を示している．この導体に電流が流れると，2極の磁界ができることがわかる．したがって，2極の回転磁界から誘導電流

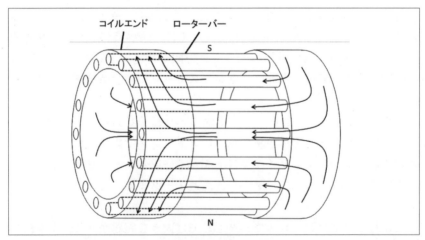

〔図5.6〕かご形回転子

が流れ，トルクを発生することができる．たとえば，回転子鉄心が16スロットある場合，8相の巻線を施せばよい．

図5.7(b)は4極の誘導電流だけを流し，2極の誘導電流が流れない回転子導体の一相分を示している．この導体に電流が流れると4極の磁界ができる．回転子が16スロットあれば，4相の巻線が必要になる．

図5.8は電流から半径方向力の伝達関数の位相特性を示している．か

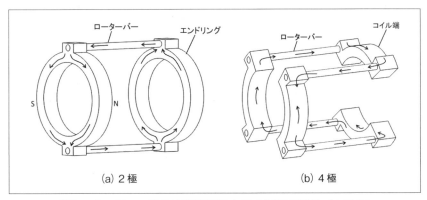

〔図5.7〕2極，4極だけ誘導電流を流す回転子導体（1相分）

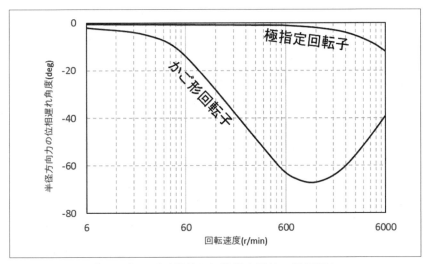

〔図5.8〕かご形巻線と極数指定巻線の位相遅れ

ご形回転子では，低い回転速度から位相が遅れ始めてしまい，実験では回転速度 5 r/s 付近で磁気支持系が不安定になってしまった．速度 0 では位相遅れはない．そこで，かご形回転子のベアリングレスモータを形成したが，静止時は浮上するが，回転すると安定化できない現象が起きる．

　一方，極数が指定されている回転子短絡回路を構成すると，位相遅れはなく，最高速度の 60 r/s（=3600 r/min）まで安定に運転できる．極数指定巻線は固定子構造が複雑になる欠点があるものの，磁気浮上系の安定化に有効である．

　誘導機の制御には，すべり周波数形と磁束検出形があり，いずれも回転磁界の大きさが一定で，スムーズに磁界が回転する．図 5.9 はすべり周波数形ベクトル制御によって駆動される誘導機のブロック図を示している．すべり周波数形は，どのような回転磁界に着目するかによって，大きく 3 つのタイプに分けることができる．すなわち，すべり周波数形でも最も例が多い回転子鎖交磁束，磁束検出形で多い固定子鎖交磁束，最後にエアギャップ磁束である．ベアリングレスモータが発生する半径方向力は，エアギャップにおける磁束の不平衡によって発生する．したがって，ベアリングレスモータの場合，エアギャップ磁束にオリエンテーションしたベクトル制御を適用することが望ましい．左上のブロックはすべり角周波数 ω_s と励磁電流 i_{ds} をトルク電流 i_{qs}，励磁電流基準値 i_{dm} から誘導機定数を使用して決定している．また，磁気支持系は，非接触センサにより，主軸の x, y の変位を検出し，回転磁束の方向，大きさに合わせて電流を流し，非接触磁気支持を実現している．

　図 5.10 は加速試験の結果である．1200 r/min から 2700 r/min まで急加速している．半径方向変位 x, y は加速時にも変位が増えることもなく，安定している．λ_{gc} と ψ_τ は磁束の指令値とサーチコイルの検出値であり，よく一致している．回転子磁束，あるいは固定子磁束にオリエンテーションした場合，あるいは二次時定数がずれている場合，加速時には λ_{gc} と ψ_τ の大きさと位相がずれてしまい，半径方向変位 x, y が大きく変動し，最悪時はタッチダウンしてしまう．最下段の i_{qs} はトルク電流指令値である．

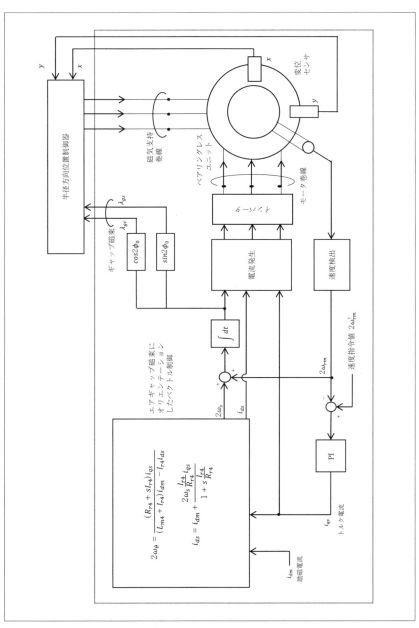

〔図 5.9〕エアギャップ磁束にオリエンテーションしたベクトル制御

誘導機形ベアリングレスモータの 1200 r/min でのモータ端子は，線電流 14 A，線間電圧 31 V，三相の皮相電力は 752 VA であった．一方，半径方向巻線端子では，線電流 1.3 A，線間電圧 1.94 V であり，皮相電力は 4.4 VA と小さい．半径方向巻線端子の皮相電力は，モータ端子の皮相電力の 0.6 % に過ぎない．この値はバランスが悪いと増える．磁気支持に必要な電圧，電流が少ないのは，モータとして存在する回転磁界をわずかに不平衡にするだけで力が発生するからである．

5.1.3 永久磁石形ベアリングレスモータ

永久磁石形ベアリングレスモータは永久磁石の界磁磁束に支持磁束を重畳し，ギャップ磁束密度を不平衡にして磁気支持力を発生するため，単位電流当たりの支持力が大きく効率的である．後述するように，1) 薄い永久磁石の方が効率的に支持力を発生できること，2) 電動機主磁束の他に支持磁束も発生すること，から設計の際，永久磁石の不可逆減磁に十分注意する必要がある．

表面磁石貼付構造ベアリングレスモータの支持力と支持巻線電流の関係を以下に示す．永久磁石起磁力が電動機巻線起磁力によって発生すると仮定し，その際の電動機巻線に流れる永久磁石等価電流を I_{mp} とする

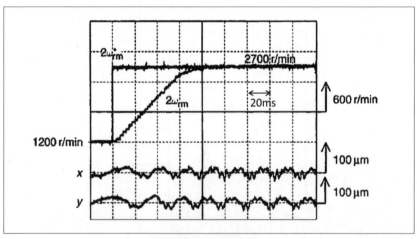

〔図 5.10〕加速試験

と，二相軸上の電動機巻線の等価電流$\dot{I}_{me}$は回転座標系で以下の式で表すことができる$^{(5.15)}$．

$$\dot{I}_{me} = I_{mp} + jI_{mq} \quad\cdots\cdots\cdots\cdots\cdots\cdots\cdots\cdots\cdots\cdots (5.3)$$

ここで，I_{mq}は実際に電動機巻線に流れるq軸電流である．また，I_{mp}はd軸成分に相当し，実際にはd軸電流は流さないと仮定する．E_0を無負荷誘導起電力，X_mを電機子反作用リアクタンスとすると，$I_{mp}=\sqrt{3/2}E_0/X_m$と表すことができる$^{(5.15)}$．

図5.11に固定座標，回転座標をそれぞれ示す．a，b軸は固定座標軸であり，後で図5.12に示す二相軸上で表した電動機巻線N_{ma}，N_{mb}の起磁力方向をそれぞれa軸，b軸と定義する．また，d，q軸は回転座標軸であり，反時計回りを正回転方向とする．すると，N_{ma}，N_{mb}に流れるa相，b相等価電流i_{mae}，i_{mbe}は，それぞれ，

$$i_{mae} = I_{me}\cos2(\omega t+\theta/2) \quad\cdots\cdots\cdots\cdots\cdots\cdots (5.4)$$
$$i_{mbe} = I_{me}\sin2(\omega t+\theta/2) \quad\cdots\cdots\cdots\cdots\cdots\cdots (5.5)$$

と表すことができる．ここで，ωは回転角速度であり，I_{me}，θはそれぞれ，

$$I_{me} = \sqrt{I_{mp}^2 + I_{mq}^2} \quad\cdots\cdots\cdots\cdots\cdots\cdots\cdots\cdots (5.6)$$

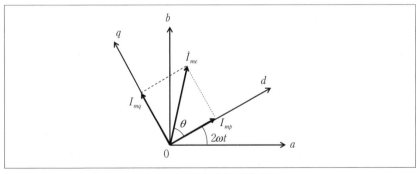

〔図5.11〕座標変換

$$\theta = \tan^{-1}\left(\frac{I_{mq}}{I_{mp}}\right) \quad \cdots\cdots\cdots\cdots\cdots\cdots\cdots\cdots\cdots\cdots\cdots\cdots \quad (5.7)$$

と表される．すなわち，永久磁石の界磁磁束と q 軸磁束の合成磁束は，上記の等価電流 i_{mae}, i_{mbe} によって発生すると見なすことができ，合成磁束の大きさは，I_{me} と電動機巻線の自己インダクタンスの積で等価的に表せる．$\theta/2$ は電機子反作用による位相進み角である．

次に図 5.12 に示す支持巻線 N_{sa}, N_{sb} に流れる電流を i_{sa}, i_{sb} と定義し，両巻線の起磁力方向が x 軸，y 軸に一致するように巻線を配置する．式 (5.1), (5.2) の i_{4a} と i_{4b}, i_{2a}, i_{2b} をそれぞれ，i_{mae}, i_{mbe}, i_{sa}, i_{sb} に置き換え，4 極巻線の振幅が I_{me}，位相進み角 $\theta/2$ であることを考慮して，x 軸，y 軸方向の支持力 F_x, F_y は

$$\begin{bmatrix} F_x \\ F_y \end{bmatrix} = M'I_{me} \begin{bmatrix} \cos 2(\omega t + \theta/2) & \sin 2(\omega t + \theta/2) \\ \sin 2(\omega t + \theta/2) & -\cos 2(\omega t + \theta/2) \end{bmatrix} \begin{bmatrix} i_{sa} \\ i_{sb} \end{bmatrix} \quad \cdots\cdots \quad (5.8)$$

と表すことができる．上式で i_{sa}, i_{sb} について解くと

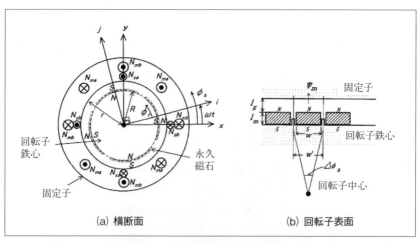

〔図 5.12〕横断面，回転子表面

$$
\begin{bmatrix} i_{sa} \\ i_{sb} \end{bmatrix} = \frac{1}{M'I_{me}} \begin{bmatrix} \cos2(\omega t+\theta/2) & \sin2(\omega t+\theta/2) \\ \sin2(\omega t+\theta/2) & -\cos2(\omega t+\theta/2) \end{bmatrix} \begin{bmatrix} F_x \\ F_y \end{bmatrix} \quad \cdots \quad (5.9)
$$

となる．式 (5.6)，(5.7) から q 軸電流 I_{mq} により，I_{me} と θ を決定し，式 (5.9) により支持電流 i_{sa}，i_{sb} の振幅と位相を制御することにより，電機子反作用が発生しても x 軸，y 軸方向の支持力が干渉することなく，安定した磁気支持が実現可能である．

次に電流，電圧方程式を導出する．二相軸上で電動機巻線の端子間電圧の振幅 V_{m2} は，

$$
V_{m2} = 2\omega L_m I_{me} \quad \cdots\cdots\cdots\cdots\cdots\cdots\cdots\cdots\cdots\cdots\cdots (5.10)
$$

と表せる．ここで L_m は電動機巻線の自己インダクタンスである．同様に二相軸上で支持巻線の端子間電圧の振幅 V_{s2} は，支持巻線の自己インダクタンスを L_s として，

$$
V_{s2} = 2\omega L_s I_{s2} \quad \cdots\cdots\cdots\cdots\cdots\cdots\cdots\cdots\cdots\cdots (5.11)
$$

と表せる．ここで，I_{s2} は二相軸上の支持巻線電流の基本波振幅であり，式 (5.9) より

$$
I_{s2} = \frac{\sqrt{F_x^{\,2} + F_y^{\,2}}}{M'I_{me}} \quad \cdots\cdots\cdots\cdots\cdots\cdots\cdots\cdots (5.12)
$$

と表すことができる．上式を式 (5.11) に代入して，

$$
V_{s2} = \frac{2\omega L_s}{M'I_{me}}\sqrt{F_x^{\,2} + F_y^{\,2}} \quad \cdots\cdots\cdots\cdots\cdots\cdots\cdots (5.13)
$$

となる．

表面磁石貼付構造ベアリングレスモータは設計の際，いかに永久磁石の厚みやギャップ長を決定するかが重要である．そこで次に単位電流当たりの支持力を導出し，設計の指針を与える．図 5.12 (a) (b) に表面磁石構造ベアリングレスモータの横断面と回転子表面の拡大図をそれぞれ

- 223 -

第5章　磁気回路兼用形

示す．後述するように，薄い永久磁石の方が単位電流当たりの支持力が大きいので，図5.12 (b) のように永久磁石を分割し回転子鉄心表面に貼り付けてある．また，回転子鉄心表面には小形の突起を設け，その突起を通るように永久磁石の漏れ磁束を発生して不可逆減磁対策を施している．

式 (5.12) より無負荷時の単位電流当たりの支持力は

$$\frac{F}{I_{s2}} = M'I_{mp} \quad\cdots\cdots\cdots\cdots\cdots\cdots\cdots\cdots\cdots\cdots (5.14)$$

と表せる．ここで，$F = \sqrt{F_x^2 + F_y^2}$ であり，無負荷時は式 (5.6) より，$I_{mq}=0$ として，$I_{me}=I_{mp}$ になる．なお，負荷時は q 軸電流が流れギャップ磁束密度が増加して単位電流当たりの支持力も増加する．式 (5.14) において，M' は電動機巻線と支持巻線の相互インダクタンス M を回転子変位で微分して次式で表せる．

$$M' = \frac{\mu_0 \pi l n_2 n_4}{8} \frac{r - (l_m + l_g)}{(l_m + l_g)^2} \quad\cdots\cdots\cdots\cdots\cdots\cdots\cdots (5.15)$$

ここで，l は回転子の軸長，r は固定子内面の半径，l_m は永久磁石の厚み，l_g はギャップ長，n_2, n_4 はそれぞれ電動機巻線，支持巻線の有効巻数である．また，図5.12 (b) の永久磁石1個の回転子鉄心に面する面積を $S(=wl)$，回転子鉄心表面の面積を $S'(=w'l)$ とし，S/S' は永久磁石の貼付面密度と定義する．また，永久磁石の残留磁束密度を B_r，図5.12 (a) に記した回転子表面に沿った角度を ϕ_r とし，ギャップ磁束密度の基本波成分を $B_{gp}(\phi_r)$ とすると，

$$B_{gp}(\phi_r) = \frac{4}{\pi} \frac{l_m}{l_m + l_g} \frac{S}{S'} B_r \cos 2\phi_r \quad\cdots\cdots\cdots\cdots\cdots (5.16)$$

となる[5.9]．

一方，単位電流当たりの電動機巻線起磁力 A_{ma}, A_{mb} は，図5.12 (a) に示したように固定子に沿った角度を ϕ_s とすると，

$$- 224 -$$

$$A_{ma} = n_4 \cos 2\phi_s \quad \cdots\cdots\cdots\cdots\cdots\cdots\cdots\cdots\cdots\cdots\cdots \quad (5.17)$$

$$A_{mb} = n_4 \sin 2\phi_s \quad \cdots\cdots\cdots\cdots\cdots\cdots\cdots\cdots\cdots\cdots\cdots \quad (5.18)$$

と表せる．式 (5.3) より，もし，$I_{mq}=0$ なら，$I_{me}=I_{mp}$ となる．よって，式 (5.4)，(5.5) の i_{mae}，i_{mbe} はそれぞれ，

$$i_{mae} = I_{mp} \cos 2\omega t \quad \cdots\cdots\cdots\cdots\cdots\cdots\cdots\cdots\cdots\cdots \quad (5.19)$$

$$i_{mbe} = I_{mp} \sin 2\omega t \quad \cdots\cdots\cdots\cdots\cdots\cdots\cdots\cdots\cdots\cdots \quad (5.20)$$

と表せる．式 (5.17) ～ (5.20) より，合成起磁力 A_{mp} は

$$A_{mp} = A_{ma} i_{mae} + A_{mb} i_{mbe} = n_4 I_{mp} \cos 2\phi_r \quad \cdots\cdots\cdots\cdots\cdots \quad (5.21)$$

と表せる．また，固定子鉄心，回転子鉄心間の有効ギャップのリラクタンスは

$$\frac{1}{2\pi\mu_0} \int_R^r \frac{1}{x} dx \quad \cdots\cdots\cdots\cdots\cdots\cdots\cdots\cdots\cdots\cdots \quad (5.22)$$

と表せ，弧の角度 $\Delta\phi_s$ に対するギャップパーミアンス P は

$$P = l \frac{\Delta\phi_s}{2\pi} \frac{1}{\dfrac{1}{2\pi\mu_0} \displaystyle\int_R^r \frac{1}{x} dx} = \frac{\mu_0 l \Delta\phi_s}{\ln\left(1 + \dfrac{l_m + l_g}{R}\right)} \quad \cdots\cdots\cdots \quad (5.23)$$

となる．式 (5.21)，(5.23) より，$\Delta\phi_s$ 当たりのギャップ磁束は

$$\psi_{gM} = \frac{A_{mp}}{2} P = \frac{\mu_0 l \Delta\phi_s n_4 I_{mp}}{2\ln\left(1 + \dfrac{l_m + l_g}{R}\right)} \cos 2\phi_r \quad \cdots\cdots\cdots \quad (5.24)$$

と表せる．よって，ギャップ磁束密度 $B_{gM}(\phi_r)$ は，ψ_{gM} を永久磁石の面積 $S=(R+l_m)\Delta\phi_{sl}$ で割り，

- 225 -

第5章 磁気回路兼用形

$$B_{gM}(\phi_r) = \frac{\mu_0 n_4 I_{mp}}{2(R+l_m)\ln\left(1+\dfrac{l_m+l_g}{R}\right)}\cos 2\phi_r \quad\cdots\cdots\cdots\cdots (5.25)$$

となる.

式 (5.16) と (5.25) を等しいとおき，I_{mp} について解くと，

$$I_{mp} = \frac{8B_r S}{\pi\mu_0 n_4 S'}l_m k_{ip} \quad\cdots\cdots\cdots\cdots\cdots\cdots\cdots\cdots (5.26)$$

となる．ここで，k_{ip} は次式で表される.

$$k_{ip} = \frac{r-l_g}{l_m+l_g}\ln\frac{r}{r-l_m-l_g} \quad\cdots\cdots\cdots\cdots\cdots\cdots (5.27)$$

もし，l_m と l_g が r に対して十分小さいとすると，k_{ip} はほぼ 1 に等しい.
よって，I_{mp} は次式のように近似される.

$$I_{mp} = \frac{8B_r S}{\pi\mu_0 n_4 S'}l_m \quad\cdots\cdots\cdots\cdots\cdots\cdots\cdots\cdots (5.28)$$

式 (5.15)，(5.28) をそれぞれ式 (5.14) に代入して，無負荷時の単位
電流当たりの支持力は

$$\frac{F}{I_{s2}} = \frac{ln_2 B_r S}{S'}\times\frac{l_{mn}(1-l_{mn}-l_{gn})}{(l_{mn}+l_{gn})^2} \quad\cdots\cdots\cdots\cdots\cdots (5.29)$$

と表せる.

図 5.13 に単位電流当たりの支持力と永久磁石の厚みの関係を示す.
なお，縦軸の $|I_{s2}|$ は支持巻線電流の基本波実効値である．また，永久
磁石の厚み l_m とギャップ長 l_g はともに固定子内面半径 r で規格化して，
それぞれ l_{mn}，l_{gn} で示した．図 5.13 より永久磁石の厚みとギャップ長を
等しくすると，単位電流当たりの支持力は最大になり，それはギャップ
長が短いほど大きい.

$-$ 226 $-$

次に突極永久磁石形ベアリングレスモータの構造や原理，支持力と電流の関係について述べる．

図5.14(a)(b)にインセット形ベアリングレスモータを例にして支持力の発生原理を示す[5.16]．図5.14(a)は無負荷時，また，図5.14(b)は負荷時である．図5.14(a)において，回転子が図のように0度の位置に

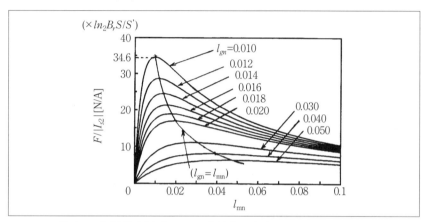

〔図5.13〕単位電流当たりの支持力と永久磁石の厚みの関係

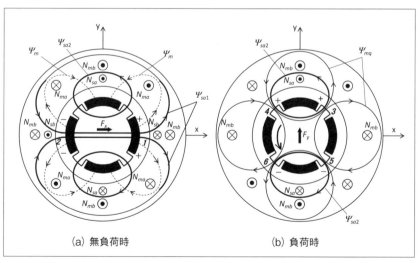

〔図5.14〕インセット形ベアリングレスモータの支持力の発生原理

二 第5章　磁気回路兼用形

あるとき，永久磁石の界磁磁束 Ψ_m は図のような向きに発生する．このとき，支持巻線 N_{sa} に電流を流すと支持磁束が発生し，2つの磁路を形成する．一つは Ψ_{sa1} であり，永久磁石を通過する．もう一つは Ψ_{sa2} であり，回転子の突極部を通過する．Ψ_{sa1} はギャップ1では Ψ_m と同方向に重畳され，ギャップ2では Ψ_m と反対方向に重畳される．したがって，x 軸正方向に磁気支持力 F_x が発生する．次に図 5.14 (b) の負荷時では，q 軸磁束 Ψ_{mq} が発生し，トルクが反時計回りに発生する．このとき，ギャップ3，4では Ψ_{mq} と Ψ_{sa2} が同方向になり，磁束密度が増加する．一方，ギャップ5，6では Ψ_{mq} と Ψ_{sa2} が互いに反対方向になり，磁束密度が減少する．この結果，y 軸正方向に磁気支持力 F_y が発生する．すなわち，負荷時は x 軸方向だけでなく，y 軸方向にも磁気支持力が発生する．トルクの大きさによって q 軸磁束 Ψ_{mq} が決まり，磁気支持力の大きさと方向は Ψ_{mq} に依存することになる．回転軸を安定に支持するには，磁気支持力を非干渉化して，トルクに対して不感にする必要がある．

　次に支持力と電流，電圧の関係を導出する．突極形は円筒形である表面磁石構造と異なり d 軸と q 軸のインダクタンスに差が生じる．したがって，回転角度によるインダクタンス変化に応じた磁気支持制御を行う必要がある．初めにベアリングレスモータの直流機モデルを考えよう．図 5.15 に回転座標上で描いた横断面図を示す [5.9]．N_{md}，N_{mq} はそれぞれ界磁巻線と電機子巻線であり，ともに4極構造である．また，Ψ_{md} は界磁磁束であり q 軸電流はブラシ，整流子を通して給電されている．回転座標軸を i，j 軸とし，N_{si}，N_{sj} はそれぞれ i，j 軸方向に起磁力を発生する支持巻線である．ともに2極構造であり，支持巻線電流はブラシ，整流子を通して給電されている．全ての巻線電流は図 5.15 に示した方向を正と定義する．すでに記した支持力の発生原理と同様に巻線 N_{si} に電流が流れると支持磁束 Ψ_{si} が発生しギャップ磁束密度が不平衡になる．その結果，i 軸方向に支持力が発生する．また，巻線 N_{sj} に流れる電流により j 軸方向に力が発生する．ここで，巻線 N_{md}，N_{mq}，N_{si}，N_{sj} の鎖交磁束数をそれぞれ λ_{md}，λ_{mq}，λ_{si}，λ_{sj} とし，各巻線の電流を I_{md}，I_{mq}，I_{si}，I_{sj} とする．また，i，j 軸方向の回転子変位を i，j とし，巻線 N_{md}，

－ 228 －

N_{mq} の自己インダクタンスをそれぞれ L_d, L_q, 巻線 N_{si}, N_{sj} の自己インダクタンスを L_s, 巻線 N_{md} と支持巻線間の相互インダクタンスの回転子変位による偏微分値を M_d', 巻線 N_{mq} と支持巻線間の相互インダクタンスの回転子変位による偏微分値を M_q' とする．さらに，永久磁石を加えて界磁巻線電流 I_{md} の他に，永久磁石によっても界磁磁束を発生しているとする．その際，永久磁石の界磁磁束のうち支持巻線に鎖交する磁束数を λ_m, λ_m の回転子変位による偏微分値を λ_m' とすると，これらの間には次式の関係が成り立つ．

$$\begin{bmatrix} \lambda_{md} \\ \lambda_{mq} \\ \lambda_{si} \\ \lambda_{sj} \end{bmatrix} = \begin{bmatrix} L_d & 0 & M_d'i & -M_d'i \\ 0 & L_q & M_q'i & M_q'i \\ M_d'i & M_q'j & L_s & 0 \\ -M_d'j & M_q'i & 0 & L_s \end{bmatrix} \begin{bmatrix} I_{md} \\ I_{mq} \\ I_{si} \\ I_{sj} \end{bmatrix} + \begin{bmatrix} \lambda_m \\ 0 \\ \lambda_m'i \\ -\lambda_m'j \end{bmatrix} \quad (5.30)$$

また，巻線に蓄えられるエネルギーを W_{ms} とすると，W_{ms} は次式で表される．

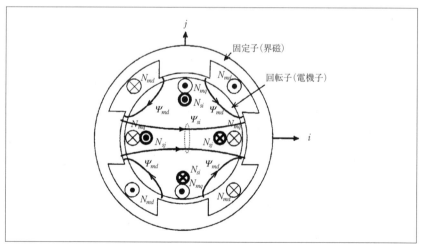

〔図5.15〕直流機モデル

第5章　磁気回路兼用形

$$W_{ms} = \frac{1}{2}\begin{bmatrix} I_{md} & I_{mq} & I_{si} & I_{sj} \end{bmatrix}\begin{bmatrix} \lambda_{md} \\ \lambda_{mq} \\ \lambda_{si} \\ \lambda_{sj} \end{bmatrix} \quad\cdots\cdots\cdots\cdots\cdots\cdots\cdots\cdots\cdots (5.31)$$

支持力の i, j 軸方向成分をそれぞれ F_i, F_j とすると，

$$\begin{bmatrix} F_i \\ F_j \end{bmatrix} = \begin{bmatrix} \dfrac{\partial W_{ms}}{\partial i} \\ \dfrac{\partial W_{ms}}{\partial j} \end{bmatrix} \quad\cdots\cdots\cdots\cdots\cdots\cdots\cdots\cdots\cdots\cdots\cdots\cdots (5.32)$$

になる．式 (5.30) を式 (5.31) に代入して式 (5.32) を計算すると

$$\begin{bmatrix} F_i \\ F_j \end{bmatrix} = \begin{bmatrix} \lambda_m' + M_d' I_{md} & M_q' I_{mq} \\ M_q' I_{mq} & -\lambda_m' - M_d' I_{md} \end{bmatrix}\begin{bmatrix} I_{si} \\ I_{sj} \end{bmatrix} \quad\cdots\cdots\cdots\cdots (5.33)$$

と表せる．式 (5.33) では直流機モデルの支持力と支持巻線電流の関係を示している．式 (5.33) より F_i, F_j は $(\lambda_m' + M_d' I_{md})$ に比例し，i, j 軸間の電機子反作用に起因する支持力（干渉成分）は M_q' と I_{mq} に比例する．

　次に式 (5.33) を参照して突極形永久磁石同期ベアリングレスモータの支持力と支持巻線電流の関係を導出する．すでに図 5.14 に示したように，固定座標上の直交二軸を x, y 軸とし，支持力の x, y 軸成分をそれぞれ F_x, F_y, x, y 軸方向に起磁力を発生する支持巻線を N_{sa}, N_{sb}, 巻線 N_{sa}, N_{sb} に流れる支持巻線電流をそれぞれ i_{sa}, i_{sb}, 固定座標 x-y 軸と回転座標 i-j 軸の回転角度を ϕ とすると，I_{si}, I_{sj} と F_i, F_j はそれぞれ

$$\begin{bmatrix} I_{si} \\ I_{sj} \end{bmatrix} = \begin{bmatrix} \cos\phi & \sin\phi \\ -\sin\phi & \cos\phi \end{bmatrix}\begin{bmatrix} i_{sa} \\ i_{sb} \end{bmatrix} \quad\cdots\cdots\cdots\cdots\cdots\cdots\cdots\cdots (5.34)$$

$$\begin{bmatrix} F_i \\ F_j \end{bmatrix} = \begin{bmatrix} \cos\phi & \sin\phi \\ -\sin\phi & \cos\phi \end{bmatrix}\begin{bmatrix} F_x \\ F_y \end{bmatrix} \quad\cdots\cdots\cdots\cdots\cdots\cdots\cdots\cdots (5.35)$$

と表せる．式 (5.34) を式 (5.33) に代入して得られた F_i, F_j を式 (5.35) に代入して F_x, F_y について解き，整理すると

－ 230 －

$$
\begin{bmatrix} F_x \\ F_y \end{bmatrix} = \begin{bmatrix} \cos\phi & \sin\phi \\ -\sin\phi & \cos\phi \end{bmatrix}^{-1} \begin{bmatrix} \lambda'_m + M'_d I_{md} & M'_q I_{mq} \\ M'_q I_{mq} & -\lambda'_m - M'_d I_{md} \end{bmatrix} \begin{bmatrix} \cos\phi & \sin\phi \\ -\sin\phi & \cos\phi \end{bmatrix} \begin{bmatrix} i_{sa} \\ i_{sb} \end{bmatrix}
$$

$$
= K_f \begin{bmatrix} \cos 2\left(\phi + \dfrac{\theta_f}{2}\right) & \sin 2\left(\phi + \dfrac{\theta_f}{2}\right) \\ \sin 2\left(\phi + \dfrac{\theta_f}{2}\right) & -\cos 2\left(\phi + \dfrac{\theta_f}{2}\right) \end{bmatrix} \begin{bmatrix} i_{sa} \\ i_{sb} \end{bmatrix} \qquad \cdots (5.36)
$$

ここで

$$
K_f = \sqrt{\left(\lambda'_m + M'_d I_{md}\right)^2 + \left(M'_q I_{mq}\right)^2} \quad\dots\dots\dots\dots\dots\dots\dots\dots\dots (5.37)
$$

$$
\theta_f = \tan^{-1}\left(\frac{M'_q I_{mq}}{\lambda'_m + M'_d I_{md}}\right) \quad\dots\dots\dots\dots\dots\dots\dots\dots\dots (5.38)
$$

である．式 (5.36) を i_{sa}, i_{sb} について解くと

$$
\begin{bmatrix} i_{sa} \\ i_{sb} \end{bmatrix} = \frac{1}{K_f} \begin{bmatrix} \cos 2\left(\phi + \dfrac{\theta_f}{2}\right) & \sin 2\left(\phi + \dfrac{\theta_f}{2}\right) \\ \sin 2\left(\phi + \dfrac{\theta_f}{2}\right) & -\cos 2\left(\phi + \dfrac{\theta_f}{2}\right) \end{bmatrix} \begin{bmatrix} F_x \\ F_y \end{bmatrix} \quad\dots\dots\dots (5.39)
$$

になる．式 (5.37)，(5.38) より，回転子の突極性と q 軸電流 I_{mq}，d 軸電流 I_{md} を考慮し，K_f と θ_f を決定し，式 (5.39) により，支持電流 i_{sa}, i_{sb} の振幅と位相を制御することにより，x 軸方向と y 軸方向の磁気力が干渉することなく，安定した磁気支持が実現できる．

突極永久磁石形はこの他，2 極埋込磁石構造 (IPM) 同期モータに 4 極の支持巻線を巻いたベアリングレスモータが提案されている [5.17]．このタイプは 4 極の支持磁束の磁路が永久磁石を通過しないので効率的に支持力を発生でき，ギャップ長に対する永久磁石の厚みも従来の永久磁石同期モータと同程度にできるので力率も良い．

5.1.4 同期リラクタンス形ベアリングレスモータ

(1) はじめに

同期リラクタンス形ベアリングレスモータは回転子が鉄心のみで構成され，永久磁石や巻線を用いないために，安価で堅牢という特長を持ち，高速回転や高温・極低温環境下でのアプリケーションにも使用することができる．

図5.16 に，4極の同期リラクタンス形ベアリングレスモータの断面図を示す．図5.16 (a) が突極形，図5.16 (b) がフラックスバリア形である．固定子には同一スロット内に電動機用と軸支持用の二つの三相巻線が施されているが，図にはそれぞれの巻線のU相のみを示している．電動機巻線の極数をnとすると，軸支持巻線の極数は$n±2$である必要がある．図5.16 では，電動機巻線が4極，軸支持巻線が2極で，ともに分布巻としている．同期リラクタンス形ベアリングレスモータにおいて，高いトルクと力率を達成するためには，高い突極比が必要である．図5.16 (b) のフラックスバリア形は，図5.16 (a) の突極形に対して突極比を比較的高くできると同時に，表面を円筒形にできるために風損を低減することができる．一方で，フラックスバリア先端のブリッジ部には遠心力によ

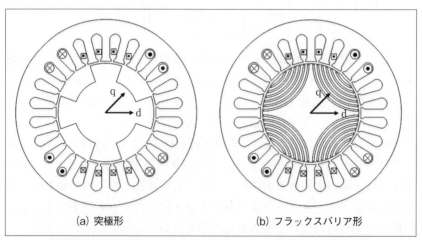

(a) 突極形　　　　　(b) フラックスバリア形

〔図5.16〕同期リラクタンス形ベアリングレスモータの構造

る高い応力が加わるため，高速回転を必要とするアプリケーションでの使用には注意を要する．

(2) トルク特性

同期リラクタンス形ベアリングレスモータの電動機巻線の端子電圧は，一般的な同期リラクタンス形モータと同様に次式で表される．

$$\begin{bmatrix} v_{md} \\ v_{mq} \end{bmatrix} = \begin{bmatrix} R_m & 0 \\ 0 & R_m \end{bmatrix} \begin{bmatrix} i_{md} \\ i_{mq} \end{bmatrix} + \begin{bmatrix} pL_d & -\omega L_q \\ \omega L_d & pL_q \end{bmatrix} \begin{bmatrix} i_{md} \\ i_{mq} \end{bmatrix} \qquad (5.40)$$

ここで，v_{md} と v_{mq} は電動機巻線の dq 軸電圧，i_{md} と i_{mq} は電動機巻線の dq 軸電流，R_m は電動機巻線の巻線抵抗，L_d と L_q は d 軸と q 軸のインダクタンスをそれぞれ表す．また，ω は回転子の回転角速度，p は微分演算子を表す．同期リラクタンス形ベアリングレスモータは回転子に永久磁石を持たず，d 軸の励磁磁束は電動機巻線電流の d 軸成分によって与えられる．回転子の突極性によって，d 軸インダクタンス L_d は q 軸インダクタンス L_q に対して大きく，その比 L_d/L_q は突極比として定義される．

図 5.17 は，突極比 L_d/L_q が 3 の同期リラクタンスモータのフェーザ図で，d 軸電流と q 軸電流が等しい場合を示している．突極比 3 は，図 5.16 (a) に示した突極形回転子の典型的な値である．図 5.17 において，Ψ_m は電動機巻線の鎖交磁束，e_m は電動機巻線の逆起電力をそれぞれ表

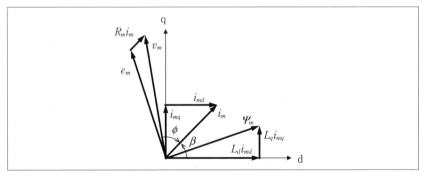

〔図 5.17〕フェーザ図（突極比 3，$i_{md}=i_{mq}$ の場合）

第5章　磁気回路兼用形

す．励磁に d 軸電流が必要であり，電流と端子電圧の間の位相 ϕ はかなり大きくなるため，典型的な同期リラクタンスモータの力率は低い．図 5.16 (b) に示したようなフラックスバリア形を採用することによって，突極比と力率を改善することができる．

同期リラクタンスモータのトルクは，次式で表される．

$$T = P_m\left[(L_d - L_q)i_d i_q\right] = P_m(L_d - L_q)i_m^{\ 2}\frac{\sin 2\beta}{2} \quad \cdots\cdots\cdots\cdots (5.41)$$

ここで，P_m は電動機巻線の極対数を表している．また，β は電動機電流の位相を表し，式 (5.42) のように定義される．

$$\beta = \tan^{-1}\frac{i_{mq}}{i_{md}} \quad \cdots\cdots\cdots\cdots\cdots\cdots\cdots\cdots\cdots\cdots\cdots\cdots (5.42)$$

式 (5.41) に示すように，同期リラクタンスモータのトルクは電動機電流の振幅と位相によって調整することができ，$\beta = \pi/4$ となる $i_{md} = i_{mq}$ のときに最大値を取る．

(3) 軸支持力特性

同期リラクタンス形ベアリングレスモータは，n 極の電動機磁束と $n\pm 2$ 極の軸支持磁束の重ね合わせにより半径方向の軸支持力を発生する．電動機巻線が 4 極，軸支持巻線が 2 極の場合，固定子座標上の軸支持力は以下のように表される [5.18]・[5.19]．

$$\begin{bmatrix} F_x \\ F_y \end{bmatrix} = \begin{bmatrix} M_d' i_{md} & M_q' i_{mq} \\ M_q' i_{mq} & -M_d' i_{md} \end{bmatrix}\begin{bmatrix} \cos 2\theta & \sin 2\theta \\ -\sin 2\theta & \cos 2\theta \end{bmatrix}\begin{bmatrix} i_{sx} \\ i_{sy} \end{bmatrix} \quad \cdots\cdots\cdots (5.43)$$

ここで，i_{sx} と i_{sy} は軸支持巻線の固定子座標上の等価二相電流，M_d' と M_q' は電動機巻線と軸支持巻線の相互インダクタンスの半径方向変位に対する微分値を表している．巻線配置の対称性により，4 極の電動機巻線の d 軸と 2 極の軸支持巻線の d 軸，q 軸のそれぞれの相互インダクタンスの大きさは等しく，M_d として表されている．M_q についても同様である．

- 234 -

図5.18に，無負荷で回転子の回転角度 $\theta=0$ のときに x 軸正方向に軸支持力を発生する場合（$i_{mq}=0, i_{sy}=0$）の電動機磁束と軸支持磁束の様子を示す．図5.18 (a) は突極形の場合，図5.18 (b) はフラックスバリア形の場合を示している．図5.18 (a) の突極形の場合，回転子の突極性により電動機磁束と軸支持磁束は回転子のd軸を通過する．このとき，x 軸正方向のギャップ部においては電動機磁束と軸支持磁束が同方向となるために足し合わされ，逆に x 軸負方向のギャップでは逆方向となるために磁束が相殺される．その結果，ギャップ部の磁束密度に不平衡が生じ，回転子には磁束密度の高い x 軸正方向に向かって磁気吸引力が作用する．この軸支持電流によって能動的に発生する磁気吸引力が軸支持力である．図5.18 (b) のラックスバリア形の場合は，2極の軸支持巻線による磁束がフラックスバリアによって遮られ，突極形の様に回転子を x 軸方向に通過できないため，有効に軸支持力を発生することが難しいと考えられていた．しかし，実際には，フラックスバリアのブリッジやリブの幅を調整することで，電動機磁束と磁路を共有する経路で軸支持磁束を流すことができる．このことにより，フラックスバリア形においても突極形と同程度の大きさの軸支持力を有効に発生できるだけでなく，回

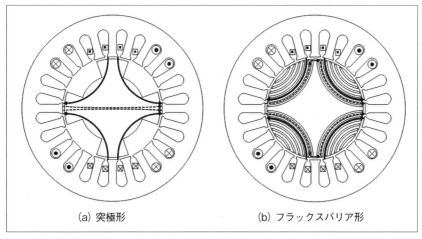

(a) 突極形　　　　　　(b) フラックスバリア形

〔図5.18〕軸支持力の発生原理（無負荷：$i_{mq}=0$ の場合）

≒ 第5章　磁気回路兼用形

転や負荷状態によって生じる軸支持力の方向誤差を小さく抑えられることが明らかになっている[5.20].

式 (5.43) に示すように，軸支持力 F_x と F_y は軸支持巻線電流 i_{sx} と i_{sy} によって大きさと方向を調整することができる．しかし，軸支持力の大きさや方向は回転子の回転角や電動機巻線電流によっても変化する．また，電動機電流と軸支持電流がともに大きい場合には磁気飽和の影響で軸支持力に非線形性が生じる．したがって，回転角度や負荷状態に依存しない軸支持力を発生するためには，式 (5.43) を用いた非干渉化制御器が必要になる[5.19].さらに，同期リラクタンス形ベアリングレスモータでは回転子の半径方向変位に対して自己インダクタンスが大きく変化するために，大きな不平衡吸引力が発生する．不平衡吸引力は回転子の半径方向変位を助長する方向に作用し，その大きさは回転子の半径方向変位に比例し制御に影響を及ぼすため，適切に補償を行う必要がある[5.21].これらの補償器を構成するために，自己インダクタンスや相互インダクタンスを事前に同定する必要がある．

5.1.5　ホモポーラ形・コンシクエントポール形ベアリングレスモータ

ベアリングレスモータは，支持制御電流の観点から2種類に大別される．表面磁石形に代表される永久磁石形ベアリングレスモータでは，磁気支持力発生のために，回転子極対数 n に対して $n+1$ あるいは $n-1$ 極の支持磁界が必要であり，回転子の回転角度に応じて磁界を回転させ，所望の方向に支持力を発生させる．すなわち，支持力制御には変位情報以外にも回転角度情報が必要で，回転中にある方向に一定の支持力を得る場合，支持電流は交流となる．一方，本節で説明するホモポーラ形・コンシクエントポール形ベアリングレスモータは，設計次第で，回転角度情報を用いずに，2極の直流磁界で支持力を制御できる．すなわち，回転中にある方向に一定の支持力を得る場合，支持電流は直流となる．このように，ホモポーラ形・コンシクエントポール形ベアリングレスモータは，磁気支持制御には回転角度情報が不要であるという特長を有する．本節では，このホモポーラ形・コンシクエントポール形ベアリングレスモータの構造，原理を示す．

- 236 -

(1) 構造

図5.19に,ホモポーラ形ベアリングレスモータの構造例を示す[5.22]-[5.24]. 2個の固定子コア間に,軸方向に着磁された永久磁石が挿入されている.回転子は,永久磁石を含まない2個の4突極のコアから構成され,コア同士は45度ずれてシャフトで連結されている.永久磁石のバイアス磁束が固定子コア,回転子コア,シャフトを通り,図では左側の回転子コアはS極に,右側はN極に着磁されるため,このホモポーラモータのトルク発生原理は8極永久磁石モータとして取り扱うことができる.したがって,8極の電動機巻線を両固定子コアに共通に施せるため,インバータ1台での駆動が可能である.一方,各固定子コアには,独立な2極の支持巻線が施されている.図の構造では,回転子の半径方向 (x, y) および傾き方向 (θ_x, θ_y) の4自由度を能動的に制御する.一方,軸方向 (z) は,回転子と固定子間に作用する磁気力により受動的に支持される.なお,固定子コア間の永久磁石は,界磁巻線に代替可能である.

図5.20に,コンシクエントポール形ベアリングレスモータの構造例を示す[5.25]-[5.27].回転子は,突極コア間に永久磁石が挿入された構造であり,永久磁石の着磁方向は全て同じである.図では,永久磁石の外側が全てN極に着磁され,このバイアス磁束は固定子コアを経由して回

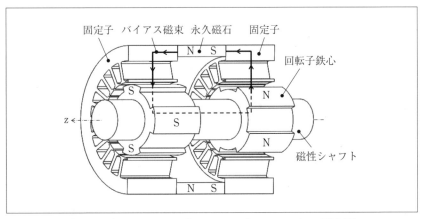

〔図5.19〕ホモポーラ形ベアリングレスモータの構造例

二 第5章 磁気回路兼用形

転子コア部に流れ込むため,コア部はS極とみなすことができる.したがって,この図の構造では,8極の電動機として機能する.コア部が「結果として着磁される」ことからコンシクエントポール形と呼ばれる.固定子には,8極の電動機巻線と2極の支持巻線が施されている.この2極の直流磁界で,回転子の半径方向 (x, y) の2自由度を能動的に制御する.回転子が扁平構造の場合,軸方向 (z) および傾き方向 (θ_x, θ_y) の3自由度は,回転子と固定子間に作用する磁気力により受動的に支持される.

(2) 支持力発生原理

図5.21 に,8極コンシクエントポール形ベアリングレスモータにおける,支持力発生原理図を示す.固定子には,x および y 方向に支持力を発生させるための巻線 N_x, N_y が施されている.図5.21 (a) に示すように,回転子角度が0度において N_x のみ通電すると,支持磁束 Ψ_x が発生し,ギャップ部の磁束密度は,右側では増加し,左側では減少する.その結果,回転子には x 軸正の方向に支持力が発生する.図5.21 (b) に示すように,回転子角度が45度の場合でも,支持磁束は回転子コア部を通過するため,同様に x 軸正の方向に支持力が発生する.

コンシクエントポール形ベアリングレスモータの支持力を解析的に導出する.半径方向の支持力 F_x と F_y は,以下のように表せる.

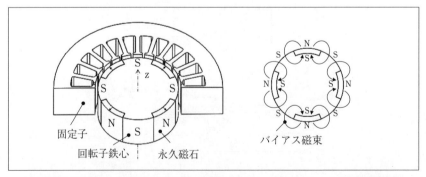

〔図5.20〕コンシクエントポール形ベアリングレスモータの構造例

- 238 -

$$F_x = \frac{rl}{2\mu_0} \int_0^{2\pi} B_g^{\,2}(\phi) \cos\phi \, d\phi \quad \cdots\cdots\cdots\cdots\cdots\cdots\cdots\cdots \quad (5.44)$$

$$F_y = \frac{rl}{2\mu_0} \int_0^{2\pi} B_g^{\,2}(\phi) \sin\phi \, d\phi \quad \cdots\cdots\cdots\cdots\cdots\cdots\cdots\cdots \quad (5.45)$$

ただし，rはギャップ部の平均半径，lは積厚，μ_0は真空の透磁率，B_gはギャップの磁束密度分布，ϕはギャップ部における角度位置である．x軸とy軸は，固定座標系の2軸で対称であるため，以下では，N_xに通電時に発生するx軸方向の支持力F_xと，y軸方向への干渉力F_{yx}を検討する．この時のギャップ部磁束密度B_{gx}は，永久磁石による磁束密度B_p，電動機巻線のd軸電流とq軸電流による磁束密度B_{md}，B_{mq}，およびN_xによる磁束密度B_{sx}の和として，以下のように表せる．

$$B_{gx} = B_p + B_{md} + B_{mq} + B_{sx} \quad \cdots\cdots\cdots\cdots\cdots\cdots\cdots\cdots \quad (5.46)$$

磁束は，起磁力とパーミアンスの積で表されるため，ギャップにおける起磁力とパーミアンスの分布を検討する．図5.22に以降の計算に用いる座標系の定義を示す．コンシクエントポール形ベアリングレスモータの永久磁石は全て同じ向きに着磁され，この永久磁石による起磁力は

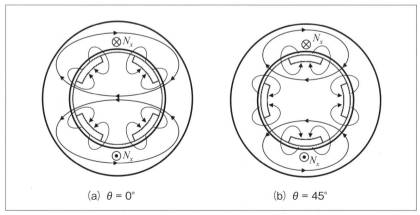

〔図5.21〕コンシクエントポール形ベアリングレスモータの支持力発生原理

第5章 磁気回路兼用形

図5.23のような分布と考える．本書では簡略化のため，正弦波分布と仮定すると，永久磁石による起磁力分布 $\mathscr{F}_p$ は，以下のように表せる．

$$\mathscr{F}_p = -N_p I_p A_p \{1 + \cos n(\phi - \theta)\} \quad \cdots\cdots (5.47)$$

N_p と I_p は，永久磁石の等価的な巻数と電流，A_p は基本波振幅，n は極対数，θ は回転子の回転角度（機械角）である．また，半径方向外側に向かって流れる磁束の向きを正とする．

電動機巻線，および支持巻線による起磁力分布 $\mathscr{F}_{md}$，$\mathscr{F}_{mq}$，$\mathscr{F}_{sx}$ は，分布巻，集中巻，相数やスロット数により大きく異なるが，本書では，簡略化のため以下のような正弦波分布と仮定する．

$$\mathscr{F}_{md} = -N_m I_d A_m \cos n(\phi - \theta) \quad \cdots\cdots (5.48)$$

$$\mathscr{F}_{mq} = -N_m I_q A_m \sin n(\phi - \theta) \quad \cdots\cdots (5.49)$$

$$\mathscr{F}_{sx} = -N_x I_x A_s \cos \phi \quad \cdots\cdots (5.50)$$

N と I は巻数と電流，A は基本波振幅であり，$\mathscr{F}_{sx}$ は，回転角 θ に依存しない2極の直流磁界とする．コンシクエントポール形回転子は突極構造であるため，パーミアンス分布は図5.24のような分布と考える．本書では簡略化のため，正弦波分布と仮定すると，単位角度当たりのパーミアンス分布 P は，

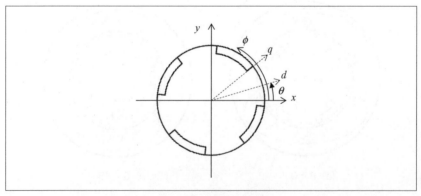

〔図5.22〕座標系の定義

$$P = P_0 + P_1 \cos n(\phi - \theta) \quad \cdots\cdots\cdots (5.51)$$

N_x 通電時のギャップ部磁束密度 B_{gx} は，以下のように起磁力とパーミアンスの積で表される．

$$B_{gx} = P(\mathcal{F}_p + \mathcal{F}_{md} + \mathcal{F}_{mq} + \mathcal{F}_{sx}) \quad \cdots\cdots\cdots (5.52)$$

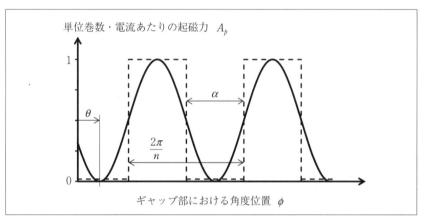

〔図 5.23〕永久磁石による起磁力分布

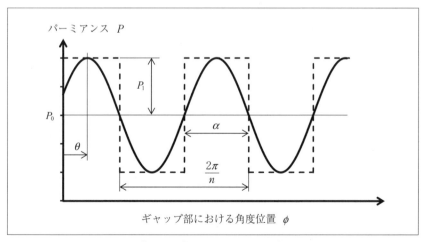

〔図 5.24〕パーミアンス分布

第5章 磁気回路兼用形

式 (5.50) を式 (5.44)，(5.45) に代入すると，N_x に通電時に発生する x 軸方向の支持力 F_x と，y 軸方向への干渉力 F_{yx} を導出できる．

i) $n=2$ の時

$$
\begin{aligned}
F_x = {} & (M'_{xp} I_p + M'_{xd} I_d) I_x \\
& + (M''_{xp} I_p + M''_{xd} I_d) I_x \cos 2\theta - M'_{xq} I_q I_x \sin 2\theta
\end{aligned}
\qquad \cdots\cdots (5.53)
$$

$$
F_{yx} = M'_{xq} I_q I_x \cos 2\theta + (M''_{xp} I_p + M''_{xd} I_d) I_x \sin 2\theta \qquad \cdots\cdots (5.54)
$$

ii) $n=3$ の時

$$
F_x = (M'_{xp} I_p + M'_{xd} I_d) I_x + L'_x I_x^2 \cos 3\theta \qquad \cdots\cdots (5.55)
$$

$$
F_{yx} = L'_x I_x^2 \sin 3\theta \qquad \cdots\cdots (5.56)
$$

iii) $n \geq 4$ の時

$$
F_x = (M'_{xp} I_p + M'_{xd} I_d) I_x \qquad \cdots\cdots (5.57)
$$

$$
F_{yx} = 0 \qquad \cdots\cdots (5.58)
$$

$n=2$ の時は，回転角に対して支持力が変動し，さらにトルク電流 I_q も支持力に干渉する．さらに，N_x 通電時に y 軸方向に力が外乱として作用する．$n=3$ の時は，I_q の干渉成分は無くなるが，回転角による変動成分が依然として残る．一方，$n \geq 4$ の場合，トルク電流の支持力干渉，回転角に依存した変動成分，および y 軸方向への外乱成分は全て無くなる．$I_d=0$ とすると，支持力 F_x は I_x に比例する．図 5.21 の，回転角が 0 度と 45 度の間においても，支持力の変動等は理論上発生しない．

ホモポーラ形ベアリングレスモータの場合，永久磁石あるいは界磁巻線による起磁力 $\mathscr{F}_p$ は，以下のように一定とみなすことができる．

$$
\mathscr{F}_p = -N_p I_p A_p \qquad \cdots\cdots (5.59)
$$

式 (5.58) を用いて支持力 F_x を導出しても，同様に $n \geq 4$ の条件で，トルク電流の支持力干渉，および回転角に依存した変動成分は全て含まれず，y 軸方向への外乱も発生しない．y 軸方向への支持力制御も，同様に独立に制御可能である．したがって，ホモポーラ形・コンシクエント

ポール形ベアリングレスモータは，$n \geqq 4$ の条件で，支持力制御に回転角度情報を必要とせず，x 軸と y 軸も独立に制御可能である．なお，固定子に集中巻構造を採用する場合，起磁力分布に高調波が含まれ，これらの高調波成分が支持力の変動，y 軸への外乱，トルク電流の干渉を引き起こす恐れがある．高調波を考慮した支持力の詳細は文献 (5.27) を参照されたい．

5.2 平面運動

5.2.1　EDS浮上式鉄道（JRマグレブ），EMS（トランスラピッド）

　推進のための電磁力発生（リニアモータ）と浮上案内のための電磁力発生（磁気支持機構）の磁気回路が兼用されている磁気浮上式鉄道の代表例としては，超電導磁気浮上式鉄道（通称JRマグレブ）と常電導磁気浮上式鉄道（通称トランスラピッド）が挙げられる．

　JRマグレブは，推進にリニア同期モータ，浮上に電磁誘導方式（EDS）を使用し，車両には双方の界磁を兼用した超電導磁石（SCM：Super Conducting Magnet）が搭載されている．

　トランスラピッドは，推進にリニア同期モータ，浮上に電磁吸引方式（EMS）を使用し，車両には推進，浮上，非接触給電用の常電導磁石が搭載されている．案内力については別の常電導磁石が搭載され，同じくEMSで制御されている．

　JRマグレブとトランスラピッドは，原理的に違うシステムであるが，車上の磁石の界磁を推進，浮上に兼用しているという共通点があり，磁気回路兼用形に分類される．

　図5.25は上海のトランスラピッドである．トランスラピッドの浮上原理は，HSSTとまったく同じ原理であるため，ここでは割愛し，JRマグレブについて説明する．

　磁気浮上式鉄道が本格的に検討されるきっかけとなったのは，1960

〔図5.25〕常電導磁気浮上式鉄道（トランスラピッド，上海）

年～1970年代にかけて，高速列車への適用であることは異論がないであろう．本邦において1964年の東海道新幹線の開通に先立ち，ポスト新幹線の研究開発が開始されたことは，注目に値すべき事実である．磁気浮上を開発するきっかけは，当時から鉄車輪での粘着による駆動の速度向上限界が危惧されており，地上を安定的に高速で安定に走行するためには，非粘着による推進方式を考える必要があったためである．非粘着による推進方式を採用するとおのずと車輪支持以外の支持案内方式が要求されることとなる．例外として，低速の地下鉄道などで，車輪支持と非粘着駆動の組合せのシステムが存在するが，高速鉄道においては，非接触支持案内が必須となる．当初は空気浮上（ホーバークラフト方式）なども真剣に検討されていたが，非粘着駆動システムがリニアモータに決定されると，支持案内システムも電磁的な方式に収束することとなった．また，日本の国土では軟弱な地盤や地震多発地帯であるという土木基盤の特徴を考慮して，できるだけ浮上空隙を大きくとれるような方式が要望された．これらの経緯より，リニア同期モータによる推進方式＋超電導電磁誘導浮上案内方式の開発が開始[5.28]-[5.30]され，現在は，営業線にむけた建設が進められている．

　鉄車輪の場合，推進制動力は摩擦力，支持力は車輪とレールの弾性により限界が決まる．一方で磁気浮上における電磁力は，マクスウェルの応力から求めると磁束密度の各方向成分（テンソル）の積の形で導き出されることから，発生する磁場の強さにより限界が決まることが分かる．すなわち，推進制動，支持，案内力を発生するに十分な界磁が必要となる．

　特に支持力に関しては，自身が発生する磁界によって得られる電磁力よりも自重が重い場合は，浮上することはできないため，起磁力が大きく軽量な磁石が必要となる．この考え方から，車両に搭載する界磁として超電導磁石を使用する方式が考え出された（3.3節参照）．図5.26～図5.28にそれを用いた初期の浮上式鉄道試験車両を示す．図5.29に実用形のJRマグレブ方式の構成とコイル配置を示す．

　高速列車の巡航速度の限界としては，350 km/h程度と考えられている．

⇌ 第5章　磁気回路兼用形

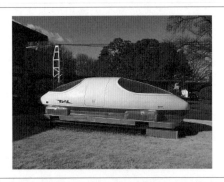

〔図 5.26〕ML100（リニア誘導モータ＋超電導誘導浮上）：磁気回路兼用ではない．

〔図 5.27〕ML-500（リニア同期モータ＋EDS，跨座式）

〔図 5.28〕MLX01（リニア同期モータ＋EDS，側壁浮上方式）

フランスにおいてTGV機関車を使用して，試験的に500 km/h以上の速度を出したことがあるが，トンネルや勾配を考慮すると定常的に鉄輪の粘着を利用してこの速度を維持するのは困難である．また，鉄道においては，加速よりも制動（ブレーキ）の方が安全上課題となり，天候や軌

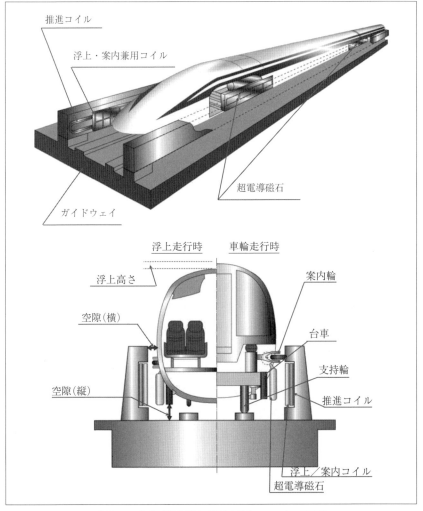

〔図5.29〕超電導磁気浮上列車のコイル配置

第5章　磁気回路兼用形

道の条件を考慮すると 350 km/h 以上の高速走行は制約される．

　そこで，リニア同期モータを使用した非粘着駆動を使用することで，トンネルや勾配，天候などに左右されることなく，500km/h 以上の高速まで加減速ができるシステムを構成する．

　図 5.29 に JR マグレブシステムのコイル配置を示す．側壁に設置された推進コイルに電力変換変電所からの三相電流を通電することにより移動磁界が発生し，車両に設置された超電導磁石が移動磁界に同期して推進される．浮上開始速度までは，台車に取り付けられたゴムタイヤにて支持しているが，浮上開始速度を上回るとゴムタイヤを引き上げ，約 40 mm（均衡変位）沈み込み，電磁力で支持案内される．浮上コイルは左右にヌルフラックス接続されているため，案内力も発生し，車両はガイドウェイの中心を走行する．減速はリニア同期モータを発電機として用い回生ブレーキにより停止まで電気的に行う．

　EDS 方式はパッシブシステムであるため，停電などの異常時においても，走行していれば浮上力が発生し，墜落等の危険がない．また，鉄道としてのフェイルセーフや安全性を保つため，車上単独ブレーキ（ディスクブレーキや空力ブレーキ）も備えており，変電所異常時でも安全に停止することができる．

5.2.2　搬送機応用，薄板鋼板浮上搬送

　磁気浮上搬送機は非接触で運搬を行えるため，摩擦や摩耗がないといった特長がある．ほとんどの磁気浮上搬送システムは推進系と浮上案内系を別々に構成している．浮上案内および推進を一次側リニアモータ巻線と二次側（搬送車側）に取り付ける鉄心により実現する搬送システムの提案がなされている [5.31]．これは，磁気回路兼用形に相当し，ここで紹介する．

　図 5.30 に試験装置の概念図を示す．二相リニアモータの一次巻線を推進および浮上案内用として設置する．搬送機側には 2 つの U 字鉄心が搭載される．U 字鉄心の歯幅はリニアモータの磁極ピッチと同じである．U 字鉄心にはコイルが巻かれており，スイッチング用の FET が接続され，その ON-OFF により吸引力制御を行う．レーザ変位センサによ

－ 248 －

りU字鉄心表面と一次側コイルの底面間のギャップを測定し制御に使用される．浮上ギャップが小さくなるとFETがONされ，鉄心にまかれたコイルが短絡することで一次側リニア巻線に流れる交流磁束変化により発生した誘導電流が流れ，吸引力を減らす方向に磁束が発生する．ギャップが広がるとFETをOFFし鉄心との吸引力が増加する．この制御を用いると搬送車側にはFETのON-OFF制御を行うための電源のみが必要であり，浮上力を発生させる電力は一次側から供給されていることになり，バッテリなどの小容量の電源ですむ．推進に関しては，A相，B相の変調された励磁電流を順次切り替えることで，推進力を得るものである．

薄板鋼板に対する磁気浮上搬送への応用として，磁気回路を兼用している例[5.32]・[5.33]を以下に示す．

ローラによる接触支持による薄板鋼板の搬送では接触による表面品質の劣化が問題となっているが，磁気浮上を利用した非接触搬送を利用することで，この問題が解決する．一方で磁気浮上時に生じる横滑りや落下などの課題に対して非接触で水平力を発生させる方法が提案されてい

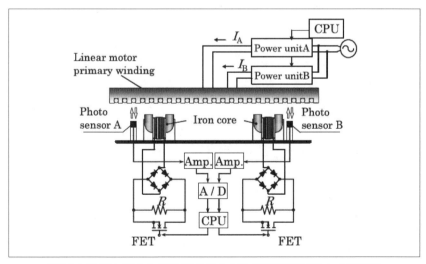

〔図5.30〕浮上案内と推進系を統合した電磁吸引制御方式搬送機

る．水平力を発生させる方法は主に2通りあり，一つはギャップ長指令値修正による磁気浮上制御であり，二つ目は水平方向からの磁場によるものである．どちらも広い意味で鋼板を磁気回路とみなすことで，浮上および水平力（推進，案内力）の磁気回路を兼用していることとなる．

ギャップ長指令値修正による水平力発生機構の概念を図5.31に示す．横ずれ方向の水平力を発生し，鋼板を非接触で保持するために，浮上ギャップ長を左右一定に保つのではなく，絶対水平基準面から鋼板までの距離を制御する．鋼板の運動モードを考慮した磁気浮上制御方法に基づき，浮上鋼板の前後左右の横滑り量からその傾きを検知し，これを用いて浮上体の絶対水平を維持するためにギャップ長指令値を変更している．

水平方向からの磁場による制御は，浮上と水平力を独立に制御することが可能であるが，水平力発生磁石を設置する必要がある．また，鋼板が薄くなると水平力が減少する上，静的なたわみが大きくなり，制御が難しくなるという欠点もある．

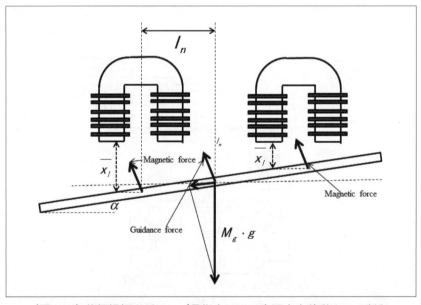

〔図5.31〕薄板鋼板をギャップ長指令により水平方向移動させる制御

【参考文献】

(5.1) R. Bosch, "Development of a bearingless electric motor",, Procedings of International Conference on Electric Machines (ICEM'88) Vol. e, pp. 373-375, 1988.

(5.2) 千葉明, 深尾正：「半径方向回転体位置制御巻線付き電磁回転機械および半径方向回転体位置制御装置」, 特願平 1-9375, 1989.

(5.3) 千田孝司, 茅野信雄, 笠原雄一, 千葉明, 泥堂多積, 深尾正：「ラジアル方向位置制御巻線を施した電動機の基礎的な実験」, 平成元年電気学会全国大会, 736, p. 6-190, 1989.

(5.4) Toshiro Higuchi, "Magnetic Levitation Technology and Present Application State. Application of Magnetic Levitation Technology to FA", National Convention of IEEJ, Vol. 1989, No. 6, Page. S. 9.21-S. 9.24.

(5.5) Akira Chiba, Kouji Chida and Tadashi Fukao, "Principle and Characteristics of a Reluctance Motor with Windings of Magnetic Bearing",, International Power Electronic Conference Record (IPEC), pp. 919-926, 1990, Tokyo.

(5.6) A. O. Salazar, etal, "A magnetic bearing system using capacitive sensors for position measurements",, IEEE Transaction on Magnetics Vol. 26, No. 5, Sept. 1990.

(5.7) Akira Chiba, Tazumi Deido, Tadashi Fukao and M. A. Rahman, "An Analysis of Bearingless ac Motors", IEEE Transactions on Energy Conversion, Vol. 9, No. 1, pp. 61-68, 1994.

(5.8) J. Bichsel, "The Bearingless Electrical Machine", NASA-CP-3125-PT-2, pp. 561-573, 1992.

(5.9) Akira Chiba, Tadashi Fukao, Osamu Ichikawa, Masahide Oshima, Masatsugu Takemoto, and David G Dorrell, Magnetic Bearings and Bearingless Drives, Newnes, ISBN 0 7506 5727 8, 2005.

(5.10) 千葉明, 大山和伸, 深尾正：「超高速ドライブ・ベアリングレス関連の最新技術　総論」, 平成 17 年度電気学会産業応用部門大会シンポジウム S1-1-1 [I-3]-[I-6], 8/29-31, 2005.

第5章　磁気回路兼用形

(5.11) 宮武亮治，首藤雅夫，千葉明，深尾正：「誘導機形ベアリングレスモータの各種巻線形状の比較」，電磁力関連のダイナミックスシンポジウム，173, pp. 399-404, 1995.

(5.12) 鈴木尚礼，吉田和久，千葉明，深尾正：「誘導機形ベアリングレスモータのギャップ磁束一定制御における過負荷応答」，平成11年電気学会全国大会 1151, 1999.

(5.13) 廣見太志，千葉明，深尾正：「かご形回転子を持つ誘導機型ベアリングレスモータの支持力の非干渉化制御システム」平成17年度電気学会産業応用部門大会 Y-15, 2005.

(5.14) 齋藤祐至，千葉明：「スキューを施した4軸制御誘導機型ベアリングレスモータのアキシャル力」平成23年電気学会全国大会講演論文集 5-229, 2011.

(5.15) 大島政英，宮澤悟，千葉明，中村福三，深尾正：「永久磁石型ベアリングレスモータの定数測定と負荷時の半径方向位置制御特性」，電気学会産業応用部門誌，Vol. 120, No. 8/9, pp. 1015-1023, 2000.

(5.16) 稲垣耕平，藤江紀彰，千葉明，深尾正：「逆突極永久磁石形ベアリングレスモータの定数測定と非干渉化制御」，電気学会半導体電力変換研究会資料，SPC-99-48, pp. 49-56, 1999.

(5.17) 竹本真紹，鵜山通夫，千葉明，赤木泰文，深尾正：「2極電動機・4極位置制御構造を持つ埋込永久磁石型ベアリングレスモータの試作」，第15回電磁力関連のダイナミクスシンポジウム講演論文集，6A09, pp. 629-634, 2003.

(5.18) A. Chiba, et al., "Radial Force in a Bearingless Reluctance Motor", IEEE Transaction on Industry Applications, Vol. 27, No. 2, pp. 786-790, 1991.

(5.19) C. Michioka, et al., "A Decoupling Control Method of Reluctance-Type Bearingless Motors Considering Magnetic Saturation", IEEE Transactins on Industry Applications, Vol. 32, No. 5, pp. 1204-1210, 1996.

(5.20) M. Takemoto, et al., "Synchronous Reluctance Type Bearingless Motors with Multi-flux Barriers", Proc. of PCC' 07 (Power Conversion Conf.), pp.

- 252 -

1559-1564, 2007.

(5.21) O. Ichikawa, et al., "An Analysis of Radial Forces and Rotor Position Control Method of Reluctance Type Bearingless Motrs", Transaction of IEE Japan, Vol. 117-D, No. 9, pp. 1123-1131, 1997. (in Japanese)

(5.22) 道岡ら：「ホモポーラ型ベアリングレスモータの無負荷時の半径方向力」，電気学会回転機研究会資料，RM-96-24, pp. 91-100, 1996.

(5.23) 豊島ら：「ホモポーラ型ベアリングレスモータにおける回転子突極数に関する一考察」，平成9年電気学会全国大会，pp. 5-214-215, 1997.

(5.24) O. Ichikawa, et al., "Inherently Decoupled Magnetic Suspension in Homopolar-Type Bearingless Motors", IEEE Transactions on Industry Applications, Vol. 37, No. 6, pp. 1668-1674, 2001.

(5.25) 久保田ら：「コンシクエントポール形ベアリングレスモータの提案」，電気学会半導体電力変換研究会資料，SPC-01-102, pp. 49-54, 2001.

(5.26) J. Amemiya, et al., "Basic Characteristics of a Consequent-Pole-Type Bearingless Motor", IEEE Transactions on Magnetics, Vol. 41, No. 1, pp. 82-89, 2005.

(5.27) J. Asama, et al., "Suspension force investigation for consequent-pole and surface-mounted permanent magnet bearingless motors with concentrated winding", Proceedings of the IEMDC, pp. 780-785, 2015.

(5.28) S. Fujiwara, "Characteristics of the combined levitation and guidance system using ground coils on the side wall of the guide way", Magnetically levitated systems and linear drives, pp. 241, July, 1989.

(5.29) T. Murai, "Test run of combined propulsion, levitation and guidance system in EDS Maglev", Maglev '95, pp. 289, Novvember, 1995.

(5.30) 長谷川他：「分散型誘導集電装置の現車試験による特性確認」，電気学会論文誌，Vol. 117-D，No. 1，pp. 81-90, 2003.

(5.31) 大橋：「2相リニア磁気浮上搬送システムの浮上・推進に関する検討」，電気学会論文誌D，Vol. 126, No. 6, pp. 812-817, 2006.

(5.32) R. Morisawa and T. Nakagawa: "Experiments and simulations of

第 5 章　磁気回路兼用形

transportation by LIM for magnetically levitation steel plates", Proceedings
of ICEMS, pp. 1-5, 2012.

(5.33) 田中，石井，成田，長谷川，押野谷：「鋼板搬送ラインにおける
環境調和型応用技術（搬送方向位置決め制御）」，第 25 回電磁力関連
のダイナミクスシンポジウム講演論文集，pp. 350-351, 2013.

第 6 章
実機設計・製作のための解析と応用

磁気浮上システムの実機設計・製作にあたっては，電磁気，機械振動，制御系の解析やこれらを設計に応用する技術が必要となる．これらの基礎事項は既知とし，ここでは，はじめに磁気浮上システムに特有の設計上の課題（電磁構造連成，非線形振動，制御）について述べる．続いて，様々な機器に応用が進められている磁気浮上システムの設計例（エレベータ，血液ポンプ，ベアリングレスドライブ，フライホイール）を紹介する．

6.1　電磁構造連成

　構造物を非接触で支持して動作させる磁気浮上システムでは，振動の課題は重要であり，実機設計に際しては振動解析が必要となる．強磁場が用いられる機器[6.1],[6.2]では，磁場中の振動によって導電性構造物に渦電流が誘導され，誘導された渦電流が磁場と作用して構造物の振動に影響を与える．生じた渦電流はジュール損失となって熱負荷増の要因となる場合もある[6.3]．このため，強磁場が用いられる機器の振動解析では，振動と渦電流の相互作用である電磁構造連成現象の評価が重要となる．

　一般に，実機の電磁構造連成現象の解析は複雑で大規模なものとなる．解析技術の開発，あるいは解析結果の評価に際しては明確な現象理解が重要であり，そのためには集中定数モデル[6.4]を用いるのが有効である．そこで，本節では集中定数モデルを用い，電磁構造連成現象の基本的なメカニズムを考察する．また，磁気浮上システムの設計に実用的な振動解析方法についても検討する．

6.1.1　解析方法

(1) モデル

　上記で述べた電磁構造連成現象は，磁場源と，渦電流が誘導される導電性構造物間の相対振動に起因する．そこで，ここでは図 6.1 (a) に示すような磁場源と平板からなるモデルを用い，平板を固定として，平板に対向して磁場源が振動する場合の電磁構造連成現象を考える．なお，平板は磁場源に対して十分広いものとする．

　機械系は図 6.1 (b) に示すように，磁場源（たとえば超電導コイル）と

その格納容器(コイル容器)を一体とした質量,支持部材の剛性をばねとした1自由度系の振動モデルを考える.一方,電気系は図6.1 (c) に示すように,磁場源を1ターンの円形のコイル s,コイル容器および平板に誘導される渦電流の流路を,それぞれ1ターンの円形のコイル1,コイル2とした回路モデルを考える.

(2) 定式化

上記モデルの電磁構造連成現象を定式化する.以下の記号を用いる.m:質量,k:支持部材の剛性,c:機械的な減衰係数,f:外力,L:自己インダクタンス,M:相互インダクタンス,R:抵抗,y:変位,i:電流.また,添え字は s:コイル s,1:コイル1,2:コイル2を表す.ただし,コイル1とコイル2の相互インダクタンス $M_{12}=M_{21}$ は,添え字を用いず M で表す.

機械系,および電気系は,それぞれ式 (6.1),式 (6.2) のように定式化される.(式 (6.2) の左辺第1項は電流の時間微分の項である.)

$$m\ddot{y} + c\dot{y} + ky - (0, I_s \frac{\partial M_{s2}}{\partial y})\begin{Bmatrix} i_1 \\ i_2 \end{Bmatrix} = f \quad \cdots\cdots\cdots\cdots\cdots (6.1)$$

$$\begin{bmatrix} L_1 & M \\ M & L_2 \end{bmatrix}\begin{Bmatrix} \dot{i}_1 \\ \dot{i}_2 \end{Bmatrix} + \begin{bmatrix} R_1 & 0 \\ 0 & R_2 \end{bmatrix}\begin{Bmatrix} i_1 \\ i_2 \end{Bmatrix} + \begin{Bmatrix} 0 \\ I_s \frac{\partial M_{s2}}{\partial y} \end{Bmatrix}\dot{y} = 0 \quad \cdots\cdots\cdots (6.2)$$

式 (6.1) の左辺第4項,および式 (6.2) の左辺第3項が連成項であり,

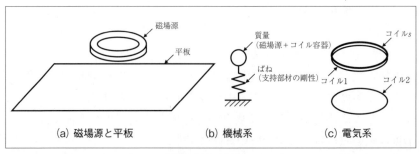

〔図 6.1〕モデル

それぞれローレンツ力，および速度起電力である．ここで，磁場源とコイル容器は一体としているので $\dfrac{\partial M_{s1}}{\partial y}=0$ ，また，誘導電流による磁場が作る2次のローレンツ力および速度起電力（ $\dfrac{\partial M}{\partial y}$ が作る項）は無視する．

(3) 数値解法

式 (6.1)，および式 (6.2) を周波数領域で数値解法する．すなわち，

$$f = Fe^{j\omega t},\ y = Ye^{j\omega t},\ i_1 = I_1 e^{j\omega t},\ i_2 = I_2 e^{j\omega t}$$

と置いてこれらの式に代入すると，式 (6.3) および式 (6.4) のように，Y，I_1，I_2 を変数とする代数方程式となる．

$$(-\omega^2 m + j\omega c + k)Y - (0, I_s \frac{\partial M_{s2}}{\partial y})\begin{Bmatrix} I_1 \\ I_2 \end{Bmatrix} = F \quad \cdots\cdots\cdots \quad (6.3)$$

$$\left(j\omega \begin{bmatrix} L_1 & M \\ M & L_2 \end{bmatrix} + \begin{bmatrix} R_1 & 0 \\ 0 & R_2 \end{bmatrix} \right)\begin{Bmatrix} I_1 \\ I_2 \end{Bmatrix} + j\omega \begin{Bmatrix} 0 \\ I_s \dfrac{\partial M_{s2}}{\partial y} \end{Bmatrix} Y = \mathbf{0} \quad \cdots \quad (6.4)$$

これらを解いて，変位 Y，電流 I_1，I_2 を計算する．計算に用いる数値例を表6.1に示す．

表6.1はモデルに設定した数値例である．電気系定数の算出方法を以下に述べる [(6.4),(6.5)]．磁場源の形状をこれが囲む面積が等しい円に置き換え，等価半径を算出する．ここでは等価半径はコイル1およびコイル2も同一とした．算出した等価半径，および磁場源の断面形状とターン数から，円形コイルの式を用いて磁場源の自己インダクタンスを算出する．コイル1の自己インダクタンスは，それの1ターン分として求める．コイル2の自己インダクタンスは，同様に円形コイルの式から，平板に設定した電流の流路の断面形状を用いて求める．また，対向する円形コイルの式を用い，相互インダクタンス，および相互インダクタンスの空間微分を算出する．

コイル1，およびコイル2の抵抗は，コイル容器，および平板に設定

― 259 ―

二 第6章 実機設計・製作のための解析と応用

した電流の流路の断面形状と長さ,およびそれらの抵抗率から算出する.
ここでは,平板の材質はパラメータとし,

　　ケース1:抵抗率が高い場合(材質 SUS)

　　ケース2:抵抗率が低い場合(材質 Al)

の結果を示す.

　機械系の定数についても一例として設定した.ここでは電磁構造連成
現象の考察が目的なので,機械的な減衰は,振動応答に大きく影響を与
えないように比較的小さな値(減衰比が0.5%となる減衰係数)を設定
した.

6.1.2　解析結果

　振動の周波数応答を図6.2に示す.比較のため,非連成系(機械系単独)
の場合も併せて示している.(a)はケース1の結果である.非連成系と
比較し,連成系では固有振動数(共振周波数)がわずかではあるが高く
なっている.そして,固有振動数における振動応答の値が大きく低減さ
れている.また,(b)はケース2の結果である.固有振動数が高くなり,
固有振動数における振動応答の値が低くなるのは同様であるが,それら
の程度は(a)と異なる.すなわち,(a)と比較して固有振動数の上昇の
程度は大きく,固有振動数における振動応答値の低減の程度は小さい.
しかし,いずれの場合も固有振動数の上昇は剛性が作用していること,

〔表6.1〕数値例

項目	記号	値	単位	備考
質量	m	100	kg	
支持部材の剛性	k	1.0×10^{8}	N/m	
機械的な減衰係数	c	1.0×10^{3}	N·s/m	
外力	F	1	kN	
コイル1の自己インダクタンス	L_1	1.497×10^{-6}	H	
コイル2の自己インダクタンス	L_2	1.718×10^{-6}	H	
コイル1とコイル2の相互インダクタンス	M	0.984×10^{-6}	H	
連成係数:起磁力×(コイル s とコイル2の相互インダクタンスの空間微分)	$I_s \times \dfrac{\partial M_{s2}}{\partial y}$	-5.575	A·H/m	
コイル1の抵抗	R_1	1.590×10^{-6}	Ω	
コイル2の抵抗 (パラメータとして2ケース)	R_2	6.004×10^{-3} 5.311×10^{-5}	Ω	高抵抗のとき 低抵抗のとき

－ 260 －

固有振動数における振動応答値の低減は減衰が作用していることを示す．

これらの結果から，連成系では磁気的な剛性（ばね）作用，および磁気的な減衰作用が生じ，固有振動数と振動応答に影響を与えることがわかる．また，上記では平板の材質，すなわち抵抗を変えたが，電気系定数の値によって，連成系の挙動は変化することが予測される．これは，

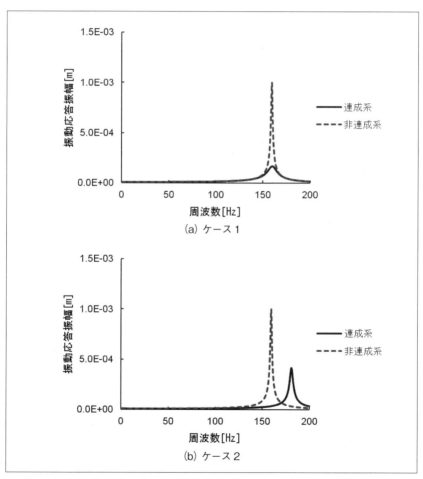

〔図6.2〕振動の周波数応答

≒ 第6章 実機設計・製作のための解析と応用

式 (6.3) と式 (6.4) を解けばわかるように，連成系では，機械系の振動の式に，連成項

$$j\omega(0, I_s\frac{\partial M_{s2}}{\partial y})\left(j\omega\begin{bmatrix}L_1 & M\\M & L_2\end{bmatrix}+\begin{bmatrix}R_1 & 0\\0 & R_2\end{bmatrix}\right)^{-1}\left\{\begin{matrix}0\\I_s\frac{\partial M_{s2}}{\partial y}\end{matrix}\right\} \quad \cdots \quad (6.5)$$

が加わるためである．式 (6.5) の実部は剛性に，虚部は減衰に影響を与える．そこで，次に磁気剛性と磁気減衰について考える．

6.1.3 磁気剛性

磁気剛性の周波数特性を図 6.3 に示す．上記と同様に, (a) はケース 1, (b) はケース 2 の結果であり，これは以下の図 6.4 と図 6.5 においても同様である．また，表 6.1 で示した連成係数中の起磁力 (I_s) を 100% とし，起磁力，したがって磁場強度を変えたときの結果も併せて示している．

図 6.3 (a) を見ればわかるように，磁気剛性の値は周波数が高くなるに従って増大する．(b) においても磁気剛性の値は周波数が高くなるに従って増大し，比較的低いある周波数以上ではほぼ一定になる．このことは (a) の場合も同様で，図示していないが十分高い周波数以上ではほぼ一定となる．

6.1.4 磁気減衰

磁気減衰係数の周波数特性を図 6.4 に示す．磁気減衰係数も周波数によって変化する．すなわち，磁気減衰係数の値は周波数が高くなるに従って減少する．この傾向は，図示した周波数範囲では (b) の場合に顕著であるが，(a) の場合も同様である．

磁気減衰係数から，機械的な臨界減衰係数に対する比として磁気減衰比を以下の式により評価する．

$$\zeta_M = c_M/(2\sqrt{mk}) \quad \cdots\cdots\cdots\cdots\cdots\cdots\cdots\cdots\cdots\cdots\cdots\cdots\cdots\cdots\cdots \quad (6.6)$$

ここで，c_M は連成系の固有振動数における磁気減衰係数の値である．起磁力を変えたときの磁気減衰比を図示すると図 6.5 となる．起磁力の増加に従って，磁気減衰比は増加する．(式 (6.5) から，磁気減衰係数，したがって磁気減衰比は起磁力の 2 乗に比例する．しかし，ここでは連

- 262 -

成系の固有振動数における磁気減衰比を評価しているので，ケース2のように連成による固有振動数の変化が大きい場合は，起磁力の2乗と相違がある．）

振動を低減する減衰作用が生じていることは，エネルギーの散逸があることを示している．この点について確かめる．

固有振動数をf_nとすると，1周期の間に磁気的な減衰力がなす仕事

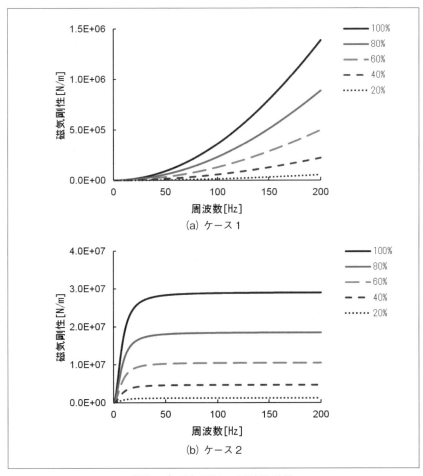

〔図 6.3〕磁気剛性の周波数特性

⇌ 第6章 実機設計・製作のための解析と応用

W_M は

$$W_M = \int_0^{1/f_n} c_M \dot{y} dy = \pi c_M (2\pi f_n)|Y|^2 \quad \cdots\cdots\cdots\cdots\cdots\cdots\cdots\cdots (6.7)$$

で計算される．一方，このときのコイル1，およびコイル2の平均ジュール損失の合計を Q_{tot} とすると，

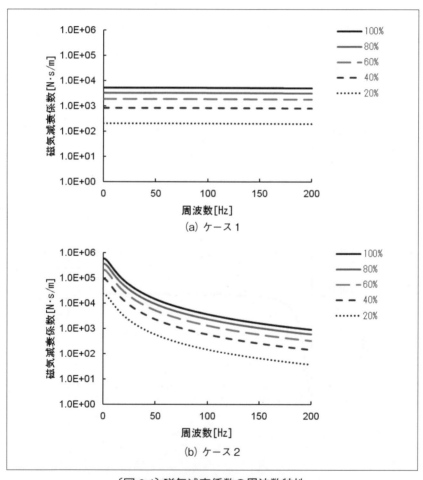

〔図 6.4〕磁気減衰係数の周波数特性

$$W_L = Q_{tot} \times \frac{1}{f_n} = (\frac{1}{2}R_1|I_1|^2 + \frac{1}{2}R_2|I_2|^2) \times \frac{1}{f_n} \quad \cdots\cdots\cdots\cdots \quad (6.8)$$

が，1周期の間にジュール損失によって散逸されるエネルギーである．W_M と W_L の比較を表6.2に示すが，両者は一致している．すなわち，ジュール損失によるエネルギーの散逸が磁気的な減衰作用を生じさせていることがわかる．

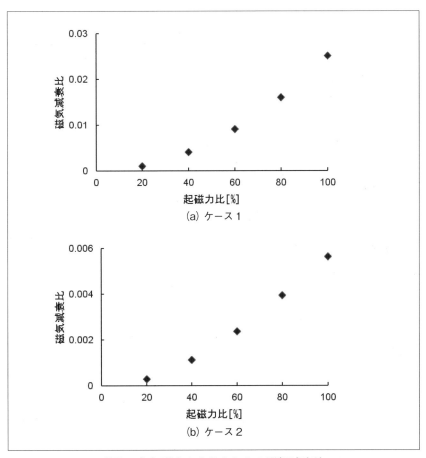

〔図6.5〕起磁力を変えたときの磁気減衰比

第6章 実機設計・製作のための解析と応用

〔表 6.2〕減衰力がなす仕事と散逸エネルギーの比較

項目	ケース1	ケース2
固有振動数：f_n [Hz]	159.7	180.7
応答振幅：$\|Y\|$ [m]	1.66×10^{-4}	4.14×10^{-4}
磁気減衰係数：c_M [N·s/m]	5016	1129
減衰力がなす仕事：W_M [J]	0.436	0.690
コイル1とコイル2の平均ジュール損失の合計：Q_{tot} [W]	69.2	124.4
散逸エネルギー：W_L [J]	0.433	0.688
相対差：W_M / W_L	1.0	1.0

6.1.5 振動解析方法

上記で述べたように，連成系では振動と渦電流の相互作用により，磁気的な剛性および減衰作用が生じる．このため，それらの影響が大きい場合は電磁構造連成を考慮した振動解析が必要となる．しかし，近年は実機設計にあたって，一般的に普及しているソフトウェア（以下，汎用ソフトウェア）を用いる場合が多いと思われる．そこで，ここではそれらを用いる場合の実用的な振動解析方法について検討する．

(1) 連成の影響が小さい場合

連成の影響が小さく，振動と渦電流の相互作用による磁気剛性や磁気減衰の影響を考慮する必要がない場合は，電磁場，あるいは振動の単独の解析となるので，汎用ソフトウェアの利用が可能である．すなわち，電磁場解析により電磁力を求め，これを外力として与えることによって振動解析が可能である．また，振動解析で得られた振動応答を電磁場解析に入力し，ジュール損失なども評価することができる．

(2) 連成の影響が大きい場合

連成の影響が大きい場合は，磁気剛性や磁気減衰の影響を考慮した解析が必要となる．汎用ソフトウェアを用いる場合の磁気剛性と磁気減衰の扱いについて検討する．

1) 磁気剛性

本節のモデルで評価した磁気剛性は，磁場源が導電性構造物（平板）に対して並進モードで振動する場合に生じる．鎖交磁束の変化が最も大きいため，他の振動モードで生じる磁気剛性は，これよりも小さいと考

- 266 -

えてよい．したがって，このように評価した磁気剛性が，機械的な剛性と比較し，十分に小さければ磁気剛性の影響は無視してよい．たとえば図6.2（a）で示した場合の磁気剛性は，考えている周波数領域では機械的な剛性と比較して小さく，その結果固有振動数の上昇の程度もわずかであり，磁気剛性の影響は無視してよいであろう．しかし，図6.2（b）で示したように磁気剛性の影響が大きく，その影響を考慮する必要が生じる場合もあるが，これは汎用ソフトウェアでは多くの場合困難であり，考慮が可能な解析ツールが必要である．ただし，磁気浮上システムに限らず，多くの構造物では，振動を低減するため，一般には剛性を高くする．このため，連成によって生じる磁気的な剛性の影響は小さく，磁気剛性を考慮しない評価でよい場合も多いのではないかと思われる．

2) 磁気減衰

　磁気減衰を評価する有効な方法として，MMD（Modal Magnetic Damping）法[6.6]がある．以下にその方法を説明する．

　はじめに，対象の構造物を有限要素法によって離散化した不減衰固有値解析を行う．その結果n個の固有値（固有角振動数）$\omega_i(i=1, ..., n)$と，それらに対応したn個の固有ベクトル（固有モード）$\boldsymbol{\varphi}_i(i=1, ..., n)$を得る．ただし，固有モードは，モード質量が1となるように正規化されており，また以下で減衰行列$\boldsymbol{C}$は比例粘性減衰とする（2.4節参照）．

　ここで，以下のようなi次の固有モードの振動を考える．α_iは初期位相である．

$$\boldsymbol{u}_i = \boldsymbol{\varphi}_i \cos(\omega_i t + \alpha_i) \quad \cdots\cdots\cdots\cdots\cdots\cdots\cdots\cdots\cdots\cdots\cdots\cdots \quad (6.9)$$

このとき，1周期の間に減衰力がなす仕事W_iは以下となる．ただし，ζ_iはi次のモード減衰比である．

$$W_i = \int_0^{2\pi/\omega_i} \boldsymbol{C}\dot{\boldsymbol{u}}_i \cdot d\boldsymbol{u}_i = \int_0^{2\pi/\omega_i} \boldsymbol{C}\dot{\boldsymbol{u}}_i \cdot \frac{d\boldsymbol{u}_i}{dt} dt = (2\pi\omega_i^2)\zeta_i \quad \cdots\cdots\cdots\cdots \quad (6.10)$$

　一方，式（6.9）で示した構造物の振動によって，渦電流によるジュール損失Q_iが発生する．1周期の間に発生するQ_iが減衰力のなす仕事に

－ 267 －

≒ 第6章 実機設計・製作のための解析と応用

等しいと置くと，以下の式が成り立つ．

$$\int_0^{2\pi/\omega_i} Q_i dt = W_i = (2\pi\omega_i^2)\zeta_i \quad \cdots\cdots\cdots\cdots\cdots\cdots\cdots\cdots\cdots (6.11)$$

したがって，

$$\zeta_i = \frac{1}{2\pi\omega_i^2} \int_0^{2\pi/\omega_i} Q_i dt \quad \cdots\cdots\cdots\cdots\cdots\cdots\cdots\cdots (6.12)$$

　すなわち，構造物が固有モードで振動することによって生じるジュール損失を計算することにより，モード毎に磁気減衰比を計算することができる．

　MMD法により各モードの磁気減衰比を求め，求めた減衰比を汎用ソフトウェアに入力することにより磁気減衰の影響を考慮した振動解析を行うことが可能となるので，実機設計に実用的な振動解析方法である．

6.1.6　本節のまとめ

　本節では，磁場源と平板からなるモデルを用い，平板に対向して磁場源が振動する場合の電磁構造連成現象について述べた．振動と渦電流の相互作用により，磁気的な剛性，および磁気的な減衰が生じて振動に影響を与えることを示し，そのメカニズムを考察した．また，磁気浮上システムの実機設計に実用的な振動解析方法についても検討した．

　今後もますます計算機能力の向上が予想され，連成も含めた解析の大規模化が進展すると思われる．しかし，実機設計では特に，そのような大規模解析とともに，本節で述べたような集中定数モデルによって基本的なメカニズムを明確に理解することも重要となる．

6.2 非線形振動

　磁気支持系では，非接触で低減衰系のため，電磁力の非線形性の影響が現れやすく，線形の範囲では予測し得ない非線形振動挙動を示し得る．このことは，超電導磁気浮上実用化の際に，予期せぬ振動や騒音問題につながる可能性を示唆しており，安全設計上注意を要する．このような問題の予測，防止のためにも，磁気支持系では非線形の動力学的特性の評価が重要となる．以下では，高温超電導体による磁気支持系を例に，各種の非線形共振について紹介する．

6.2.1 磁気力の非線形特性とそれに起因する振動特性

　磁気力は，磁気的な相互作用をする2物体間の距離に対して非線形に変化し，距離が近いほど大きさが急増する．このとき，力と変位の関係は，線形の場合と違って，曲線になる．水平方向の支持の場合，磁気支持構造に対称性があれば，磁気力の特性も原点（静的平衡点）に対して対称な曲線となる．この場合の磁気力を，静的平衡点の近傍で，平衡点からの変位に関するべき級数和で近似すると，奇数次項のみの和で表される．一方，鉛直方向支持については，一般に重力との静的平衡点に対して，磁気力特性は図6.6のような非対称な曲線となり，偶数次項も含むべき級数の和で表される[(6.7),(6.8)]．

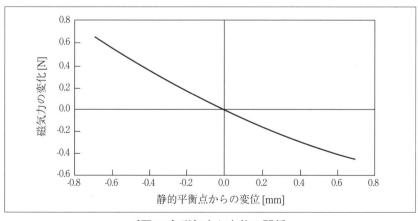

〔図6.6〕磁気力と変位の関係

このような非線形性を有する復元力が作用する系においては，動力学的に線形とは異なる振動特性が出現し得る．特に，磁気力による非接触支持の場合，通常の接触支持系より減衰が低く抑えられることにより，非線形特有の振動特性が発現しやすくなる．たとえば,主共振ピークの傾き，分調波共振，高調波共振，係数励振，結合共振，内部共振など[6.9],[6.10]を示し得る．これらの非線形共振現象について，以下で紹介する．

6.2.2 主共振ピークの傾き

非線形系では，その周波数応答曲線における主共振点でのピークが，加振振動数の低い側または高い側に傾き得る[6.9],[6.10]．たとえば，高温超電導バルク材上に永久磁石を浮上させた磁気浮上系の一例[6.7]では，横軸にバルク材の鉛直方向加振振動数，縦軸に浮上磁石の鉛直方向応答振幅をとった周波数応答として図6.7が得られる．横軸の加振振動数は固有振動数を基準として,縦軸の応答振幅は静的平衡高さを基準として，それぞれ無次元化されている．ここでは，多重尺度法[6.9]による解析的近似解を実線および破線で示し，実験結果を白丸のプロットで示してある．この例では，解析結果，実験結果ともに，共振ピークは低振動数側に傾き，振幅が大きいほど，見かけの固有振動数は低くなる．それに伴い，一つの加振振動数に対して，複数の定常振幅解が存在しうる加振振

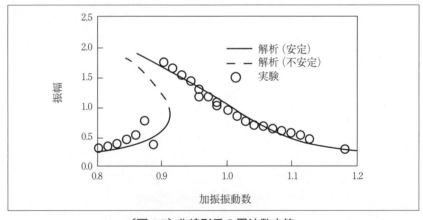

〔図6.7〕非線形系の周波数応答

動数領域が主共振ピークの傾いた側に現れることになる．このように，線形系の場合と異なり，複数の解が存在しうるということが，非線形系の重要な特徴の一つである．図6.7では，ある加振振動数の範囲で，一つの加振振動数に対して理論的には3つの解が存在して，このうち，破線で示された中央の解は不安定であるのに対し，実線で示された大振幅と小振幅の2つの安定解が現実的に現れ得るものとして，実験でも観測されていることがわかる．どちらの解になるかは初期条件あるいは履歴（ヒステリシス）により決まり，また，外乱が入ると，片方の解からもう片方の解に移る，いわゆるジャンプ現象も起こり得る．図6.7の場合，特に共振より低振動数側で加振振動数を上げていくとき，振幅が小さい値から突然大きい値に飛ぶ可能性があり，系の運用上，注意を要する特性と言える．

6.2.3　分調波共振と高調波共振

　系がn次の非線形性を有する場合，系の固有振動数のn倍付近で加振すると，その加振振動数での振動ではなく，その加振振動数の$1/n$の振動数（固有振動数にほぼ近い振動数）で共振が起こりうる．これを$1/n$次の分調波共振という[6.9],[6.10]．また，系の固有振動数の$1/n$倍付近で加振すると，その加振振動数のn倍の振動数（固有振動数にほぼ近い振動数）で共振が起こりうる．これをn次の高調波共振という[6.9],[6.10]．

　図6.8に，円柱形の永久磁石を回転体として，高温超電導バルク材の上で磁気力により非接触支持した系の一例[6.11]を示す．このような磁気支持された回転体の系で，回転数が鉛直方向の固有振動数の2倍のときに生じる鉛直方向の1/2次分調波共振の時刻歴と周波数スペクトルの例を図6.9に示す．横軸の角周波数および時間は鉛直方向固有角振動数およびその逆数をそれぞれ基準とし，縦軸の鉛直方向変位や振幅は回転体の初期浮上高さを基準として無次元化されている．2次の非線形性を有する本系では，回転体の回転角周波数が鉛直方向固有角振動数の2倍のときに，回転体の鉛直方向の振動にその回転角周波数成分が強制振動成分として現れるものの，固有角振動数からは遠いため，主共振とはならず，振幅値としては小さい．しかし，このとき，回転角周波数成分の

1/2の角振動数成分が回転角周波数成分よりも大きい振幅値をとっており，1/2次分調波共振を生じていることがわかる．

6．2．4　係数励振とオートパラメトリック共振

振り子の支点を水平方向に加振すると，振り子の運動は強制振動を生じる．一方，振り子の支点を鉛直方向に加振する場合は，数学的には，運動方程式の復元力項（変位の1次項）の係数（剛性）が周期変動するマシュー型の方程式で記述され，振り子が揺れないという振幅ゼロの自明解が存在する．この自明解は，加振振動数が振り子の固有振動数の2倍に近いときに不安定となり，振り子の共振が起こり得る．これは係数励

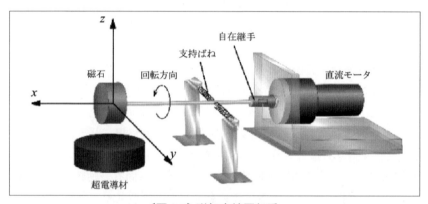

〔図6.8〕磁気支持回転系

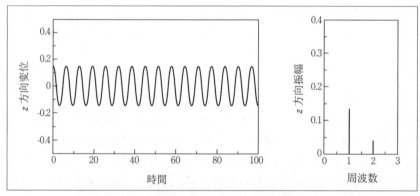

〔図6.9〕1/2次分調波共振の時刻歴と周波数スペクトル

振(パラメータ励振,パラメトリック共振)と呼ばれる現象である[(6.9), (6.10)].

これと同様の現象が,磁気浮上系の支持台を鉛直方向に加振したときに起こり得る.この場合には,浮上体の水平方向または揺動方向(傾き方向)の運動が磁気力を介して鉛直方向運動と非線形連成した多自由度系となっている.鉛直加振により強制的に生じる浮上体の鉛直振動に対して,水平・揺動方向の振動振幅ゼロという準自明解が存在する.この準自明解は,2次の非線形項zxおよび$z\theta$による連成に起因して,鉛直方向の加振振動数が水平・揺動方向の固有振動数の2倍に近いときに不安定となり,係数励振的な共振が水平方向または揺動方向に生じ得る.このような非線形連成に起因する係数励振的共振を,特にオートパラメトリック共振と呼ぶこともある[(6.12)].なお,この現象の要因となる2次の非線形性は,水平方向の磁気力や傾きを生じさせようとする磁気トルクが,浮上体の鉛直方向の位置に依存して変化することに対応するものである.

例として,図6.10のように,剛体棒の両端に埋め込まれた各永久磁石の真下に置かれた高温超電導バルク材によって,剛体棒両端が磁気支持された系[(6.13)]を考える.この系の高温超電導バルク材を鉛直方向に加振した際の剛体棒の水平方向変位xと鉛直方向変位z,揺動方向の角変

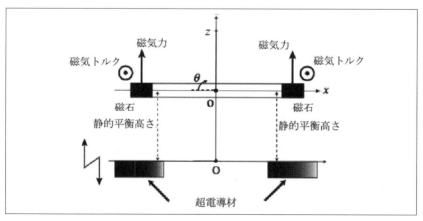

〔図 6.10〕両端を磁気支持された剛体棒

位 θ，および高温超電導バルク材の鉛直方向変位の各時刻歴とその周波数スペクトルの数値計算結果を図 6.11 に示す．横軸の角周波数および時間は，初期浮上高さでの剛体棒の鉛直方向固有角振動数およびその逆数をそれぞれ基準とし，縦軸の水平方向・鉛直方向変位や振幅は初期浮上高さを基準として無次元化されている．加振角振動数 ν は，線形連成した水平方向と揺動方向の運動に対する 2 個の固有振動モード（u モードと v モード）の固有角振動数 ω_u と ω_v のうち，小さい方の固有角振動数 $\omega_u=0.73$（無次元）の 2 倍に近い値（$\nu=1.47\approx 2\omega_u$）に設定している．このとき，剛体棒は鉛直方向に加振と同じ角振動数で振動していること

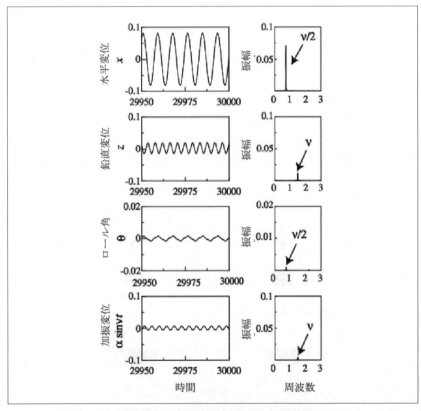

〔図 6.11〕係数励振的な共振の時刻歴と周波数スペクトル

が図よりわかる．この結果は，線形の強制振動の挙動として予測し得る
ものである．一方，鉛直方向との線形連成のない水平方向および揺動方
向において，加振角振動数の1/2の角振動数 $\nu/2 \approx \omega_u$ で大きく振動して
おり，係数励振的な共振が生じていることがわかる．このような共振は，
加振とは直交する方向に，加振振動数ではない振動数で生じるという点
で，線形での予測を越えた非線形動力学現象であり，設計上注意を要す
る現象と言える．

６．２．５　結合共振

　磁気力により非線形連成した多自由度系で，複数の固有振動数の和や
差などの振動数で加振するときに，その複数の固有振動モードがそれぞ
れ同時に共振を起こしうる [(6.9), (6.10)]．この場合も，固有振動数とは一見
全く関係ないと思われる振動数で加振した場合に共振が生じるため，注
意を要する現象である．

　図6.10の系で，超電導体を冷却する初期の時点で，剛体棒を水平か
ら傾けた状態にしておくと，この左右の非対称性のために，水平方向 x，
鉛直方向 z，揺動方向 θ がすべて線形連成した系となる [(6.14)]．これらの
線形項の対角化をするような座標変換で得られる固有振動モードを u，
v，w とし，それぞれの固有角振動数を ω_u，ω_v，ω_w とする．このとき，
鉛直方向の運動が支配的なモード v および揺動方向の運動が支配的なモ
ード w の運動方程式には，どちらにも磁気力・磁気トルクに起因する2
次の非線形項 vw が存在し，この項を介して両者の運動は非線形連成す
る形をとる．ここで，加振角振動数 ν をこの2つのモードの固有角振
動数の和に近い値（$\nu \approx \omega_v + \omega_w$）に設定したときの加振変位および剛体棒
の鉛直方向変位および揺動方向角変位の各時刻歴およびその周波数スペ
クトルの数値計算結果を図6.12に示す．横軸の角周波数および時間は，
初期浮上高さでの剛体棒の鉛直方向固有角振動数およびその逆数をそれ
ぞれ基準とし，縦軸の鉛直方向変位や振幅は初期浮上高さを基準として
無次元化されている．この図より，まず，剛体棒の鉛直方向および揺動
方向の運動には，加振と同じ角振動数で振動する成分があるが，加振角
振動数が固有角振動数とは異なるために共振はしていないことがわか

－ 275 －

る.このことは,強制振動現象として線形の範囲で予測しうる結果である.一方,これらの各運動には,この加振角振動数での振動成分以外に,固有角振動数 ω_v および ω_w で振動する2つの振動成分も存在し,特に鉛直方向では ω_v の振動成分,揺動方向では ω_w の振動成分の振幅のほうが加振角振動数成分の振幅よりも大きくなっており,モードvとwの結合共振が生じていることがわかる.

6.2.6 内部共振

磁気力により非線形連成した多自由度系で,複数の固有振動数間に非線形性に見合った整数比の関係があるとき,一つの固有振動モードがその

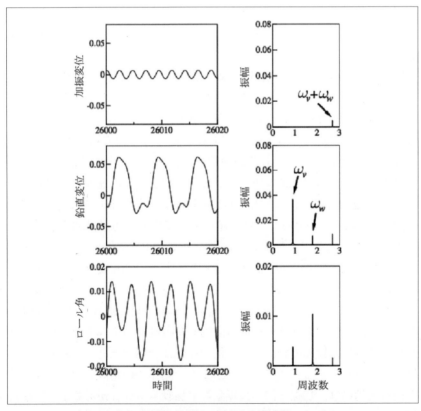

〔図6.12〕和形結合共振の時刻歴と周波数スペクトル

固有振動数で振動すると，それに伴い，別の固有振動モードが自分の固有振動数で振動し出し，その逆の関係も起こる現象を内部共振と呼ぶ[(6.9)]．外力加振がない状態で，この関係が成立するのが特徴である．もちろん外力加振により，一方の固有振動モードの共振が生じるとすれば，もう一方の固有振動モードも共振し出すことになる．

例として，図6.10の系で鉛直方向と水平方向の磁気力による非線形連成に着目し，水平方向と鉛直方向の固有振動数比を1:2付近に設定した場合を考える[(6.15)]．超電導バルク材を鉛直加振した場合の浮上剛体棒の水平方向および鉛直方向の振動振幅について，鉛直方向の共振近傍での周波数応答の解析的近似解を図6.13に示す．横軸の離調パラメータ σ は，静的平衡位置での鉛直方向の固有角振動数を基準として，その固有角振動数からの加振角振動数のずれを無次元化した量である．また，縦軸の振幅は，初期浮上高さから静的平衡高さまでの移動距離を基準として無次元化されている．右図の鉛直変位については，加振角振動数（鉛直方向の固有角振動数に近い値）で振動する成分の振幅を表示している．これに対して，左図の水平変位では，加振角振動数の1/2の角振動数（水平方向の固有角振動数に近い値）で振動する成分の振幅を表示している．破線は，鉛直方向には共振し，水平方向の振幅ゼロという準自

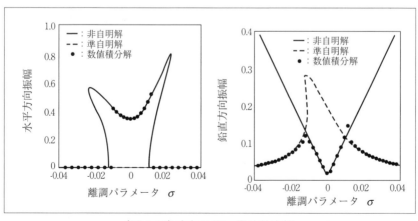

〔図6.13〕内部共振の周波数応答

≒ 第6章　実機設計・製作のための解析と応用

明解を示す．一方，実線は，水平方向にも共振が生じる非自明解を示す．
また，丸印のプロットは運動方程式の数値積分結果を示す．この数値積分の結果からもわかるように，鉛直方向共振点の近傍では準自明解が不安定となり，水平方向の共振（非自明解）が発生する．このように，この系は内部共振を生じる系であるが，鉛直加振に伴う水平方向の共振は，先述のオートパラメトリック共振とも言える．

　ところで，図 6.13 で水平方向の共振が生じるとき，鉛直方向の共振振幅は低減されていることがわかる．これは，内部共振の非線形連成により，あるモードの運動エネルギーが別モードに移行され得ることを意味する．この現象をうまく利用すれば，ある方向の共振振幅の低減も可能となり得る [(6.15), (6.16)]．

6.2.7　非線形共振を考慮した設計の必要性

　以上のように，低減衰の磁気支持系では，電磁力の非線形性により，線形の範囲では予測し得ない種々の非線形振動現象が起こりやすい．超電導磁気支持系の実用化に向けて，このような振動や騒音問題の発生を回避するためにも，システムの設計において，電磁力の非線形性に起因する動力学的な特性，特に非線形共振現象の発生可能性を事前に十分把握し，予測しておくことが重要である．また一方で，この非線形振動の特徴を十分理解してうまく活用すれば，振動抑制等の安全設計にも役立ち得る．

6.3 磁気浮上系の設計例,制御系

本節では,ゼロパワー磁気軸受[6.17],[6.18],[6.19]の原理検証機を対象に,モデル化,電磁解析,制御系設計までの簡単な流れを紹介する.

6.3.1 設計モデル

基本構成を図6.14に示す.永久磁石を有する1対の電磁石が固定されたフレームからなる磁気浮上ユニットがばねで支持されている.浮上体は電磁石間に配置されている.本構成でゼロパワー制御を用いた場合,浮上体は外力を受けると電磁石から見て外力と反対方向に変位する.また,フレームは外力と同方向に変位する.これらの変位が相殺され,ベースから見れば浮上体変位は抑制される.この動作はゼロコンプライアンス[6.20]として知られている.

本機のシステム全体を扱うのは煩雑になるため,1つの磁気浮上ユニットに着目し,フレームは固定されている,すなわち,フレームの鉛直方向変位 $z_f=0$ であるとして,ゼロパワー制御系の設計に至る流れを示す.図6.15に磁気浮上系の模式図を示す.本系は浮上体,電磁石,フレーム,電流検出用の抵抗,渦電流センサ,制御器,電圧制御形アンプから構成される.この系の運動方程式および電圧方程式は,それぞれ式(6.13),式(6.14)で与えられる.

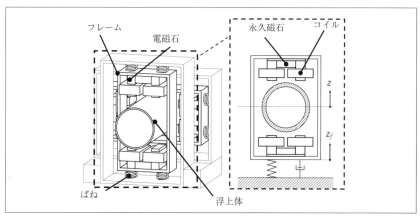

〔図6.14〕ゼロパワー磁気軸受の構成

$$m\ddot{z} - k_d z = k_i i \quad \cdots\cdots\cdots\cdots\cdots\cdots\cdots\cdots\cdots\cdots\cdots\cdots (6.13)$$

$$E = L\frac{di}{dt} + (R+R')i + k_v \dot{z},\ E = k_e e \quad \cdots\cdots\cdots\cdots (6.14)$$

ここで，z は浮上体の鉛直方向変位，m は浮上体の等価質量，k_d，k_i は線形近似により現れる不平衡ばね定数，推力定数であり電磁石の特性から決まる．また，i はコイル電流，e はアンプへの指令電圧，E はコイルの端子間電圧，k_e はアンプの増幅率，L はコイルインダクタンス，R はコイル抵抗，k_v は誘起電圧定数である．

6.3.2 電流制御形と電圧制御形

本機では，電圧制御形アンプを用いてシステムを構成している．電流制御形，電圧制御形では，以降の電磁解析や制御系設計の内容が異なってくる．ここでは，一つの例を挙げて電流制御形，電圧制御形の違いを示す．2つの制御形の違いは主にアンプで決まる．電流制御形は回路中に電流フィードバック系があり，指令通りの電流が流れるように電圧が調整される．一方，電圧制御形アンプは単純な増幅器であり，電流に依らず指令通りの電圧が出力される．（以下では出力方程式は省略するが，電圧制御では電流のみ検出すれば可観測となり，センサは追加抵抗 R'

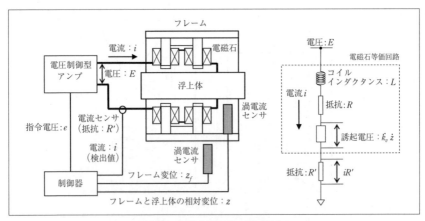

〔図6.15〕制御系の模式図

のみで済むという利点がある．また，アンプ自体も安価で済む．)

各制御形で扱う状態方程式は，式 (6.15) は共通であるが，状態変数，行列は異なり，それぞれ式 (6.16)，式 (6.17) となる．

$$\dot{x} = Ax + Bu, \quad y = Cx \quad (電流，電圧制御共通) \quad \cdots\cdots\cdots (6.15)$$

$$x = \begin{bmatrix} z \\ \dot{z} \end{bmatrix}, \; u = i, \; A = \begin{bmatrix} 0 & 1 \\ k_d/m & 0 \end{bmatrix}, \; B = \begin{bmatrix} 0 \\ k_i/m \end{bmatrix}, \; C = \begin{bmatrix} 1 & 0 \\ 0 & 1 \end{bmatrix} \cdots (6.16)$$

$$x = \begin{bmatrix} z \\ \dot{z} \\ i \end{bmatrix}, u = e, A = \begin{bmatrix} 0 & 1 & 0 \\ k_d/m & 0 & k_i/i \\ 0 & -k_v/L & -(R+R')/L \end{bmatrix}, B = \begin{bmatrix} 0 \\ 0 \\ k_e/L \end{bmatrix}, C = \begin{bmatrix} 1 & 0 & 0 \\ 0 & 1 & 0 \\ 0 & 0 & 1 \end{bmatrix}$$
$$\cdots (6.17)$$

電流制御形は変数，定数が少なく，浮上力を直接操作できるため，直感的な制御系設計ができるように思える．しかし，実際の設計では電圧制御形のほうが，制御系設計が容易なケースもある．

本器のアンプ仕様を例にとると，最大電圧：±48 V，最大電流：±8 A である．この条件で，固有振動数が 30 Hz の制御系を構成するケースを考える．このとき，極配置法で PD 制御系を構成したときの初期値応答を図 6.16 に示す．電流制御形では，極を $[-50 \pm 185j]$，電圧制御形では，$[-50 \pm 185j, -p]$ とした．ただし，実数極 p は，$p = 1600, 160, 80$ の例を

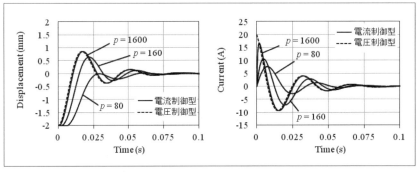

〔図 6.16〕電流制御，電圧制御時のシミュレーション比較

示す.電流制御形では,応答開始から過渡電流は8Aを大きく超えてしまう.電圧制御形では,pが十分大きい時には電流フィードバックゲインが大きくなるため,電流制御形とほぼ同様の応答になる.pを小さくしていくと過渡電流は減少し,$p=80$では,制約範囲内で目的の応答が得られている.このように,制約条件を考慮する場合などでは電圧制御形のほうが直感的に制御系を設計できることがある.電流制御形でも低ゲインにすることで電流を抑制できるが,固有振動数が目的の値より低くなってしまう.これを解決しようとすれば,次元を上げることになり,電流制御形における上述の利点は失われてしまう.

6.3.3 電磁解析による電磁石設計

電磁解析の目的は様々であるが,磁気浮上を行う上では,主に「目標とする浮上力が得られること」,「制御系設計に必要な定数(または関数)」を得ること」である.後者に関しては,電流制御形ではk_i, k_d,電圧制御形では前記に加えてk_v, Lを解析で求める必要がある.具体的には変位と電流を変数として,浮上体に作用する力とコイルの鎖交磁束を得る.k_i, k_dは変位および電流に対する力の勾配から,k_v, Lは変位および電流に対する鎖交磁束の勾配から求める.

6.3.1項で示した電磁石についての解析モデルを図6.17に示す.解析時間短縮のため,電磁石および浮上体のみをモデル化している.設計時

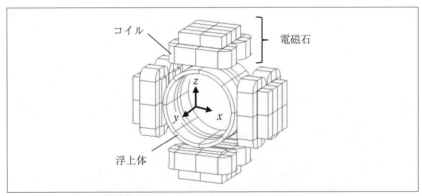

〔図6.17〕電磁石ユニット1つ分の電磁解析モデル

はモデルを変更しながら解析を繰り返すが，ここでは解析結果の例として，最終的なモデルにおける浮上力を図6.18に示す．本機の仕様は浮上体の等価質量5.8 kg，浮上体と磁極間のギャップ4 mm，電磁石に対する浮上体の可動範囲±2 mmである．

ゼロパワー制御時，定常電流はゼロに，浮上位置は支持荷重に応じた変位になる．浮上力に関しては，図6.18の定常電流$I = 0$Aの曲線から，1.25 mm程度の変位で浮上体等価質量5.8 kgを支持できる．また，可動域の下限-2 mmでは，最大電流8 Aに対して6 Aあれば永久磁石の吸引力に十分打ち勝つことがわかる．したがって，仕様範囲で浮上できる．次に，定数に関して，実質的な使用範囲を1.25 ± 0.5 mm，8 A以下と想定すると，各曲線の間隔は概ね等間隔であり，電流に対する力の変化率k_iは定数とみなせる．また，想定する範囲では，変位に対する力の変化率も概ね一定であり，k_dは定数とみなせる．このような確認作業を行いながら，解析を進める．

6.3.4　ゼロパワー制御系の設計

ゼロパワー制御系では，状態フィードバックに加えて電流の積分値をフィードバックすることで，安定性を保ちながら定常電流をゼロにする

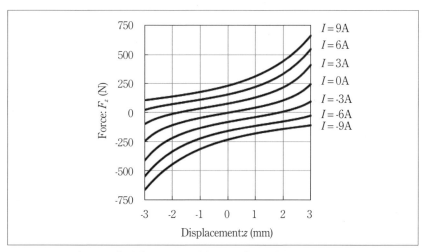

〔図6.18〕変位，電流に対する磁気吸引力の解析結果

≒ 第6章　実機設計・製作のための解析と応用

ことができる．そこで，電流の積分値を状態変数に加えると，式 (6.15)，式 (6.17) からなるシステムは次式のように書き換えられる．

$$\dot{\boldsymbol{x}}_a = \boldsymbol{A}_a \boldsymbol{x}_a + \boldsymbol{B}_a u$$
$$y_i = \boldsymbol{C}_i \boldsymbol{x}$$
$$\boldsymbol{x}_a = \begin{bmatrix} z & \dot{z} & i & \int i dt \end{bmatrix}^T \qquad \cdots\cdots\cdots\cdots (6.18)$$
$$\boldsymbol{A}_a = \begin{bmatrix} \boldsymbol{A} & \boldsymbol{0} \\ -\boldsymbol{C}_i & \boldsymbol{0} \end{bmatrix}, \; \boldsymbol{B}_a = \begin{bmatrix} \boldsymbol{B} \\ \boldsymbol{0} \end{bmatrix}, \; \boldsymbol{C}_i = \begin{bmatrix} 0 & 0 & 1 \end{bmatrix}$$

ただし，ゼロパワー制御を行うため，電流の目標値はゼロとしている．式 (6.18) に対して極配置法，LQI などで制御系設計を行う．

6.3.5　実機評価

ここでは，実際に試作した2自由度制御形のゼロパワー磁気軸受について回転試験の評価結果を紹介する．

単純なゼロパワー制御によってゼロコンプライアンスを行うと，低速から高速領域にわたって電流を抑制できるが，低速領域では浮上体変位が比較的大きくなる．そこで，フレームの運動を考慮して $z_f \neq 0$ のもとゼロパワー制御系を構成すると（浮上体とフレームの運動方程式をそれぞれたてれば，前項に示した設計方法がそのまま使える[6.17]），低速域の特性は改善されるが，高速領域では電流が大幅に増加する．そこで，回転数に応じて2つの制御を切り替えた場合の試験結果を図6.19に示す．同図は，鉛直方向の変位と電磁石の励磁電流を示している．制御の切り換えは700 rpm から800 rpm にかけて徐々に遷移させた．共振の影響で変位，電流が増加する回転数もあるが，可動域が±2 mm であることを考慮すれば，十分な軸支持特性といえる．

6.3.6　制御系設計時に注意する基本的事項

本項は，磁気浮上の初心者を対象に基本的な事項を示す．実際の制御系設計において直面し得る状況と，その時に考慮する点を示すとともに，定めるのが難しい，あるいは見当をつけにくい値について，目安や考え方を紹介する．

－ 284 －

<電磁解析モデル> 高精度な解析のためには詳細なモデル化や要素数を増やすことが望ましいかもしれない．しかし，これらを行うことは必ずしも適切とは限らない．本節で示した装置は原理検証機であったこともあり，簡略化したモデルで解析を行ったが，結果的には目的を果たすのに十分であった．実務においては時間もコストであり，研究開発の目的に応じて解析時間の短縮を考えることも重要である．

<線形化> 磁気浮上では，比較的顕著な非線形特性を持つ物理量を扱うが，ほとんどの場合，線形化して制御系を構成する．どこまでを線形範囲とみなすかは制約条件や目的に応じて選択することになるが，選択に困ったときの一つの目安は「状態量の変動分が定常値の1/3〜1/4程度の範囲」である．例えば，電流について言えば，定常値1Aの場合には1A±0.3Aの範囲を線形とみなすことである．この目安では，比較的幅広いケースに対応しやすい．

<微分器> 磁気浮上では変位センサを用いるのが一般的である．このため，速度フィードバックするには，変位信号を微分する必要がある．完全微分を用いると，高周波ゲインが大きくなり，ノイズが増幅されてしまう．通常はローパスフィルタ特性を持つ微分器を構成するが，この

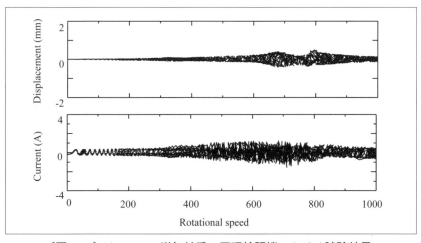

〔図6.19〕ゼロパワー磁気軸受の原理検証機における試験結果

第6章 実機設計・製作のための解析と応用

カットオフ周波数をどうするかという問題がある．結論から述べると，実用的な目安の一つは「制御帯域上限の 10 倍程度」である．本節で示した設計例でも同値にしている．フィルタ特性はゲインも重要だが位相が重要である．極端な例を言えば，位相差が 180° であれば速度フィードバックによって減衰を与えるつもりが，減衰を減らして不安定化の方向に向かわせることになる．2 次のバターワースフィルタではカットオフ周波数の 1/10 となる周波数において，位相差は約 −5° であり制御性能に対してフィルタの影響は気にならない程度である．

＜制御パラメータ調整＞　実機試験を行うと，シミュレーション通りに十分な安定性が得られない，あるいは浮上できないケースもある．この場合，フィードバックゲインの調整を行うが，安定性に大きくかかわる速度，電流フィードバックゲインの 2 つに注意すると，うまくいきやすい．しかし，計算どおりにいかない事象に対して調整を行うわけであるから値の見当をつけることが難しく，思わぬ時間を要することがある．基本は，想定外の事象が起きている本質的な原因を探ることである．

６．４　エレベータ非接触案内装置の制御系と設計

６．４．１　制御対象

　超高層ビルや放送塔のように昇降行程が長い建物において導入されるエレベータではかごの昇降速度が高いため，良好な乗り心地を確保するためには案内用ガイドレールの据付に高精度が要求される．また，従来の車輪による接触式の案内装置では高速昇降時に発生する案内車輪の転動音や案内装置の頻繁なメンテナンスも問題となる．こうした事態を解消するため，磁気浮上による非接触案内装置をかごに装着した磁気案内エレベータが開発された．案内車輪によるガイドが点接触であるのに対し，磁気浮上による非接触案内では磁石ユニットの磁極が面でガイドレールに対向する．このため，レール不整に起因する振動が格段に低下する．

　従来の車輪案内装置との互換性，法規，コストの観点からエレベータの非接触案内には常電導吸引形磁気浮上方式が最も適当である．この方式ではゼロパワー制御[6.21]により定常状態でほとんど電力を消費しない非接触案内装置が実現できる．また，ゼロパワー制御は広いギャップ長でも永久磁石のバイアス磁束により電磁石励磁電流の起磁力を効果的に吸引力に変換することができるので，小さなばね定数の際に必要になる大きなサスペンションストロークには有利である[6.22].

　図 6.20 に高速エレベータの構造を示す．エレベータのかごはかご枠とかご室で構成され，かご枠上梁の中央部がメインロープの端に吊るされている．また，かご枠下梁中央部には重量補償用のロープ（コンペンロープ）が吊るされており，かご側コンペンロープはコンペンシーブの重量の半分を支持している．磁気案内エレベータでは，かご枠の四隅に従来の案内用車輪に替えて磁石ユニットが取付けられている．磁石ユニットは図 6.21 に示すように昇降路に敷設された鉄製のガイドレールに 3 方向から対向する磁極を備えており，各磁極とガイドレールとの間に生じる吸引力でかごを非接触案内する．一つの磁石ユニットは永久磁石と電磁石を組み合わせて構成されており，2 つの永久磁石が発生する浮上ギャップ中の磁束を，コイルを励磁することで発生する磁束を使って各磁石ユニットの 2 軸（x, y 方向）の吸引力を独立に制御する．実際にか

≡ 第6章 実機設計・製作のための解析と応用

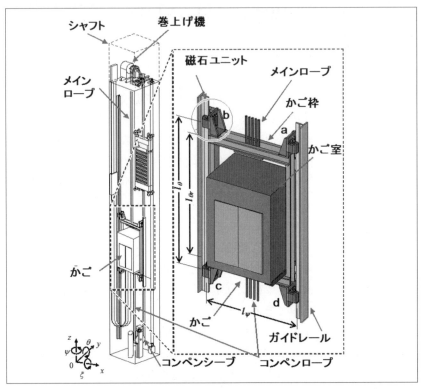

〔図6.20〕磁気案内エレベータ

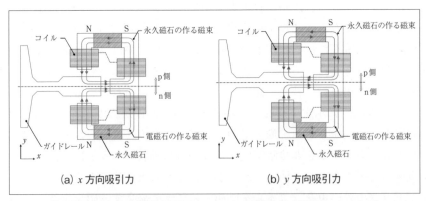

〔図6.21〕コイル励磁と磁石ユニットの吸引力（磁石ユニットb）

ごに作用する案内力は，x方向に関しては図6.22に示すように左右に設置された磁石ユニットの吸引力の差が案内力となり，y方向の案内力は磁石ユニット単体の対向している磁極同士の吸引力の差が案内力となる．それぞれの磁石ユニットの発生する吸引力を図6.20のかごの各軸の運動に寄与する成分に分解し，それぞれの軸ごとに安定化制御を施してかごを非接触で案内する．

実際の安定化制御では，かごの磁気浮上案内系を次の5つの線形モードでモデル化している[6.23]．
① yモード：かご枠・かご部重心のy方向の運動
② xモード：かご枠・かご部重心のx方向の運動
③ θモード：かご枠・かご部の重心を通るy軸回りの回転運動
④ ξモード：かご枠・かご部の重心を通るx軸回りの回転運動
⑤ ψモード：かご枠・かご部の重心を通るz軸回りの回転運動

例としてyモードの磁気浮上系について説明する．
m：かご枠・かご部の質量の総和，F_{yj}：磁石ユニットjのy方向吸引力（j=a, b, c or d），U_y：yモードの外力，L_{x0}：ノミナルギャップ長における磁石ユニット各コイルの自己インダクタンス，M_{x0}：同，磁石ユニット各コイル間の相互インダクタンス，Φ_b：磁石ユニットbのp側コイルに起因する主磁束，y_j：磁石ユニットjのy方向変位，Δ：ノミナ

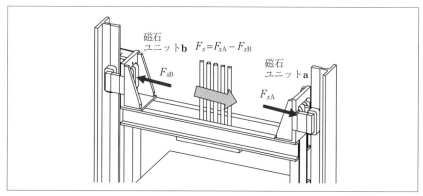

〔図6.22〕x方向案内力

第6章 実機設計・製作のための解析と応用

ル値からの偏差，偏微分記号をノミナル値での数値偏微分とし，i_{yj}, e_{yj} を次式で定義される磁石ユニット j の y 方向励磁電流および同電圧

$$i_{yj} = \frac{i_j - i'_j}{2}, e_{yj} = \frac{e_j - e'_j}{2}.$$

ここで，

　i_j, e_j：磁石ユニット j の p 側コイルの励磁電流および同励磁電圧，

　i_j', e_j'：磁石ユニット j の n 側コイルの励磁電流および同励磁電圧

とすれば y モードは次のようにモデル化される．

$$\begin{cases} m\Delta\ddot{y} = 4\dfrac{\partial F_{yb}}{\partial y_b}\Delta y + 8\dfrac{\partial F_{yb}}{\partial i_b}\Delta i_y + U_y \\ (L_{x0} + M_{x0})\Delta\dot{i}_y = -N\dfrac{\partial \Phi_b}{\partial y_b}\Delta\dot{y} - R\Delta i_y + e_y \end{cases}$$ ……………… (6.19)

ただし，

$$\Delta y = \frac{\Delta y_a + \Delta y_b + \Delta y_c + \Delta y_d}{4},$$

$$\Delta i_y = \frac{\Delta i_{ya} + \Delta i_{yb} + \Delta i_{yc} + \Delta i_{yd}}{4},$$

$$e_y = \frac{\Delta e_{ya} + \Delta e_{yb} + \Delta e_{yc} + \Delta e_{yd}}{4}$$

　他の 4 モードについても式 (6.19) と同形の支配方程式となるため，その状態方程式は次のように表すことができる．

$$\dot{x}_3 = A_3 x_3 + b_3 u_3 + d_3 v_3$$ ……………………………… (6.20)

　ここで，x_3, A_3, b_3, d_3, v_3 は，

－ 290 －

$$x_3 = \begin{bmatrix} \Delta y & \Delta \dot{y} & \Delta i_y \end{bmatrix}^T, \begin{bmatrix} \Delta x & \Delta \dot{x} & \Delta i_x \end{bmatrix}^T,$$
$$\begin{bmatrix} \Delta \theta & \Delta \dot{\theta} & \Delta i_\theta \end{bmatrix}^T, \begin{bmatrix} \Delta \xi & \Delta \dot{\xi} & \Delta i_\xi \end{bmatrix}^T \text{ or}$$
$$\begin{bmatrix} \Delta \psi & \Delta \dot{\psi} & \Delta i_\psi \end{bmatrix}^T.$$

$$A_3 = \begin{bmatrix} 0 & 1 & 0 \\ a_{21} & 0 & a_{23} \\ 0 & a_{32} & a_{33} \end{bmatrix}, b_3 = \begin{bmatrix} 0 \\ 0 \\ b_{31} \end{bmatrix}, d_3 = \begin{bmatrix} 0 \\ d_{21} \\ 0 \end{bmatrix},$$

$$v_3 = U_y, U_x, T_\theta, T_\xi \text{ or } T_\psi$$

の行列を表す. u_3 はそれぞれのモードを安定化するための制御電圧

$$u_3 = e_y, e_x, e_\theta, e_\xi \text{ or } e_\psi$$

であり，v_3 は外乱で x, y モードでは重心に作用する外力 $U_i(i = x$ or $y)$,
他のモードでは外乱トルク $T_k(k = \theta, \xi$ or $\psi)$ である.

上述したモードはいずれもかご枠を剛体とした場合を想定しているが，実際にはかご枠にはねじれやたわみが存在する. しかし，各磁石ユニットの吸引力の差異で生じるかご枠のねじれやたわみに起因する変形がかご枠の剛性で支持できる場合にはこれらの変形モードに対して安定化制御は不要である.

6.4.2 安定化制御

磁気案内エレベータでは，図 6.20 の 5 軸 $(x, y, \theta, \xi, \psi)$ について図 6.23 に示すアンチワインドアップ対策を施した電流積分形ゼロパワー制御で系の安定化を図ることができる. これにより，負荷の有無にかかわらず各磁石ユニットの励磁電流をゼロに収束させながら，かごを非接触で案内する. 電流積分形ゼロパワー制御では，過大な外力でかごがガイドレールに接触した場合に再び非接触状態に戻ることを保証するため，アンチワインドアップ対策が不可欠である.

さらに，各制御軸における速度信号および外力を推定するために最小次元状態観測器（以下，オブザーバという）が組み込まれている. この

オブザーバは，ギャップセンサおよび電流センサで検出される各磁石ユニットのギャップ長情報，電流情報から低ノイズの速度信号を生成するとともに，推定外力を各磁石ユニットの電磁石励磁電圧にフィードバックすることで，外力に対する系のロバスト安定性を向上させている．

オブザーバは次式で与えられる．

$$\begin{cases} \dot{z}_{ob} = \hat{A}z_{ob} + \hat{B}y + \hat{E}u \\ \hat{x}_d = \hat{C}z_{ob} + \hat{D}y \end{cases} \quad \cdots\cdots\cdots (6.21)$$

ただし，z_{ob}：オブザーバの状態ベクトル，

$$\hat{A} = \begin{bmatrix} -\alpha_1 & d_{21} \\ -\alpha_2 & 0 \end{bmatrix},\ \hat{B} = \begin{bmatrix} a_{21} + \alpha_2 d_{21} - \alpha_1^2 & a_{23} \\ -\alpha_1 \alpha_2 & 0 \end{bmatrix},$$

$$\hat{C} = \begin{bmatrix} 0 & 1 & 0 & 0 \\ 0 & 0 & 0 & 1 \end{bmatrix}^{\mathrm{T}},\ \hat{D} = \begin{bmatrix} 1 & \alpha_1 & 0 & \alpha_2 \\ 0 & 0 & 1 & 0 \end{bmatrix}^{\mathrm{T}},\ \hat{E} = \begin{bmatrix} 0 \\ 0 \end{bmatrix}$$

α_1，α_2：オブザーバの極を決定するパラメータである．なお，式(6.21)は未知入力外乱オブザーバであるため，$\hat{E}$ はゼロベクトルとなる．

$\hat{x}_d$ はオブザーバの出力であり，[モード変位偏差，モード速度推定値，

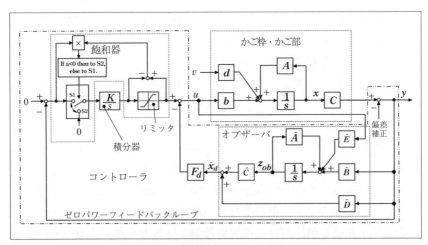

〔図 6.23〕積分器飽和形ゼロパワー制御

モード電流偏差，モード外乱推定値］の列ベクトルである．このとき，F_4 を外力フィードバックのパラメータとして制御入力 u は下式となる．

$$u = -\boldsymbol{F}_d \hat{\boldsymbol{x}}_d - \boldsymbol{K} \int \boldsymbol{C} \boldsymbol{x} \mathrm{d}t \quad \cdots\cdots\cdots\cdots\cdots\cdots\cdots\cdots\cdots\cdots (6.22)$$

ただし，

$$\boldsymbol{F}_d = \begin{bmatrix} F_1 & F_2 & F_3 & F_4 \end{bmatrix}, \quad \boldsymbol{K} = \begin{bmatrix} 0 & K_3 \end{bmatrix}, \quad \boldsymbol{C} = \begin{bmatrix} 1 & 0 & 0 \\ 0 & 0 & 1 \end{bmatrix}$$

ここで，外力の増大で積分器が飽和した場合を考える．電流積分が停止することから $K_3 = 0$ としてその場合の外力 v_3 からギャップ長偏差（$\varDelta_x, \varDelta_y, \varDelta_\theta, \varDelta_\zeta, \varDelta_\psi$）に至る伝達関数を考慮すると，推定外力に対するフィードバック定数 F_4 を

$$F_4 = \frac{d_{21}}{a_{23}}\left(F_3 - \frac{a_{33}}{b_{31}} \right)$$

と設定することにより，更なる外力の増加に対してギャップ長を一定に保つ効果を付与できる[(6.24)]．

6.4.3　機械系共振対策

　機械系共振を回避する手法としてはノッチフィルタを介して制御入力を制御対象に入力する手法が一般的であるが，機械系の共振周波数が把握されていないと調整が困難になる．また，こうした対策では柔らかい支持を行っている案内特性が変化する恐れもある．

　常電導吸引形磁気浮上系を安定化する場合，振動的な過渡応答の抑制に速度信号のフィードバックが用いられる．速度信号は，ギャップセンサで得られる変位信号を擬似微分器で微分するか，変位信号とコイル電流信号からオブザーバを用いて高周波ノイズを抑制して生成される．このため，変位や電流信号に比べて速度信号の位相が遅れることにより共振発生の原因となることが多い．実際，振動的な過渡特性を許容して速度ゲインを小さくすれば機械共振が回避できることも少なくない．以下では磁気案内エレベータに適用した共振対策を説明する[(6.25), (6.26)]．

－ 293 －

図6.23のコントローラにおいて，ノッチフィルタで共振周波数の成分を除去するとともに位相進み補償を施した変位信号を最小次元オブザーバの入力 $\hat{B}$ に入力する．図6.24 に共振除去フィルタの構成を示す．

ノッチフィルタと進み位相補償要素の伝達関数 $G_N(s)$, $G_P(s)$ はそれぞれ次式となる．

$$G_N(s) = \frac{s^2 + 2\beta\varsigma\omega_n s + \omega_n^2}{s^2 + 2\varsigma\omega_n s + \omega_n^2} \quad \cdots\cdots\cdots\cdots\cdots\cdots\cdots\cdots\cdots\cdots (6.23)$$

$$G_P(s) = \frac{1+\alpha T_n s}{1+T_n s} \quad \cdots\cdots\cdots\cdots\cdots\cdots\cdots\cdots\cdots\cdots (6.24)$$

ここに，f_n をノッチフィルタのターゲット周波数（共振周波数）として，$\omega_n = 2\pi f_n$, $T_n = 1/\omega_n$ である．また，β：f_n におけるゲイン，ς：帯域幅のパラメータ，α：ゲインパラメータである．

図6.24 では位相進み補償要素が直列に配置されている．これは，位相進み補償の次数をノッチフィルタの次数と合わせることにより共振周波数より低周波数帯域で位相特性の相殺を容易にするためである．また，通常のノッチフィルタでは $\beta = 0$ であるが，共振周波数近傍での速度ゲイン低下による励振効果の低減と位相特性の連続性を維持するため，あえて β を設定している．

ノッチフィルタのターゲット周波数を設定するには，ガイドレール側構造物とかご側構造物の構造解析が有用である．構造解析で共振周波数を求め，周波数の低い方から順に共振除去フィルタを直列に設定する．このとき，$G_P(s)$ の高周波側のゲインが α 倍になることから，共振除去フィルタの数は必要最小限とする．

共振除去フィルタのパラメータは，例えば次のように設定される．は

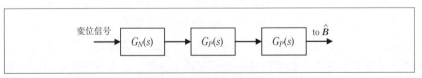

〔図6.24〕共振除去フィルタ

じめに，ノッチフィルタ $G_N(s)$ における f_n の初期値を解析値に設定する．同時に，ノッチフィルタの帯域幅 $2\zeta\omega_n$ を $\zeta=1.0$ と設定し，実際の共振周波数と解析値との差異を許容する．

次に図 6.25 に示すノッチフィルタ $G_N(s)$ のボード線図から，ターゲット周波数 f_n 近傍での位相特性の連続性と速度ゲイン減少率を勘案して β を $\beta=0.2$ と設定する．最後に，共振除去フィルタの伝達関数 $G_N(s)G_P(s)^2$ のボード線図から，ターゲット周波数 f_n より低周波数域での位相遅れができるだけゼロに近づくよう，α を $\alpha=2.0$ と設定する．図 6.26 に共振除去フィルタのボード線図を示す．

このように構成される共振除去フィルタでは，ゲイン特性と位相特性がターゲット周波数 f_n の変更に伴って平行移動する．このため，ターゲット周波数に対する位相特性を維持した状態で実際の共振周波数へのチューニングを容易に行うことができる．

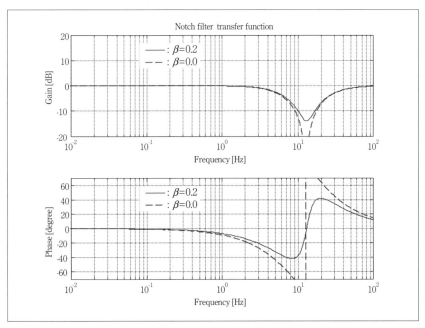

〔図 6.25〕ノッチフィルタ伝達特性

共振除去フィルタの検証実験結果を図 6.27 に示す．かごを安定に非接触案内した状態で ξ モードと θ モードの速度フィードバックゲイン

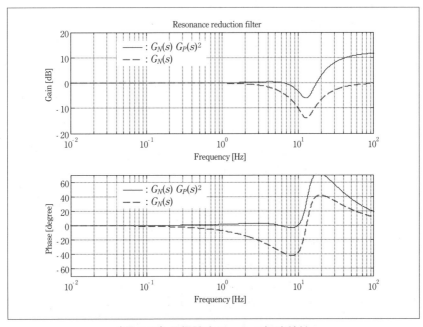

〔図 6.26〕共振除去フィルタ伝達特性

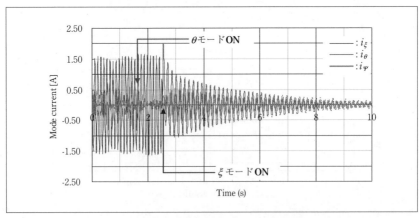

〔図 6.27〕共振除去フィルタの効果

を大きめに変更して共振状態を発生させた．コイル電流データから測定した共振周波数は，ξ モードが 9.0 Hz，θ モードが 10.0 Hz である．各モードの共振除去フィルタのターゲット周波数をそれぞれの共振周波数に設定した後，共振除去フィルタを 1.66 s で θ モードを ON，2.56 s で ξ モードを ON することによりフィルタの効果を検証した．

　共振状態では ξ モードと θ モードの共振周波数の差により約 1.0 Hz のうなりが生じている．この状態から θ モードを ON すると θ モードの共振は 1 秒以内に除去される．次に ξ モードを ON すると，ξ モードの振動が ψ モードの振動を励起していることがわかる．その後，2 つのモード電流は 6.7 Hz で振動しながら時間とともにゼロに収束する．

　この結果は，共振除去フィルタが実際に有効であることを示すとともに，共振が ξ モードと ψ モードの電磁力によって生じていることを示唆している．共振除去フィルタにより ξ モードの共振周波数励振が除去されたため，この変形モードにおける機械的な減衰力が励振力より大きくなり，振動が徐々に収まったと推測できる．

6.4.4　実機エレベータの案内特性

　対象システムは一般的な高速エレベータであり，その概略仕様を表 6.3 に示す[6.27]．制御装置には 32 bit 浮動小数点演算を行う DSP を使用し，4 kHz のサンプリングで制御した．A/D，D/A 変換器は 16 bit で各検出値および指令値信号を入出力し，駆動用にパワーアンプを用いた．本試験では，アナログで制御系設計したコントローラをそのままディジタル制御系に適用した．

　まず，エレベータ停止中にガイドレールに接触している状態で時刻 5

〔表6.3〕高速エレベータ概略仕様

乗りかご外寸	l_θ	4.8	(m)
	l_ψ	2.2	(m)
かご質量	m	2400	(kg)
昇降行程	H_s	60	(m)
定格速度	v_{max}	4	(m/s)
非接触案内ストローク	d_s	±4	(mm)

sから非接触案内制御を開始したときの挙動を図6.28に示す．図6.28 (a) は，磁石ユニットの変位を示しており，0 mmを設計上の中央値とし，±4 mmで磁石ユニットがガイドレールに接触する．図6.28 (b) は，各磁石ユニットのコイル電流である．ただし，図中のa～dは各磁石ユニットの設置箇所を示し，電流の添え字nおよびpは，図6.21に示したp側，n側の各コイルの電流値を表しており，添え字nはかごのドア側コイル，添え字pはかごの背面側コイルである．案内制御開始前はx方向の変位が±4 mm, y方向の変位が−4 mmでガイドレールに接触している．時刻5 sで制御が開始され，約1 s後に各磁石ユニットがガイドレールから離れる．制御開始から20 s程度で安定的に非接触案内状態に収束している．また，かごの案内制御が安定化すると，各コイルの励磁電流が0 Aに収束しており，ゼロパワー制御によって永久磁石の起磁力のみでかごを支持できていることがわかる．なお，図6.28 (a) において安定時にx, yの収束値が0 mmに収束していない．これは，かごの積載条件およびコンペンロープなどのかご下質量が重心位置から外れて作用することに起因した外乱トルクに対してゼロパワー制御が作用しているためである．

つぎに，図6.29に最高速度4 m/sで上昇した際のかご床面における加

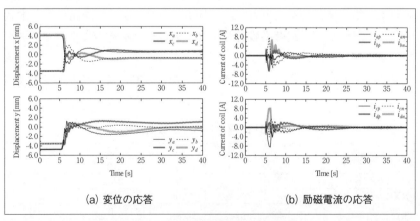

(a) 変位の応答　　　　　　　　(b) 励磁電流の応答

〔図6.28〕浮上開始時の案内特性

速度を示す．3つのグラフは上から左右方向（x方向），前後方向（y方向），上下方向（z方向）の加速度である．エレベータ走行中における加減速時の水平面内の振動加速度は，両振幅で約 0.05 m/s^2 程度である．また，定速走行中の振動は最大で約 0.08 m/s^2 であり，非接触案内により，一般に良好な乗り心地とされる加速度 0.15 m/s^2 よりも小さな振動でかごを案内できることが確認できた．

図 6.30 にエレベータ走行中の各磁石ユニットコイルに励磁した電流値を示す．また，図 6.31 に全磁石ユニットの励磁電流から算出した消費電力の総和を示す．この結果，エレベータ走行中の各コイルの励磁電流は最大で約 2 A であり，消費電力は最大で 100 W 程度であった．走行開始から走行停止までの間で消費される平均電力は 20 W 以下であり，ゼロパワー制御により低電力でエレベータの非接触案内が実現できることがわかる．

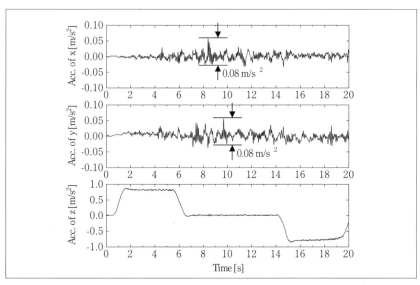

〔図 6.29〕上昇運転時のかご加速度

第6章 実機設計・製作のための解析と応用

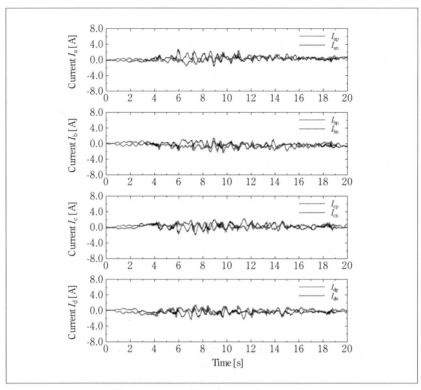

〔図 6.30〕上昇運転時のコイル励磁電流

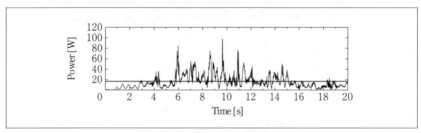

〔図 6.31〕上昇運転時の消費電力

6.5 血液ポンプの設計例
6.5.1 血液ポンプ

血液ポンプは，術中の短時間，心機能を代替し血液循環を担う機械として実用化が進んだ．近年では，重症心不全患者の血液循環を心臓移植まで補助するため，数ヶ月から数年，さらに，恒久的に使用する場合もある．

心臓は，右心と左心からなる2つの拍動流ポンプの機能を有する臓器である．機能不全となった生体心臓を取り去り，完全に血液ポンプで置き換えるものを全置換形人工心臓と呼ぶ．また，機能の低下した右心もしくは左心，または両心に，それぞれ並列に接続する血液ポンプを補助人工心臓と呼ぶ．

補助人工心臓は，図6.32のように，血液ポンプの設置場所により体内埋め込み形と，体外設置形に分類される．体内埋め込み形は，数ヶ月から数年に亘る使用を，体外設置形は，術中における数時間から心臓移植までの橋渡しとして，最大1～2ヶ月間の連続使用を念頭に開発されている．

血液ポンプの開発当初は，生体心臓からの血液の流れを忠実に模擬するため，容積変化機構と人工弁を用いる拍動流形が主流だった．しかしながら，羽根車の一定回転により血液を吐出する方式が，小形化，高耐久化の点で優れ，現在では連続流形が主流となっている．

連続流形の開発では，羽根車を支える軸受の摩擦・摩耗と，血液のダ

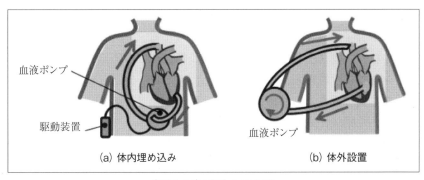

〔図6.32〕補助人工心臓

第6章　実機設計・製作のための解析と応用

メージである溶血・血栓の低減が重要である．血液接触部での潤滑油やグリースの利用は困難である．また，軸受部の狭い隙間では，せん断力が大きく，赤血球の破壊，すなわち溶血が発生しやすい．さらに，羽根車に動力を伝える軸および軸受近傍の血液のよどみが，血液の凝固，すなわち血栓の発生を促進する．

このため，無潤滑かつ無摩擦・無摩耗，さらに，広い軸受隙間の実現には，電磁力による非接触支持が有効である．羽根車中央に血液のよどみを解消する貫通穴を設けること，すなわち軸のない羽根車の支持が，血栓低減に求められる．このため，以上の要求を同時に満たすことができる磁気軸受の適用が，連続流形の高性能化に有効であると考えられている．

6.5.2　体内埋め込み形血液ポンプ用磁気軸受の設計

左心は血液を全身に送る役目を担い，そのポンプ能力は，平常時に吐出流量 5 L/min，揚程 100 mmHg 程度である．一方，右心は，全身から戻った血液を肺に送る役割を担い，5 L/min，20〜25 mmHg 程度である．上記の値から余裕をもった吐出流量・圧力を確保する遠心や軸流型血液ポンプの設計が求められる．

これら血液ポンプ用磁気軸受の設計目標としては，上記の羽根車を広い軸受隙間を確保しつつ，完全非接触支持を実現，体内に設置するため，高耐久，高信頼であるとともに，小形化，低消費電力化が求められる．また，血液ポンプ内に，磁気軸受の設計に合わせコンパクトにモータを設置することも，小形化に不可欠である．

ターボ分子ポンプなどの産業用磁気軸受では，2組のラジアル磁気軸受と1組のスラスト軸受からなる5軸能動化が一般的である．一方，血液ポンプでは，電磁石，変位センサ，コントローラとドライバからなる複雑な能動軸受による制御自由度数を，小形化，信頼性向上の観点から，極力抑えた構成が好ましい．

軸方向に長い羽根車を用いる軸流型血液ポンプでは，軸方向のみ1自由度制御，他の自由度は，磁気カップリングの復元力を受動支持に用いる磁気軸受を搭載したものが開発されている [6.28]．一方，羽根車の直径

− 302 −

が軸長に比べ大きい遠心型ポンプでは，羽根車の径方向2自由度を能動制御，他の3自由度を受動支持するもの[6.29]，もしくは，軸方向のみを能動制御，他の自由度を受動支持するもの[6.30]などが研究されている．

　能動制御を実施する自由度方向の剛性・減衰性は，コントローラの設計，パラメータ設定により，ある程度の変更が可能である．一方，受動方向の剛性・減衰性は，主に磁気カップリング設計によって決まる[6.31]．遠心ポンプの場合，ポンプ内の圧力バランスにより，軸および半径方向に流体力が働くので，それに打ち勝ち，流体隙間を保つ剛性が，磁気軸受に求められる．特に，受動方向は，フィードバックによる位置補正機能がないため，磁気的なアンバランスや不釣り合い力を低減する，精度のよい磁気軸受，モータの製造が要求されるとともに，流体的な不平衡力を低減するポンプ設計も求められる．

6.5.3　磁気軸受を用いた体内埋め込み形血液ポンプの試作例

　図6.33に，体内埋め込みを目指した遠心型血液ポンプの開発例を示す[6.32]．羽根車は，径方向2自由度の運動を変位センサの信号をもとに制御し，羽根車の軸方向の並進運動および傾き方向の合計3自由度を，羽根車内の永久磁石とステータコア間の磁気カップリングにより受動的に支持している．図6.34に，変位・傾きにより発生する復元力およびトルクの関係を示す．

　羽根車の回転のため，ロータ内側にハルバッハ永久磁石列が配置されている．また，ロータ内側にモータステータが固定され，省スペース化が実現されている．

　また，体内埋め込み形血液ポンプでは，永久磁石，コイル，コア部分を血液から防水するため，隔壁を設ける必要がある．耐久性や生体適合性の観点から，インペラ，ハウジングに純チタンやチタン合金が用いられる．溶血を避けるため，流体隙間をできるだけ大きくし，ハウジングの強度を確保するため，隔壁を厚くする要求がある．その一方，流体隙間の増加は，軸受隙間の増加，すなわち磁気軸受の受動剛性やモータの効率低下に繋がる．さらに，チタン隔壁を厚くすると，モータの渦電流損や，隔壁内側に設置する渦電流変位計の感度が低下するなどの問題が

≒ 第6章 実機設計・製作のための解析と応用

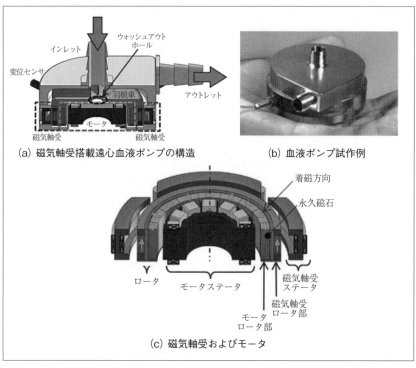

〔図 6.33〕体内埋め込みを目指した血液ポンプ試作例

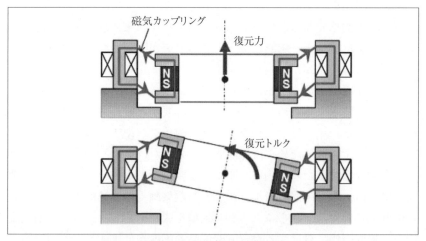

〔図 6.34〕受動軸受の機能

あり，さまざまな設計上の工夫が必要である[(6.32)]．

6.5.4　体外設置形血液ポンプ用磁気軸受の設計

体外設置形の血液ポンプでは，体内設置形と同様，溶血，血栓の発生を極力低下することが求められ，羽根車を非接触支持する磁気軸受の利用が望ましい．流量・圧力特性は，圧力損失の大きな人工肺との併用に対応するため，揚程 500 mmHg と体内設置形にくらべ高く，流量は同等である．

流量・圧力特性以外で体内設置形と大きく異なる点は，羽根車・ハウジングからなるポンプヘッドのディスポーザブル化である．血液に接する羽根車とポンプハウジングのみを患者毎に交換することで，メンテナンスフリーが達成される．この実現には，ディスポーザブルなポンプヘッドと，インペラを磁気浮上・回転する再利用機構が容易に脱着する必要がある．さらに，ディスポーザブル化では，使い捨て部，すなわち，磁気軸受ロータの単純化と低コスト化が求められる．

図 6.35 は，ロータとステータの脱着と，ロータの単純化，低コスト化を目的に提案した，磁気軸受・トルク伝達機構である．外周の2自由

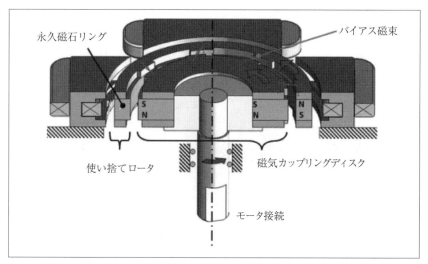

〔図 6.35〕ロータの使い捨てを考慮した磁気軸受・トルク伝達機構

度制御形磁気軸受で，図 6.34 と同様にロータの径方向の位置制御と，上下，傾き方向の受動支持を実現している．また，ロータへの外部モータからのトルクの伝達は，図 6.33 のようにロータに複数，複雑な永久磁石列を構成することなく，ロータに組み込まれた 1 枚の磁気軸受用リング永久磁石と歯溝を設けた 2 枚の磁性体リング，内側の磁気カップリングディスクで実現している．これにより使い捨て部の単純構造，低コスト化を実現している[6.33]．

6.5.5　磁気軸受を用いた体外設置形血液ポンプの試作例

図 6.35 の原理に基づき試作した使い捨て磁気浮上遠心型血液ポンプを図 6.36 に示す．使い捨てのポンプヘッドは，生体適合性に優れたポリカーボネイト製のハウジングとインペラから構成され，インペラ下部に磁気軸受ロータを構成するための永久磁石と磁性リングが埋め込まれている．特にネオジム系の永久磁石は錆びやすく，十分な防水・防錆処理が不可欠である．

ポリカーボネイト製の樹脂部と磁性部に偏心がある場合，流体的およ

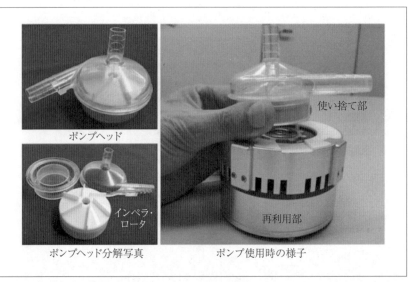

〔図 6.36〕使い捨て磁気浮上遠心ポンプ（試作機．メドテックハート株式会社提供）

び磁気的な不平衡力が発生し，流体隙間が設計通り確保できず溶血，血栓が増加する，磁気軸受の消費電力が大きくなるなどの様々な不具合が発生する．加工，組み立て精度の管理は最重要である．

また，血液ポンプの総合的な性能評価には，図 6.37 のような動物試験は欠かせない．生体心臓に接続し拍動流が血液ポンプのインレットに供給される状況下での羽根車の回転精度，消費電力，試験動物の予期せぬ運動に伴うポンプに働く衝撃力，長期に亘る樹脂部の耐久性，磁性部の防水・防錆性能，長期の浮上・回転安定性と溶血・血栓などの関係など評価項目は多岐に亘る [6.34]．

6.5.6 ベアリングレスモータを用いた血液ポンプの設計例

ベアリングレスモータは軸受機能が磁気的に統合されたモータで，小形，非接触，長寿命であることが要求される補助人工心臓に応用する試みがされている．ベアリングレスモータとしては，ロータの回転軸に対して径方向から磁気支持・回転させるタイプと軸方向から磁気支持・回転させるタイプのベアリングレスモータを用いた補助人工心臓の開発が進められている．

開発が行われている径方向磁気支持形ベアリングレスモータの概念図を図 6.38 に示す．径方向 (x, y) 2 軸と回転 (θ_z) を能動的に制御し，薄形構造とすることで軸方向 (z) と傾き (θ_x, θ_y) をステータとロータ間の

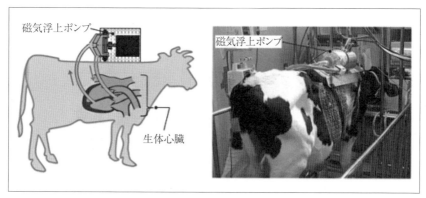

〔図 6.37〕血液ポンプの評価

磁気結合力で受動的に磁気支持し，磁気浮上制御の簡素化，小形化，薄形化を図っている．ロータは外径 45.6 mm，厚さ 5 mm で内面に永久磁石 8 極が構成されている．ステータには 3 相 8 極の回転制御用コイルと 2 相 6 極の磁気浮上制御用コイルを別々に構成し，磁気浮上回転を実現している．このベアリングレスモータを用いて，遠心ポンプ形やカスケードポンプ形の試作機が開発されている [6.35],[6.36]．図 6.39 に示す遠心ポンプ形において，流量 5 L/min，圧力 100 mmHg を回転数 2,300 rpm で発

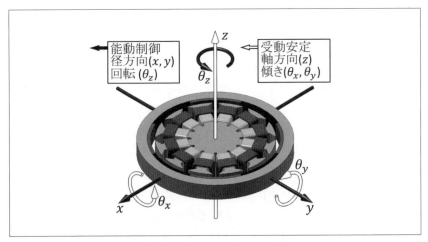

〔図 6.38〕径方向磁気支持形ベアリングレスモータ

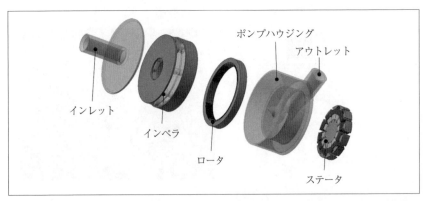

〔図 6.39〕ベアリングレスモータを用いた遠心ポンプ形補助人工心臓の構成

生し，その時の消費電力は 7.2 W，径方向振動振幅は 0.014 mm であり，十分なポンプ性能と磁気浮上性能が確認されている．また，小児用補助人工心臓への応用を目指して，ロータインペラの 5 軸 $(x, y, z, \theta_x, \theta_y)$ を能動的に磁気支持制御する軸方向磁気支持形ベアリングレスモータの開発が行われている [6.37].

6.6 ベアリングレスドライブの設計例

6.6.1 コンシクエントポール形ベアリングレスモータの基本構造と動作原理

図 6.40 に，多極コンシクエントポール形ベアリングレスモータの構造と半径方向の磁気支持力発生原理を示す．回転子には，半径方向に着磁された永久磁石が，突極形状の回転子鉄心の凹部に 20 個設置されている．着磁方向は，全て同一で，N 極がエアギャップの方向を向いているため，回転子磁石間鉄心部は結果的に S 極となり，回転子極数は 40 となる．

図 6.40 は回転子の回転角度が 0° の場合について示している．永久磁石のバイアス磁束に x 軸支持巻線 N_x による支持磁束を重畳させることによって，エアギャップの磁束密度が不平衡となり，x 軸正方向に磁気支持力が発生する．また，回転角度が変化した場合も，同様の原理で x 軸正方向に磁気支持力が発生する．また，y 軸支持巻線 N_y の電流を制御することにより y 軸方向に磁気支持力を発生させることができる．したがって，回転子の x, y 軸方向変位を検出し，x, y 軸の磁気支持力を調

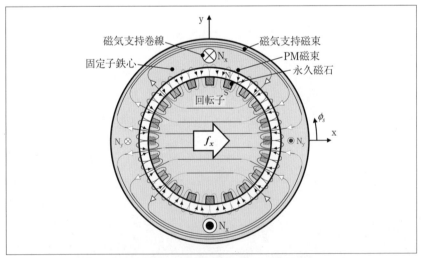

〔図 6.40〕半径方向の磁気支持力発生原理

整することで，回転子の半径方向の位置を能動的に制御することができる[(6.38)]．

コンシクエントポール構造は，巻線による磁束が常に磁気抵抗の低い磁石間鉄心部を通過するため，回転子の回転角度が磁気支持力へ及ぼす影響は小さい．そのため，浮上制御に回転角度情報を必要としないという特長がある．一般のベアリングレスモータは回転角度に依存して正弦波状に力の大きさが変動するため，多極機は高い回転角分解能を必要とする．したがって，コンシクエントポール形ベアリングレスモータにおいて，回転角度に依存しないという特長は，多極機に対して有利である[(6.39)]．

6.6.2　固定子，回転子および巻線の設計

図 6.41 に固定子ヨーク幅に対する y 軸方向磁気支持力および固定子ヨーク磁束密度の関係を示す．固定子および回転子の鉄心材料は，共に 35A300 である．永久磁石の材料は，Nd-Fe-B で N40SH である．固定子ヨークの磁束密度は，固定子ヨーク部の最大磁束密度を B_{yk} として表す．解析条件は，最大支持力を発生している場合で，y 軸方向磁気支持電流 $i_y=2$ A である．なお，電動機巻線に電流は流していない．固定子ヨーク幅設計において，電動機磁束の影響は少ない．なぜなら 2 極の支持磁

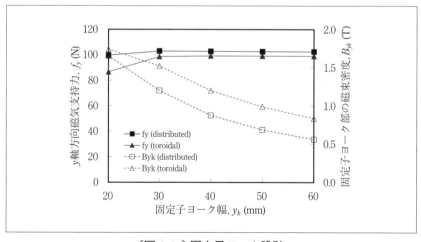

〔図 6.41〕固定子ヨーク設計

- 311 -

束に対して，電動機磁束は40極であり，固定子ヨークに集まる磁束が少ないことに加えて，固定子ヨーク幅を固定子歯幅に対して十分広く設計しているためである．トロイダル巻と分布巻は等しい導体数をスロットに配置した．両者を比較すると，トロイダル巻の方が固定子ヨークの磁束密度が高くなる．ヨーク厚20 mmの場合は，磁気飽和の影響でトロイダル巻の磁気支持力は分布巻に比べて小さい．ヨーク厚を30 mm以上に広げると，トロイダル巻の磁気支持力は，分布巻と同等になる．したがって，ヨーク厚は30 mm以上とすることが望ましい．

　コンシクエントポール形回転子の設計において，重要な点が二点ある．一つは磁石間鉄心部の磁気飽和，もう一つは磁石端部の漏れ磁束である．磁気飽和および漏れ磁束は極数が多くなるほど顕著になり，磁気支持力およびトルクが小さくなる．本項では多極コンシクエントポール形回転子について，磁気飽和および漏れ磁束の影響を考慮した設計方法を示す．ここで漏れ磁束は，磁石から出た磁束が固定子歯に鎖交せず，回転子の磁石間鉄心部に戻る磁束と定義する．

　この問題を低減するため，回転子の永久磁石および磁石間鉄心部の形状検討を行う．図6.42に3種類の回転子の一部分を示す．回転子Aは磁石幅と鉄心幅の割合が等しく磁石幅11.77 mm，回転子Bは磁石幅に対し鉄心幅が広く磁石幅8.64 mm，回転子Cは磁石幅8.64 mmとして，磁石間鉄心幅が一定となるように磁石と鉄心の間に9°の空隙を設けた．ただし，いずれも回転子極数は40，外径150 mm，内径70 mm，磁石形

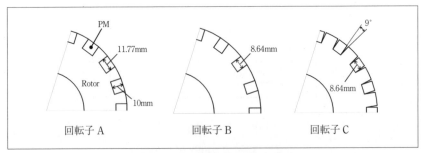

〔図6.42〕3種類の回転子構造

- 312 -

状は直方体とし，磁石厚 10 mm とする．解析は 3 次元有限要素法（3D-FEM）（JMAG Studio. JSOL Corp., Japan）を用いて行った．

図6.43に回転子および固定子歯の磁束密度の最も高い部分の磁束密度分布を示す．ただし，i_y = 2 A である．回転子 A の磁石間鉄心部磁束密度は 2.0 T となっており，磁気飽和している．回転子 B は磁石間鉄心部を広げた結果，磁束密度は 1.6 T まで下がっている．回転子 A と回転子 B の磁束密度分布から，回転子の磁石間鉄心部の磁束密度が高く，磁気飽和が起こりやすい．この理由は直方体磁石を用いると磁石間鉄心部の形状は台形となり，内側が狭くなるためである．つまり，磁気飽和を低減するためには磁石間鉄心部内側を広げることが重要である．しかし，磁石間鉄心部内側を広げるためには，磁石幅を小さくする必要があり，磁気支持力低下が懸念される．また，回転子 B の方が磁石間鉄心部の面積が広いにも関わらず，回転子 C の方が磁石間鉄心部の磁束密度が低い理由は，磁石と磁石間鉄心部に空隙を設けたことにより磁石端部の漏れ磁束が減少したためである．

図6.44にギャップ部中心の磁束密度を示す．ただし，i_y = 0 A，符号は半径方向を正としている．正の領域は永久磁石部，負の領域は磁石間鉄心部と対向するギャップ部である．回転子 A と回転子 B を比較すると，磁石体積の大きい回転子 A の磁石間鉄心部の磁束密度は回転子 B より

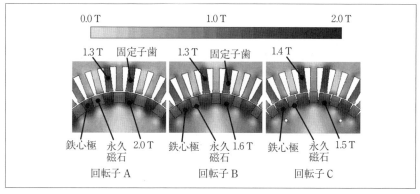

〔図 6.43〕i_y = 2.0 A 時の回転子の磁束密度分布の比較

0.3 T 程度大きい．磁石の体積が等しい回転子 B と回転子 C を比較すると，回転子 C の磁石間鉄心部の磁束密度は回転子 B より 0.15 T 程度大きい．ギャップ磁束密度が増加した理由は，磁石と鉄心の間に空隙を設けることで漏れ磁束が減少し，磁石間鉄心部の磁束密度が低減されたことで，磁気飽和が改善され，固定子，ギャップ，および磁石間鉄心を通る閉磁路の磁気抵抗が減少したためである．

図 6.45 に回転子が中心位置にある場合の支持電流に対する y 軸方向磁気支持力の関係を示す．回転子 A は支持電流 i_y = 1 A 付近まで磁気支持力が線形に増加しているが，さらに電流を増加させると傾きが緩やかになる．この原因は磁石間鉄心部の磁気飽和の影響である．回転子 B は磁石間鉄心部の磁気飽和を改善したため，i_y = 2 A 付近まで線形性が向上している．しかし，磁石幅を狭めた影響で傾きは減少している．回転子 C は空隙を設けて磁気飽和を低減したことに加え，磁石端部の漏れ磁束を低減したため，回転子 A と同等の傾きで，i_y = 2 A 付近まで線形範囲が拡大した．したがって，回転子 C の磁石間鉄心部を拡大し，空隙を設けることは有効な手段である．

図 6.46 にスタートアップを想定して，回転子が y 軸負方向に 0.3 mm

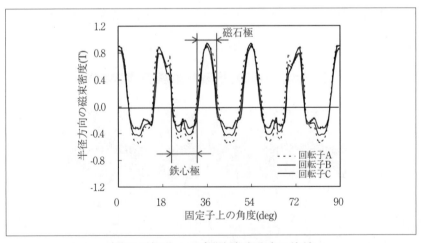

〔図 6.44〕ギャップ磁束密度分布の比較

変位した場合の支持電流とy軸方向磁気支持力の関係を示す．半径方向に変位した場合，変位した方向に永久磁石の磁気吸引力が発生する（以下，不平衡吸引力）．そのため，支持電流i_y=0 Aの状態で磁気支持力は負の値となる．f_y=0 Nは不平衡吸引力と支持電流による電磁力が釣り

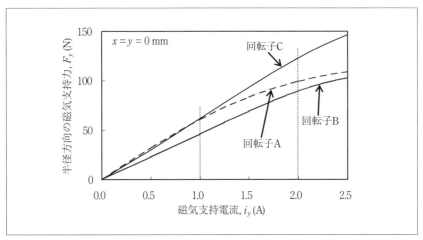

〔図6.45〕回転子が中心に位置する時の磁気支持電流に対する半径方向磁気支持力の解析結果

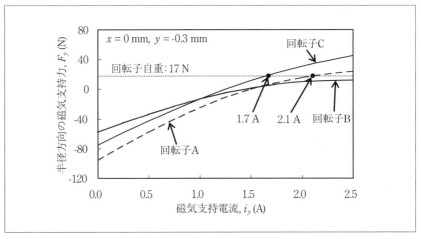

〔図6.46〕y軸負方向に0.3 mm変位した時のy軸方向の磁気支持力の解析結果

- 315 -

合っている状態である．$f_y=17\,\mathrm{N}$ は不平衡吸引力と回転子重量の和が支持電流による電磁力と釣り合っている状態である．$i_y=0\,\mathrm{A}$ の点に着目すると，回転子Cの不平衡吸引力は回転子Bに比べ大きい．回転子Cは固定子歯と鎖交する磁束数が多く，漏れ磁束が少ないからである．また，$f_y=17\,\mathrm{N}$ に達する支持電流値は回転子Aおよび回転子Cそれぞれ，2.1 Aおよび1.7 Aであった．すなわち y 軸方向が鉛直方向と一致している場合，自己浮上に必要な電流は，回転子Cの方が回転子Aに比べ20％少なくて済む．以上の結果から3種類の回転子の中で回転子Cが最も良い性能である．

6.6.3　制御システムの構成と原理

図6.47に磁気支持制御システムを示す．回転子位置の検出には渦電流式のギャップセンサを用いており，位置情報をフィードバックしてPID制御を行っている．また，電流制御の帯域は磁気支持制御の帯域に対して，十分広くなければならない．そのため，電流をフィードバックしPI

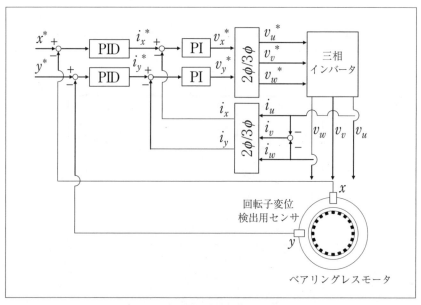

〔図6.47〕磁気支持制御システム

制御を行うことで,インダクタンスによる電流の遅れを補償している.

6.6.4　ドライブ方式,インバータ結線

　図 6.48 に固定子の巻線配置を示す.電動機巻線は 40 極の短節集中巻であり,磁気支持巻線は 2 極の分布巻である.図 6.48 には U 相のみしか示されていないが,実際には,V 相および W 相の巻線が,空間的に 120 度および 240 度回転した位置に設置される.i_{mu} は電動機インバータから U 相電動機巻線に供給される電流を示し,i_{su} は磁気支持インバータから U 相磁気支持巻線に供給される電流を示している.図 6.48 の磁気支持巻線には,トロイダル巻構造が適用され,コイルエンドの短縮が図られている.

　図 6.49 にインバータと巻線の結線を示す.電動機巻線 U_m, V_m, W_m および磁気支持巻線 U_s, V_s, W_s は,三相 Y 結線であり,それぞれ電動機用三相インバータおよび磁気支持用三相インバータに接続されている.したがって,それぞれのインバータの電流を制御することで,電動機制御と磁気支持制御を独立して行うことが可能である.

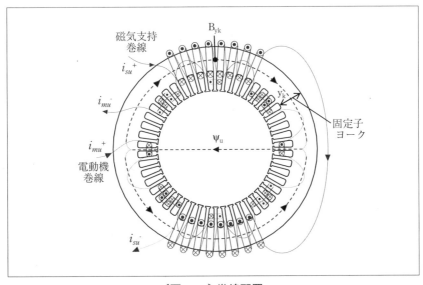

〔図 6.48〕巻線配置

6.6.5 干渉を考慮したダイナミクスのモデル化とコントローラの設計

図 6.50 に，G, F, S の 3 点が不一致のノンコロケーション構造を示す．ここで，3 点の定義を示す．位置 G は，回転子重心の軸方向位置であり，回転子軸長の中心である．回転子に出力を取り出すためのアタッチメントが取付けられた場合，位置 G は回転子軸長の中心から移動する．位置 F は半径方向の磁気支持力が発生する位置である．すなわち，固定子と回転子が対向する領域の中心である．図 6.50 のように，回転子が軸方向に変位した時，対向領域が減少し，位置 F は回転子軸長の中心から Δz 移動する．位置 S は，回転子の半径方向位置を検出する変位センサの取付け位置である．変位センサは，x 軸正方向に，固定子積厚の中心に取付けられている．したがって，位置 S は固定子積厚の中心に位置する．

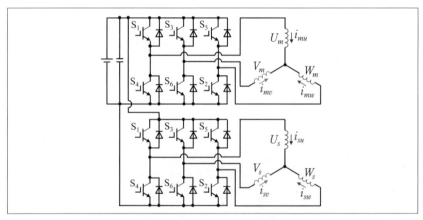

〔図 6.49〕インバータと巻線の結線

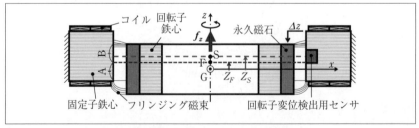

〔図 6.50〕ノンコロケーション構造

図 6.51 に，Z_F と Z_S が零の場合，つまりコロケーション状態の場合の半径方向の磁気支持制御系のブロック線図を示す．PID コントローラが制御対象に接続されており，典型的な磁気軸受の磁気支持制御システムを示している．変位センサで検出された半径方向変位がフィードバックされ，位置指令値と比較され，負帰還フィードバックが形成されている．

図 6.52 に Z_F と Z_S が零でない場合，つまりノンコロケーション状態の場合の半径方向の磁気支持制御系のブロック線図を示す．ブロック線図中に，2 種類のフィードバックループ A および B がある．これらのフィードバックループは，ノンコロケーション状態の時，傾き変位が半径方向に干渉することにより発生する．フィードバックループ A は，Z_F

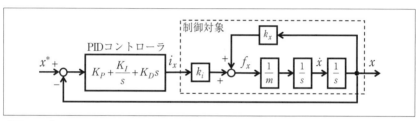

〔図 6.51〕コロケーション状態の一般的な半径方向の磁気支持制御システムのブロック線図（$Z_F=Z_S=0$）

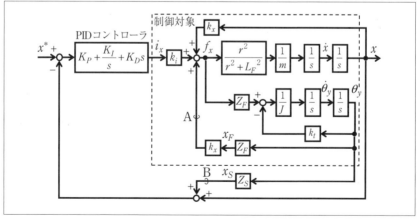

〔図 6.52〕ノンコロケーション状態の半径方向の磁気支持制御システムのブロック線図（$Z_F \neq 0, Z_S \neq 0$）

≒ 第6章　実機設計・製作のための解析と応用

の符号に依存しない不安定な正帰還フィードバックである．さらに，フィードバックループ B は，Z_F と Z_S の積の符号に依存し，正帰還にも負帰還にもなる可能性がある．そのフィードバック信号は，Z_F と Z_S の積の符号が負の時，制御システムは不安定系となる．もし，積の符号が正であったら，負帰還フィードバックとなり，制御システムは安定系となる．しかし，積の符号が負であっても，積分コントローラのゲインを適切な範囲に設定することによって，安定化させることが可能である$^{(6.40)}$．

表6.4にシステムが安定となる $Z_F Z_S$ の条件と，積分ゲイン K_I の関係を示す．また，表6.5に試作機のパラメータと PID コントローラのゲインを示す．

6.6.6　製作例・実験方法

図6.53（a）に製作した試作機とコントローラを示す．固定子外径は300 mm とした．また，回転子下部に変位検出用のセンサターゲットを取り付けた．固定子および回転子の鉄心にはケイ素鋼板を用いており，

〔表6.4〕システムが安定となる積分ゲインの条件

	Case 1	Case 2
$Z_F Z_S$	$Z_F Z_S < (Z_F Z_S)_1$ or $Z_F Z_S > (Z_F Z_S)_2$	$(Z_F Z_S)_1 < Z_F Z_S < (Z_F Z_S)_2$
Condition of K_I	$K_{I1} \leq K_I$ or $0 \leq K_I \leq K_{I2}$	$K_{I2} \leq K_I \leq K_{I1}$

〔表6.5〕試作機のパラメータ

パラメータ	記号	値	単位
回転子質量	m	1.43	kg
傾き軸周りの慣性モーメント	J_θ	0.00246	kg·m^2
磁気支持力係数	k_i	52	N/A
不平衡吸引力係数	k_x	172000	N/m
傾き剛性	k_t	36.9	Nm/rad
回転子外半径	r	75	mm
点 F の軸方向位置	Z_F	2.05	mm
点 S の軸方向位置	Z_S	-15.45	mm
PID コントローラのゲイン			
比例ゲイン	K_P	7200	A/m
積分ゲイン	K_{I1}	2.526×10^6	A/(m·s)
積分ゲイン	K_{I2}	2.908×10^5	A/(m·s)
微分ゲイン	K_D	18.6	A/(m/s)

永久磁石にはネオジム磁石を使用した．コントローラは，マイクロプロセッサ，インバータ，センサアンプを一体化したものである．固定子ヨーク部の周りには支持巻線が施されている．支持巻線の抵抗とインダクタンスはそれぞれ 9.45 Ω，155 mH である．電動機巻線は固定子歯に集中巻で施されている．電動機巻線の抵抗とインダクタンスはそれぞれ 6.44 Ω，18.4 mH である．

図 6.53 (b) にトロイダル巻を施した固定子の側面図を示す．固定子鉄心積厚 10 mm に対して，コイルエンドを含めた軸長は 17.5 mm であるため，軸長は非常に小さい．

図 6.54 に，x 軸方向の PID コントローラの積分ゲインを不安定範囲の $K_I = 2 \times 10^4$ とした時の，x, y, θ_y のスタートアップ波形を示す．ただし，y 軸方向の積分ゲインは，安定範囲の $K_I = 7 \times 10^5$ である．x および y は，変位センサによって検出した．傾き変位 θ_y は，モニタ用の 2 本の渦電流形変位センサを用いて計算した．x, y の位置指令値は，共に 0 mm である．磁気支持制御を ON する前は，回転子は固定子にタッチダウンしている．磁気支持制御を開始すると，半径方向位置 x および y は，直ちに指令値に追従する．しかし，x および θ_y は，次第に振動振幅が大きくなり，発散し，最終的にタッチダウンした．したがって，理論的な数値計算によって明らかになった不安定範囲の積分ゲインを設定すると，

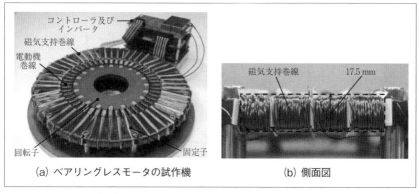

〔図 6.53〕製作した 40 極 48 スロット試作機

⇄ 第6章 実機設計・製作のための解析と応用

安定な磁気支持は困難であることが確認された．また，積分ゲインを大きくし，安定範囲の積分ゲインを設定することで，安定な磁気支持が実現できることが実証された．

図 6.55 に，x 軸，y 軸共に理論的な安定範囲の積分ゲイン $K_I=7\times10^5$ を設定した時の波形を示す．x および y は，スタートアップすると直ちに指令値に追従し，θ_y は 0 mrad に収束している．したがって，積分ゲインを適切に設定することで安定な磁気支持が実現できることが実験的に明らかになった．この実験によって，表 6.4 に示した安定性理論の有効性が確認できた．

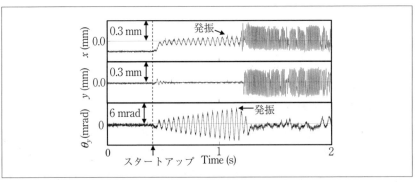

〔図 6.54〕x 軸方向の積分ゲインのみ不安定な積分ゲイン（$K_I=2\times10^4$）での半径方向及び傾き方向変位のスタートアップ波形

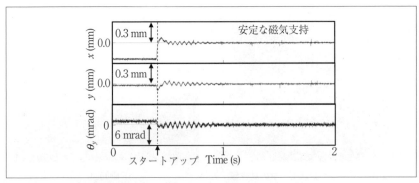

〔図 6.55〕x 軸方向と y 軸方向の積分ゲインが共に安定な積分ゲイン（$K_I=7\times10^5$）での半径方向および傾き方向変位のスタートアップ波形

6.7 磁気浮上式フライホイールの設計例

6.7.1 エネルギー貯蔵に用いられるフライホイール

　フライホイールは慣性モーメントを利用する機械要素であり，回転する円板を指す．トルクが変動する場合でも滑らかな回転運動を可能とするために用いられる場合や，動力を回転体の運動エネルギーとして貯蔵する場合など，様々な用途でフライホイールは活躍している．特に，後者は回転体にモータ・発電機を組み込むことで電力を貯蔵する装置，すなわち電池として用いることも可能である．化学変化を伴わないことから機械式二次電池と呼ばれ，出力密度を高くできること，充放電速度が速いことなどがその特長である．また，回転体を磁気力によって非接触で支持すれば，機械部品の劣化が生じないため原理的に充放電回数に制限がなくなり，他種類の電池と比べて長寿命化を図ることができる．そこで，近年，風力発電や太陽光発電などの負荷平準用としてフライホイールの研究開発が盛んに行われている．

　本節では，停電や瞬時電圧低下時に重要なサーバや機器を補償する非常用電源（UPS, Uninterruptible Power Supply）として用いられる機械式二次電池に制御形磁気軸受を適用した例を紹介する [6.41], [6.42], [6.43]．なお，本事例は NEDO 実用化助成事業で実施されたものである．

6.7.2 機械式二次電池の設計

(1) 機械式二次電池の仕様

　UPS として用いられる機械式二次電池では，保護すべき機器に電力を供給する時間はごくわずかであり，ほとんどの時間が待機運転となる．その待機運転中には軸受損失や風損といった機械損失で消費されるエネルギーを補充する必要があるため，機械損失を少なくすることで装置の高効率化が図られる．本例では，大気ではなく真空中でフライホイールを回転させると同時に，低損失の磁気軸受で支持することで機械損失を低減させている．表 6.6 に機械式二次電池の諸元，図 6.56 に断面構造を示す．アキシャル磁気軸受を回転軸の最上部に，ラジアル磁気軸受を回転軸の上部と下部に，モータ・発電機は回転軸の中央部分に設置されている．フライホイールには比強度の高い CFRP（Carbon Fiber Reinforced

Plastic) が用いられる．それにより，許容回転速度を高め，貯蔵する電力量を増加させている．また，磁気軸受が機能不全となった場合に備えて，タッチダウン軸受がラジアル軸受の近傍に設置されている．

(2) 低損失磁気軸受

通常，ラジアル磁気軸受には構造が簡単で製作性に優れるヘテロポーラ形の磁極が用いられる．また，制御電流と制御力を線形に近付けるために，バイアス電流や永久磁石によって対向するそれぞれの磁極に定常的な磁束を発生させるのが一般的である．

ここでは，ヘテロポーラ形ではなく損失の小さなホモポーラ形の磁極

〔表 6.6〕機械式二次電池の仕様

電力貯蔵量	1.7 kWh
出力	200 kW
補償時間	20 s
定格回転速度	13,000 rpm
ロータ質量	254 kg
フライホイール外径	700 mm
フライホイール周速	476 m/s
チャンバ内圧力	0.1 Pa 以下
給電方式	常時商用給電方式

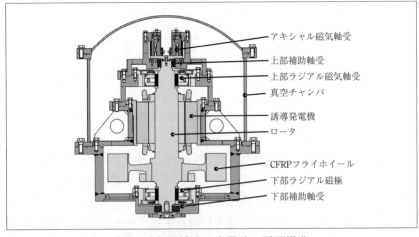

〔図 6.56〕機械式二次電池の断面構造

と，バイアス電流を用いない非線形ゼロバイアス制御を採用することで磁気軸受の低損失化が図られている．図 6.57 にヘテロポーラ形およびホモポーラ形の磁極構造，表 6.7 に磁気軸受の諸元，図 6.58 に設計したラジアル磁気軸受の構造を示す．

(3) 軸系

軸とフライホイールの締結にはアルミ合金製のハブを採用している．このハブと軸間，またハブとフライホイール間は剛に締結されることが重要である．緩みなどが生じると，軸の曲げ剛性低下やそれに伴う軸振動の増加が懸念されるためである．まず，図 6.59 のように，軸，ハブ (1, 2)，CFRP フライホイールの 4 本の梁要素からなる複合軸としてモデル化し，伝達マトリクス法を用いて解析を行った．なお，磁気軸受の制御

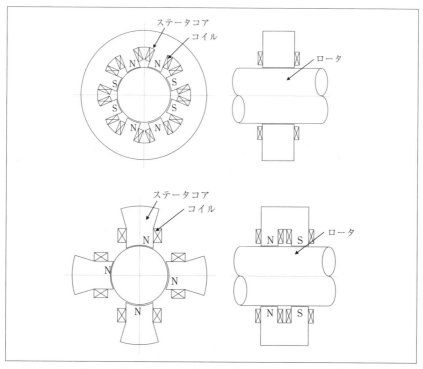

〔図 6.57〕上：ヘテロポーラ形，下：ホモポーラ形

- 325 -

性に大きな影響を与えるハブに起因するモード(以降,ハブ曲げモードと呼ぶ)については別途,有限要素法(FEM解析)を用いて固有振動数を求めた.図6.60に解析結果を示す.軸受特性については,入力変位から力出力までの伝達関数より各周波数における剛性,減衰を算出している.詳細については制御系設計のところで述べる.

上述したモデルで計算した結果を図6.61に示す.これらは非回転時

〔表6.7〕ラジアル磁気軸受の仕様

磁極内径	$\phi 140$ mm
軸周速	95 m/s
磁極面積	1064 mm^2
コイルターン数	100 ターン
磁気ギャップ	0.45 mm
タッチダウン隙間	0.2 mm

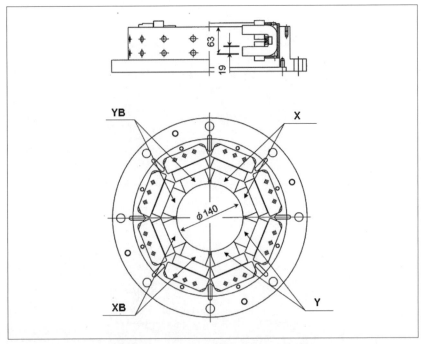

〔図6.58〕ホモポーラ形ラジアル磁気軸受

のモードである．このうち，(b) ハブ曲げモードには，ハブ 1, 2 および CFRP フライホイールの変形も合わせて示している．このモードの固有振動数は，ジャイロ効果によって大きく変化するため注意が必要である．これらの計算により求めた固有値マップについては，後述する回転試験の結果と合わせて説明する．

　制御回路の構成を図 6.62 に示す．ゼロバイアス制御は回転軸のセンタリングを補償しているが，スピルオーバを補償しない．そのため，

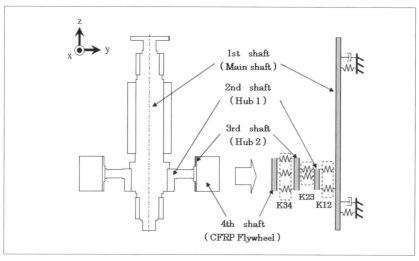

〔図 6.59〕軸系解析モデル

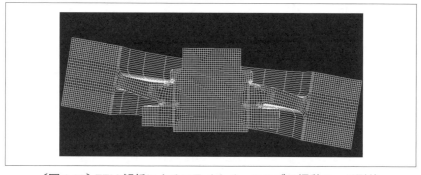

〔図 6.60〕FEM 解析によるフライホイールハブの振動モード形状

ハブ曲げモードに対しては微分による位相進み補償，軸の曲げ1次モードにはバンドエリミネーションフィルタ（バターワース2次），曲げ2次モードにはノッチフィルタを設けている．フライホイールのようにジャイロ効果の大きな軸系では固有振動数が大きく変化するので，広帯域で補償するようなフィルタを選定することが設計上のポイントとなる．また，モータ不平衡吸引力に対応する静剛性を確保するために積分も追加している．このようにして設計した制御器の伝達関数を図6.63に示す．

6.7.3 機械式二次電池の試作と評価

試作した機械式二次電池の写真を図6.64に示す．試験時には，変位

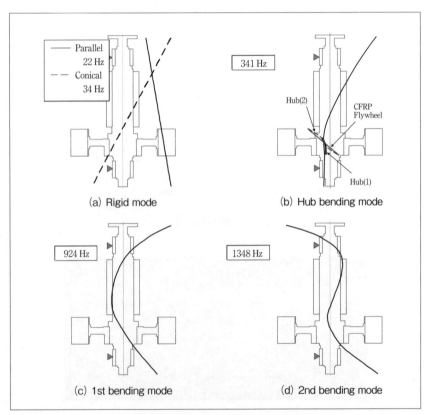

〔図6.61〕静止浮上時のモード形状

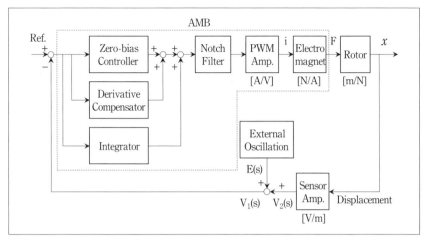

〔図 6.62〕磁気軸受のブロック線図

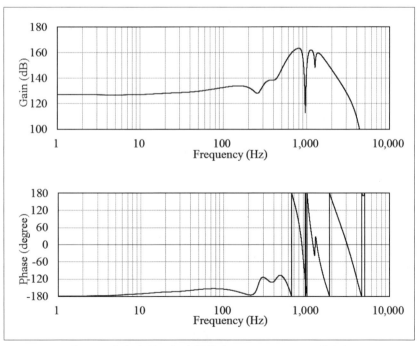

〔図 6.63〕制御器の伝達関数（上：ゲイン，下：位相）

信号に加振信号を重畳させ,その応答から固有振動数と減衰比を求めた.図 6.65 に固有振動数の測定結果を示す.軸の曲げ 2 次モードの固有振動数の解析(実線)と実測(プロット)を比べると,実測値のフォワードとバックワードの分離度が若干大きい.この理由はハブ曲げモードを表現するために導入した軸とハブ間のばね剛性ではジャイロ効果を精度良く表現できていないためと考えられる.その他のモードについては比較的計算と実測は良い一致を示しているが,ハブ曲げモードに関して 9,000 rpm 以上で固有振動数の増加が見られる.この理由はハブとフライホイール間の相互面圧が回転の上昇とともに増加し,この間のばね定数が増加したものと考えられる.この増加を考慮するため,ハブ 2 と CFRP フライホイール間の上下端に回転剛性 1.0×10^8 Nm/rad を与えて計算した固有振動数を点線で示している.両者はよく一致している.また,図 6.66 に昇速時に計測したポーラ線図を示す.定格回転速度まで昇速する間に 1 次,2 次の剛体モードの危険速度を通過するが,上部ラジア

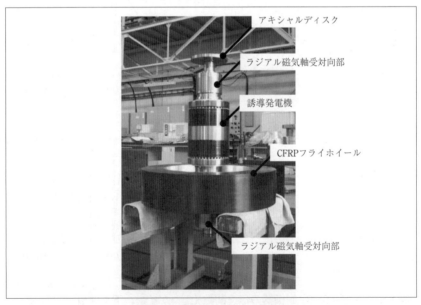

〔図 6.64〕試作したロータ写真

ル磁極および下部ラジアル磁極の位置における最大振幅は $30\mu m_{p-p}$ 程度であり，十分小さな値に抑えられていることを確認した．

最後に安定性について述べる．ISO14839-3 では，磁気軸受の安定性を感度関数で評価することを指針として定めている．図 6.67 に計測された感度関数のゲインを示す．非回転時は全周波数域でゾーン A に入っ

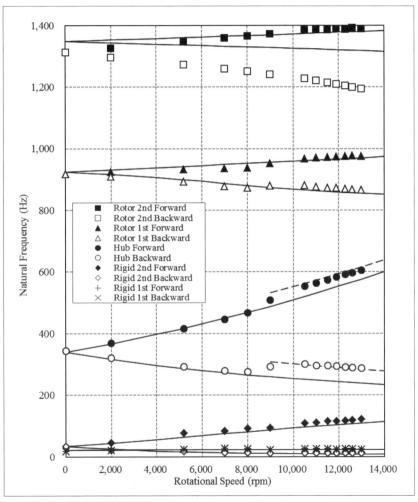

〔図 6.65〕固有値マップ（実線：解析，プロット：実測）

⇌ 第 6 章　実機設計・製作のための解析と応用

ている．十分に安定であることがわかる．定格回転時には卓越成分が観測されたが，それ以外の周波数域はゾーンAであった．この卓越周波

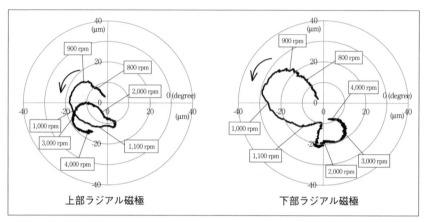

〔図 6.66〕ポーラ線図

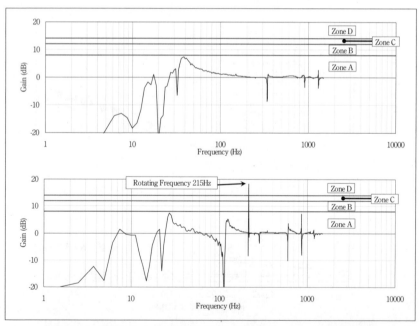

〔図 6.67〕計測された感度関数（上：非回転時，下：定格回転時）

- 332 -

数は回転同期成分の 215 Hz であり，問題無いと言える．これらより，この制御器は十分安定であることが確認された．

最後に，図 6.68 に計測した機械損失を示す．定格回転速度まで昇速させた後，モータの通電を切ってフリーラン時の回転速度変化を記録した．この回転速度変化と軸系の慣性モーメントよりエネルギー消費を求めたところ，定格回転速度 13,000 rpm 時に 16W と極小化できていることを確認した．

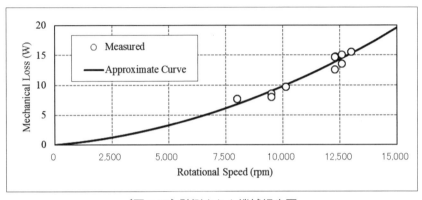

〔図 6.68〕計測された機械損失図

二 第6章　実機設計・製作のための解析と応用

6.8　本章のまとめ

本章では，磁気浮上システムに特有の設計課題，並びに磁気浮上システムの設計・製作例を紹介した．

磁気浮上システムでは振動は重要な設計課題であり，自由振動特性，外力に対する避共振，また回転体の場合は回転体特有の現象なども考慮して設計するが，実機設計ではさらに深度化した検討も重要となる．

強磁場中では，構造物の振動と渦電流の相互作用により，磁気的な剛性，および磁気的な減衰作用が生じ，振動に影響を与える．6.1節では集中定数モデルを用い，このような電磁構造連成現象の基本的なメカニズムを考察した．また，磁気浮上システムの実機設計に実用的な振動解析方法についても検討した．

非線形共振現象の発生可能性を予測しておくことも重要である．これは電磁力が距離で変化する非線形性を持つためである．6.2節では高温超電導体による磁気浮上システムを例とし，非線形性が要因で発生する様々な共振現象を説明した．

磁気浮上システムには制御方式もあり，6.3節では磁気軸受を対象に，モデル化，電磁解析，制御系設計までの流れを紹介した．電磁解析モデル作成の留意点，非線形性を持つ物理量を線形とみなしてよい範囲の判断，微分器のカットオフ周波数の設定など，実機設計に参考となる経験上の考えも述べられている．実際に対象物を浮上させる際の制御パラメータのチューニングなども重要となる．

6.4節ではエレベータの非接触案内装置の設計・製作例を紹介した．磁気浮上による非接触案内では，レール不整に起因する振動を大きく低減することが可能となる．ゼロパワー制御を用い，制御の安定化，並びに乗りかごの機械共振対策により，低振動かつ低電力で，実機エレベータの非接触案内が実現されている．

6.5節では血液ポンプへの応用例を紹介した．血液ポンプの無潤滑，無摩擦・無摩耗，さらに広い軸受隙間の実現には電磁力による非接触支持が有効である．血液ポンプに特徴的なことは，その性能評価には動物試験が欠かせない点である．浮上・回転の長期安定性を溶血・血栓など

- 334 -

も考慮して確保するなど，多岐に亘る評価が必要である．また，血液ポンプにはベアリングレスモータも応用されている．

6.6 節ではベアリングレスモータの設計例を紹介した．ここでは回転子並びに固定子巻線の設計，および制御系の設計が具体的に述べられている．また，試作機とコントローラの測定から，安定な磁気支持が確認されている．

6.7 節ではフライホイールの設計例を紹介した．万一の場合の瞬時の電力供給停止に備える機械式二次電池ではほとんどの時間が待機運転となるので，待機運転中の機械損失を少なくすることで高効率化を図る．ここでは，真空中でフライホイールを回転させると同時に，低損失の磁気軸受で支持することで機械損失を低減させている．

本章で述べたように，磁気浮上システムの設計課題は電磁気，機械振動，制御などが複合しており，これらの基礎知識はもとより，磁気浮上システム特有の課題に対応する設計技術も必要となる．また，本章で紹介した設計・製作例から，磁気浮上システムが多様な分野に応用され，進展していることがわかる．いずれも，非接触でメンテナンスフリーという磁気浮上システムの特徴を生かしている．

磁気浮上システムは，ここで述べた以外にも様々な応用可能性を持ち，今後もますますの発展が期待される．そのためには，設計・製作技術の継続的な進展とともに，経験やノウハウを蓄積していくことも重要と言えよう．

第6章　実機設計・製作のための解析と応用

【参考文献】

(6.1) 電気学会　磁気浮上応用技術調査専門委員会編：「磁気浮上と磁気
軸受」，コロナ社 (1993).

(6.2) 日本機械学会編：「電磁力応用機器のダイナミックス」，コロナ社
(1990).

(6.3) 土島秀雄，寺井元昭，吉田史，渡邊洋之，山地睦彦，松田正治，
地蔵吉洋，藤本泰司：「山梨実験線用超電導磁石の熱負荷増特性」，低
温工学，Vol. 29, No. 10, pp. 530-536 (1994).

(6.4) 坂本茂，平田東助，吉岡健，福本英士，滝沢照広：「集中定数モデ
ルを用いた電磁構造連成挙動解析」，日本機械学会論文集 (C 編)，
Vol. 60, No. 577, pp. 3057-3063 (1994).

(6.5) 後藤憲一，山崎修一郎：「詳解　電磁気学演習」，共立出版 (1970).

(6.6) T. Takagi and J. Tani : "A new numerical analysis method of dynamic
behavior of a thin plate under magnetic field considering magnetic viscous
damping effect", International Journal of Applied Electromagnetics in
Materials, Vol. 4, No. 1, pp. 35-42 (1993).

(6.7) T. Sugiura, M. Tashiro, Y. Uematsu and M. Yoshizawa: "Mechanical
stability of a high-Tc superconducting levitation system", IEEE
Transactions on Applied Superconductivity, Vol. 7, No. 2, pp. 386-389 (1997).

(6.8) 杉浦壽彦，植松義尊：「発展鏡像法による高温超電導磁気浮上系の
電磁力およびトルクの解析」，日本機械学会論文集 (C 編)，Vol. 66,
No. 644, pp. 1138-1145 (2000).

(6.9) A. H. Nayfeh and D. T. Mook: "Nolinear Oscillations", John Wiley & Sons
Inc., New York (1979).

(6.10) 安田仁彦：「振動工学－応用編－」，pp. 144-178, コロナ社 (2001).

(6.11) 小林慎太郎，須田辰也，杉浦壽彦：「高温超電導体で支持された
回転体の分数調波共振現象」，第 22 回「電磁力関連のダイナミクス」
シンポジウム講演論文集 (日本機械学会 No.10-252)，pp. 600-603 (2000).

(6.12) A. Tondl, et al.: "Autoparametric Resonance in Mechanical Systems",
Cambridge University Press, Cambridge (2000).

(6.13) T. Shimizu, T. Sugiura and S. Ogawa: "Parametrically excited motion of a levitated rigid bar over high-Tc superconducting bulks", Physica C, Vol. 445–448, pp. 1109–1114 (2006).

(6.14) T. Sugiura, S. Ogawa and H. Ura: "Nonlinear oscillation of a rigid body over high-Tc superconductors supported by electro-magnetic forces", Physica C, Vol. 426–431, pp. 783–788 (2005).

(6.15) 坂口龍之介, 杉浦壽彦:「高温超電導磁気浮上系におけるオートパラメトリック共振を利用した振動低減」, Dynamics and Design Conference 2012 USB 論文集 (D&D2012, 日本機械学会 No. 12-12), No. 546 (2012).

(6.16) 山崎寛, 坂口龍之介, 杉浦壽彦:「高温超電導磁気浮上系における水平方向のオートパラメトリック励振を利用した鉛直方向の振動抑制実験」, 第 21 回 MAGDA コンファレンス in 仙台 講演論文集 (MAGDA2012, 日本 AEM 学会), No. OS1-1, pp. 191-194 (2012).

(6.17) 上條芳武, 伊東弘晃, 丸山裕, 「ゼロパワー制御を用いた磁気軸受の構成と軸支持特性」, 日本機械学会論文集 (C 編), Vol. 79, No. 808, pp. 4963-4972 (2013).

(6.18) 上條芳武, 丸山裕, 「ゼロパワー制御を用いた磁気軸受の特性検討」 Dynamics & Design Conference 2012, "535-1"-"535-6".

(6.19) 丸山裕, 上條芳武, 「ゼロパワー制御を用いた磁気軸受における完全非接触浮上の実現」, 平成 25 年電気学会全国大会論文集, pp. 147-148.

(6.20) 水野毅, 吉冨亮一, 「ゼロパワー磁気浮上を利用した除振装置の開発 (第 1 報, 基本原理と基礎実験)」, 日本機械学会論文集 (C 編), Vol. 68, No. 673, pp. 2599-2604 (2002).

(6.21) 森下, 小豆沢:「常電導吸引式磁気浮上系のゼロパワー制御」, 電気学会論文誌 D, Vol. 108-D, No. 5, pp. 447-454 (1988).

(6.22) 森下, 明石:「ゼロパワー磁気浮上制御によるエレベータ非接触案内方式の検討」, 電気学会リニアドライブ研究会資料, LD-01-53, pp. 17-22 (2001).

(6.23) 森下, 伊東:「実機試験用エレベータ非接触案内装置の案内力制

第6章　実機設計・製作のための解析と応用

御の検討」，電気学会リニアドライブ研究会資料，LD-04-101，pp. 21-26
（2004）．

(6.24) 森下，小豆沢：「オブザーバによる外力補償を付加したゼロパワ
ー磁気浮上制御」，電気学会リニアドライブ研究会資料，LD-88-6，pp. 1-10
（1988）．

(6.25) 森下，伊東，浅見，横林：「エレベータ非接触案内装置における
機械系共振と磁気浮上制御」，電気学会リニアドライブ研究会資料，
LD-08-85，pp. 53-56（2008）．

(6.26) 伊東，森下，浅見，横林：「エレベータ非接触案内装置における
レール継目通過時の挙動に関する検討」，電気学会リニアドライブ研
究会資料，LD-08-84，pp. 49-52（2008）．

(6.27) 伊東，森下，山本：「エレベータ非接触案内装置における走行時
挙動に関する検討」，日本機械学会第19回電磁力関連のダイナミクス
シンポジウム講演論文集，pp. 13-16（2007）．

(6.28) Hideo Hoshi, Tadahiko Shinshi, Setsuo Takatani: "The Third
Generation Blood Pumps: Mechanical Non-contact with Magnetic Levitation,
Artificial Organs", Vol. 30, No. 5, pp. 324-338 (2006).

(6.29) J. Asama, T. Shinshi, H. Hoshi, S. Takatani, Akira Shimokohbe: "A New
Design for a Compact Centrifugal Blood Pump with a Magnetically Levitated
Rotor", ASAIO Journal, Vol. 50, No. 6, pp. 550-556 (2004).

(6.30) 湯本淳史，進士忠彦：「軸方向制御型磁気軸受モータを搭載した
小型遠心血液ポンプ」，Vol. 78, No. 792, pp. 345-353（2012）．

(6.31) Junichi Asama, Tadahiko Shinshi, Hideo Hoshi, Setsuo Takatani and
Akira Shimokohbe: "Dynamic Characteristics of a Magnetically-Levitated
Impeller in a Centrifugal Blood Pump", Artificial Organs, Vol. 31, No. 4, pp.
301-311 (2007).

(6.32) Chi Nan Pai, Tadahiko Shinshi, Junichi Asama, Setsuo Takatani, Akira
Shimokohbe: "Development of a Compact Centrifugal Rotary Blood Pump
with Magnetically Levitated Impeller Using a Titanium Housing", Journal of
Advanced Mechanical Design, Systems, and Manufacturing, Vol. 2, No. 3,

- 338 -

pp. 345-355 (2008).

(6.33) Wataru Hijikata, Tadahiko Shinshi, Junichi Asama, Lichuan Li, Hideo Hoshi, Setsuo Takatani and Akira Shimokohbe: "A MagLev Centrifugal Blood Pump with a Simple-Structured Disposable Pump Head", Artificial Organs, Vol. 32, No. 7, pp. 531-540 (2008).

(6.34) Eiki Nagaoka, Tatsuki Fujiwara, Daisuke Sakota, Tadahiko Shinshi, Hirokuni Arai, Setsuo Takatani, MedTech Mag-Lev: "Single-use, Extracorporeal Magnetically Levitated Centrifugal Blood Pump for Mid-term Circulatory Support", ASAIO Journal 2013, Vol. 59, No. 3, pp. 246-252 (2013).

(6.35) H. Onuma, T. Masuzawa and M. Murakami: "Development of radial type self-bearing motor for small centrifugal blood pump", Proc. of 15th International Symposium on Magnetic Bearings, pp.685-692 (2016).

(6.36) 吉田・増澤・村上・小沼・西村・許：「薄小型磁気浮上補助人工心臓における浮上インペラの受動安定軸の変動計測」，日本 AEM 学会誌，Vol. 23，No. 2, pp.400-406（2015）.

(6.37) M. Osa, T. Masuzawa, T. Saito and E. Tatsumi: "Magnetic levitation performance of miniaturized magnetically levitated motor with 5-DOF active control", Proc. of 15th International Symposium on Magnetic Bearings, pp. 594-601 (2016).

(6.38) 神谷幸佑，杉元紘也，朝間淳一，千葉明，深尾正：「トロイダル巻線構造を採用した多極コンシクエントポール型ベアリングレスモータの設計」，日本 AEM 学会誌，Vol. 17, No. 1, pp. 15-20 (2009).

(6.39) 杉元紘也，朝間淳一，千葉明：「トロイダル巻を用いた多極コンシクエントポール型ベアリングレスモータの磁気支持特性」，電気学会論文誌 D，Vol. 132, No. 12, pp. 1-9（2012）.

(6.40) Hiroya Sugimoto, and Akira Chiba: "Stability Consideration of Magnetic Suspension in Two-Axis Actively Positioned Bearingless Motor with Collocation Problem", IEEE Transactions on Industry Applications, Vol. 50, No.1, pp. 338-345 (2014).

第6章 実機設計・製作のための解析と応用

(6.41) G.Kuwata, N.Sugitani, and O.Saito: "Development of Low Loss Active Magnetic Bearing for the Flywheel UPS", The 10th International Symposium on Magnetic Bearings (2006).

(6.42) 齊藤修，桑田厳，温見寿範，岩崎郁夫，真島隆司：「機械式2次電池の開発」，IHI 技報 , Vol. 49, No. 1, pp. 54-59 (2009).

(6.43) 齊藤修, 桑田厳, 斉藤忍：「無停電電源装置フライホイールの開発」，日本機械学会論文集（C 編），Vol.76, No.769, pp. 2255-2261 (2010).

あとがき

　1993 年に出版された「磁気浮上と磁気軸受」以来、磁気浮上全般についての専門書が出版されていないため、20 年以上経った今、ぜひ新しい本を、ということで磁気浮上技術調査専門委員会において本の執筆を目標として、2014 年から調査活動とともに執筆作業を行ってきた。この委員会は電気系だけでなく、機械系の研究者も多く、大学、企業、またベテランから若手まで大変バランスよく構成され、多くの技術者に読んで頂きたい本を執筆するには絶好のベースであった。技術の解説をするだけでなく、これからシステムを開発しようとする技術者に役立つ本ができたと自負している。

　出版の準備においては北野淳一氏 (JR 東海、元リニアドライブ技術委員長) にご助言やご助力をいただいた。また、原稿のとりまとめにおいては各章幹事に多大な労力を費やして頂いた。各章から出された膨大な原稿について内容、また、図番や参考文献番号の整合性のチェックは「磁気浮上と磁気軸受」出版時の幹事としても活躍され、元技術委員長でもある小豆澤委員に一手にお引き受けいただいた。長谷川幹事、栗田幹事、丸山幹事補佐には委員会発足時から長年にわたって支えていただいた。これら多くの人のご尽力の上にこの本が出来上がっていることに感謝したい。

索引

記号／数字

$\alpha\beta$ 変換 · 46
3 レベル制御 · 178

アルファベット

automatic balancing system · · · · · · · · · · · · 105
dq 変換 · 46
d 軸電流 · 172
EDS · 79, 244
EMS · · · · · · · · · · · · · · · · · · · 78, 181, 244
FET · 248
H_∞ 制御 · 42
H_∞ ノルム · 42
HSST · 181
JR マグレブ · 134
LIM · 181
LQI · 284
LSRM · 185
MMD (Modal Magnetic Damping) · · · · · · 267
OTV · 184
P±2 極理論 · 174
PD 制御 · · · · · · · · · · · · · · · · · · 34, 84, 281
PID 制御 · · · · · · · · · · · · · · · · · · · 214, 316
PI 制御 · 316
UPS · 323
XY ステージ · 188

あ行

アーンショウの定理 · · · · · · · · · · · · · · · · · 78
圧粉鉄心 · 20
アンチワインドアップ · · · · · · · · · · · · · · · 291
安定化制御 · 289
位相 · 286, 294
位相特性 · 217
1 自由度系 · 56
一般化プラント · 43
インセット形 · 227
インダクタンス行列 · · · · · · · · · · · · · 49, 53
インダクトラック · · · · · · · · · · · · · · · · · 143
インバータ · 209
後向き歳差運動 · 66
後向きふれまわり運動 · · · · · · · · · · · · · · · 65

薄板鋼板 · 20
渦電流 · 20, 257
うなり (beat) · 297
運動方程式 · 22
永久磁石 · · · · · · · · · · · · · · · · · · 12, 13, 76
永久磁石形 · 220
エレベータ · 287
遠心 (型) · 302
オートパラメトリック共振 · · · · · · · · 272, 278
オブザーバ · · · · · · · · · · · · · 36, 37, 85, 292

か行

可安定 · 82
回生ブレーキ · 248
回転座標変換 · 48
回転体 · 62
ガイドウェイ · 136
外部エネルギー · 12
外乱オブザーバ · 85
可観測 · · · · · · · · · · · · · · · · · 27, 28, 169, 280
かご形回転子 · 215
カスケードポンプ · · · · · · · · · · · · · · · · · 308
可制御 · 26, 169
傾き振動 · 66
可変磁路制御形 · · · · · · · · · · · · · · · · · · · 133
慣性剛性 · 117
慣性主軸 · · · · · · · · · · · · · · · · · · · 63, 64, 102
慣性モーメント · 64
観測出力 · 28, 29
感度関数 · 44
機械運動による磁気浮上方式 · · · · · · · · · · 133
機械エネルギー · 12
機械式二次電池 · · · · · · · · · · · · · · · · · · · 323
機械損失 · 323
危険速度 · 66
起磁力 · 13, 240
吸引制御形磁気浮上 · · · · · · · · · · · · · · · · · 22
吸引力 · 77
吸引力変動零化制御 · · · · · · · · · · · · · · · · · 98
共振 · 55, 294
強制振動 · · · · · · · · · 55, 56, 57, 272, 275, 276
共役複素数 · 32
極 · 32, 281
極慣性モーメント · · · · · · · · · · · · · · · · · · 64
極配置 · 32
金属系超電導体 · · · · · · · · · · · · · · · · · · · 151

金属導体 · 76	磁界の強さ · · · · · · · · · · · · · · · · · · · 11
空心コイル · · · · · · · · · · · · · · · · · · · 76	磁気案内 · 287
グラファイト · · · · · · · · · · · · · · · · · · 197	磁気エネルギー · · · · · · · · · · · · · · 11, 53
係数励振 · 270	磁気回路 · 13
ゲイン · · · · · · · · · · · · · · · · · · 283, 294	磁気回路専用形 · · · · · · · · · · · · · · · 163
血液ポンプ · · · · · · · · · · · · · · 171, 301	磁気カップリング · · · · · · · · · · · · · · 303
結合共振 · 270	磁気減衰 · 262
血栓 · 302	磁気剛性 · 262
懸垂形磁気浮上方式 · · · · · · · · · · · 183	磁気軸受 · · · · · · · · · · · 279, 302, 323
減衰 · 55	磁気車輪 · 144
減衰行列 · 59	磁気抵抗 · 13
減衰係数 · 56	磁気浮上機構 · · · · · · · · · · · · · · · · · 75
減衰固有角振動数 · · · · · · · · · · · · · · 57	磁気浮上搬送 · · · · · · · · · · · 183, 248
減衰比 · · · · · · · · · · · · · · · · · · 57, 330	磁気飽和 · 312
減衰率 · 57	磁極 · 12
現代制御 · · · · · · · · · · · · · · · · · · 22, 27	磁気力 · 15
コイルエンド · · · · · · · · · · · · · · · · · 317	軸流型 · 302
コイル軌道 · · · · · · · · · · · · · · · · · · 134	自己インダクタンス · · · · · · · · · · · · · · 17
高温超電導 · · · · · · · · · · · · · · · · · · 269	時刻歴応答 · · · · · · · · · · · · · · · · 58, 60
剛性 · 117	仕事量 · 12
剛性行列 · 59	システム行列 · · · · · · · · · · · · · · · · · · 24
剛性ロータ · · · · · · · · · · · · · · · 62, 168	磁性軟鉄 · 19
高調波共振 · · · · · · · · · · · · · · · · · · 270	磁束 · 13
交流アンペール式 · · · · · · · · · · · · · · 148	磁束検出形(制御)形 · · · · · · · · · · · 218
誤差ベクトル · · · · · · · · · · · · · · · · · · 37	磁束の保存 · · · · · · · · · · · · · · · · · · · 80
コニカルモード · · · · · · · · · · · · · · · · 67	磁束ピン止め · · · · · · · · · · · · · · · · · · 80
固有角振動数 · · · · · · · · · · · · · 57, 267	磁束密度 · 11
固有振動数 · · · · · 55, 58, 59, 169, 260, 270, 281, 326	実験モード解析 · · · · · · · · · · · · · 67, 68
固有値 · 32	質量行列 · 59
固有値解析 · · · · · · · · · · · · · · · · 59, 267	ジャイロ · · · · · · · · · · · · · 64, 94, 327
固有値マップ · · · · · · · · · · · · · · · · 327	ジャンプ現象 · · · · · · · · · · · · · · · · · 271
固有(振動)モード · · · · · 55, 59, 267, 274-278	自由振動 · · · · · · · · · · · · · · · · · · 55, 56
コロケーション · · · · · · · · · · · · 169, 319	集中定数モデル · · · · · · · · · · · · · · · 257
コンシクエントポール形 · · · · · · · 236, 310	柔軟構造体 · · · · · · · · · · · · · · · · · · 106
	周波数応答 · · · · · · · · · 32, 58, 60, 260, 270, 277
## さ行	周波数特性 · · · · · · · · · · · · · · · · · · 115
サーボ · 40	ジュール損失 · · · · · · · · · · · · · · · · · 257
最次元オブザーバ · · · · · · · · · · · · · · 38	主共振 · 270
最適制御入力 · · · · · · · · · · · · · · · · · · 42	出力行列 · 24
最適レギュレータ · · · · · · · · · · · · · · · 35	出力フィードバック · · · · · · · · · · · · · 84
鎖交磁束 · 51	出力ベクトル · · · · · · · · · · · · · · · · · · 24
座標変換 · 46	出力変数 · 24
酸化物超電導体 · · · · · · · · · · · · · · · 151	出力方程式 · · · · · · · · · · · · · 24, 29, 31
漸近安定 · 81	状態空間 · · · · · · · · · · · · · · 23, 25, 39
三相-二相変換 · · · · · · · · · · · · · · · · · 47	状態フィードバック · · · · · · · · · · 33, 82
シート軌道 · · · · · · · · · · · · · · · · · · 134	状態ベクトル · · · · · · · · · · · · · · · 23, 24

- 343 -

索引

状態変数 · 24
状態方程式 · · · · · · · · · · · · · · · 22, 23, 24, 281
常電導(吸引式)磁気浮上 · · · · · · · · · 11, 163, 287
常電動磁気浮上式鉄道 · · · · · · · · · · · · · · · 244
常電導電磁石 · 76
消費電力 · 299
磁力 · 11
自励振動 · 55
磁路 · 12
磁路断面積 · 13
磁路長 · 12
人工心臓 · 171
振動 · 55, 257
振動応答 · 57, 260
振動減衰 · 189
振動モード · 108, 168
振動抑制 · 278
推進コイル · 136
推定値(オブザーバの) · · · · · · · · · · · · · · · · · 37
ストークスの定理 · 15
スピルオーバ · · · · · · · · · · · · · · · · 45, 170, 327
すべり周波数形 · 218
スモールゲイン定理 · · · · · · · · · · · · · · · · 45, 90
制御対象 · 37
制御電圧 · 25
制御入力 · 25, 28
正定値解 · 42
正定値対称行列 · 36
積分型最適レギュレータ · · · · · · · · · · · · · · · 41
セルフセンシング浮上 · · · · · · · · · · · · · · · · · 86
ゼロコンプライアンス · · · · · · · · · · · · · · · · 279
ゼロバイアス制御 · · · · · · · · · · · · · · · · · · · 325
ゼロパワー制御 · · · · · · · · · · · · 120, 279, 287
線形制御理論 · 22
センターリング · 327
全置換形人工心臓 · · · · · · · · · · · · · · · · · · · 301
相互インダクタンス · · · · · · · · · · · · · · · · · · 17
速度起電力 · · · · · · · · · · · · · · · · · · · 110, 259
速度信号 · 293
側壁浮上方式 · 137

た行

ターボ分子ポンプ · · · · · · · · · · · · · · · · · · · 176
体外設置形 · 301
対向浮上方式 · 137
体内埋め込み形 · 301

多自由度系 · 59
タッチダウン · · · · · · · · · · · · · · · · · · · 321, 324
弾性ロータ · 168
超電導磁気浮上式鉄道 · · · · · · · · · · · · 163, 244
超電導(電)磁石(SCM) · · · · · · · · · · · · 76, 244
調和外乱 · 104
調和励振力 · 57, 60
直流機モデル · 228
直流磁界 · 236
定係数常微分方程式 · · · · · · · · · · · · · · · · · · 21
テイラー展開 · 21
鉄心 · 12, 13
電圧制御形(磁気浮上) · · · · · · · · 27, 30, 83, 280
電機子反作用 · 221
電磁吸引制御式(磁気浮上) · · · · · · · 78, 181, 244
電磁構造連成 · 257
電磁誘導式(磁気浮上) · · · · · · · · · · · · 79, 244
電磁力 · 11, 15
伝達関数 · 40, 68, 293
電流制御形(磁気浮上) · · · · · · · 22, 25, 29, 82, 280
電流積分形ゼロパワー制御 · · · · · · · · · · · · · 291
電流変動零化制御 · 98
電力増幅器 · 25
同一次元オブザーバ · · · · · · · · · · · · · · · · · · 37
同期リラクタンス形 · · · · · · · · · · · · · · · · · 232
透磁率 · 13
特性多項式 · 33
特性方程式 · 57
突極永久磁石形 · 227
突極形 · 232
突極比 · 232
トルク · 19
トロイダル巻 · 312

な行

内部共振 · 270
内部モデル原理 · 40
入力行列 · 24
入力ベクトル · 24
入力変数 · 24, 25
ヌルフラックス線 · · · · · · · · · · · · · · · · · · · 140
粘性減衰 · 55
ノッチフィルタ · · · · · · · · · · · 104, 170, 294, 328
ノンコロケーション · · · · · · · · · · · · · · 169, 318

は行

パーミアンス	225
バイアス磁束	237
バイアス電流	324
拍動流形	301
バックワード(固有振動数)	330
腹(振動の)	169
パラレルモード	66
バルク(超電導)	76, 152
ハルバッハ	198, 303
半径方向力	212
反磁性(体)	76, 197
半導体露光装置	188
バンドエリミネーションフィルタ	328
反発力	77
ビオ・サバールの法則	19
非可制御	27
非干渉化制御	236
非接触案内	287
非接触支持	11, 302
非接触浮上	75
非線形振動	269
非線形連成	273, 275
非粘着駆動	245
非負定値対称行列	36
評価関数	35
表面磁石貼付構造	220
比例粘性減衰	59, 267
ピン止め効果	152
ピンニングセンタ	152
不安定	81
フィードバック	32, 280, 293, 316
フェライト	19
フォワード(固有振動数)	330
複素数	32
複素平面	32
不減衰固有角振動数	57
節(振動の)	169
浮上案内コイル	136
浮上コイル	248
浮上の安定性	78
不確かさ	42
不釣り合い(不つり合い)	64
不つり合い補償	96
不つり合い力	94
不平衡	280, 303, 315, 328

フライホイール	323
フラックスバリア形	232
ふれ回り(ふれまわり)	64, 94
フレミングの左手の法則	15, 19
分調波共振	270
分布巻	312
ベアリングレスモータ	209, 307, 310
平衡点	22
並進振動	65
閉ループ系	32
並列磁気浮上	93
ベクトル制御	218
ヘテロポーラ形	324
変位センサレス浮上	86
変位変動零化制御	98
ボード線図	295, 330
補機電源	142
補助人工心臓	301
保磁力	13
ホモポーラ形	236, 324

ま行

マイスナー効果	152
前向き歳差運動	66
前向きふれまわり運動	65
曲げ変形	167
むだ時間	89
無負荷誘導起電力	221
メンテナンスフリー	305
モード	290, 326
モード解法	61
モード減衰比	55, 61, 267
モード剛性	61
モード質量	61, 267
モード特性	55
漏れ磁束	312

や行

有限要素法	67
誘導機形	215
溶血	302
横力	77

ら行

リアクションプレート	182
リカッチ代数方程式	36

⇌ 索引

リニア同期モータ ・・・・・・・・・・・・・・・・・・・・・・・・244
リフトアップ・・・・・・・・・・・・・・・・・・・・・・・・・・・134
リラクタンス ・・・・・・・・・・・・・・・・・・・・・・・・・・225
リラクタンス力・・・・・・・・・・・・・・・・・・・・・・・・・15
臨界減衰係数・・・・・・・・・・・・・・・・・・・・・・・・・・57
レーザ干渉計 ・・・・・・・・・・・・・・・・・・・・・・・・・189
レギュレータ ・・・・・・・・・・・・・・・・・・・・・・・・・・40
連続流形・・・・・・・・・・・・・・・・・・・・・・・・・・・・301
ロータ ・・・・・・・・・・・・・・・・・・・・・・・・・・・・・・62
ローレンツ力・・・・・・・・・・・・・・・・・・・15, 19, 259
ロバスト制御・・・・・・・・・・・・・・・・・・・・・・・・・・88

●ISBN 978-4-904774-50-2

東北大学 一ノ倉 理
秋田大学 田島 克文
東北大学 中村 健二
秋田大学 吉田 征弘
著

設計技術シリーズ

磁気回路法による
モータの解析技術

本体 4,200 円＋税

第1章　磁気回路法の基礎
1－1　磁気回路と磁気抵抗
1－2　磁気回路の計算例
1－3　節点方程式と閉路方程式
1－4　多巻線系の場合
1－5　磁気抵抗とインダクタンス
1－6　磁気抵抗とパーミアンス
1－7　Excel を利用した磁気回路の解析
1－8　回路シミュレータを利用した磁気回路の解析 5
1－9　まとめ

第2章　非線形磁気回路の解析手法
2－1　非線形磁気特性の取り扱い
2－2　Excel を利用した非線形磁気回路の解析
2－3　回路シミュレータによる非線形磁気回路の解析
2－4　変圧器への適用例
2－5　DC-DC コンバータへの適用例
2－6　まとめ

第3章　磁気回路網（リラクタンスネットワーク）
　　　　による解析
3－1　RNA モデル導出の基礎
3－2　RNA による解析事例
3－3　回路シミュレータによる RNA モデルの構築方法
3－4　まとめ

第4章　モータの基本的な磁気回路
4－1　固定子の磁気回路
4－2　永久磁石回転子の磁気回路
4－3　永久磁石モータの磁気回路モデル
4－4　突極形回転子の磁気回路
4－5　SR モータの磁気回路モデル
4－6　SR モータの SPICE モデル
4－7　まとめ

第5章　磁気回路に基づくモータ解析
5－1　永久磁石モータのトルク
5－2　SR モータのトルク
5－3　運動方程式の取り扱い
5－4　永久磁石モータの起動特性
5－5　インバータ駆動時のシミュレーション
5－6　SR モータの動特性シミュレーション
5－7　まとめ

第6章　非線形磁気特性を考慮した
　　　　SR モータの解析
6－1　磁化曲線に基づく
　　　　SR モータの非線形可変磁気抵抗モデル
6－2　磁束分布を考慮した
　　　　SR モータの非線形磁気回路モデル
6－3　まとめ

第7章　リラクタンスネットワークによるモータ
　　　　解析の基礎
7－1　モータの RNA モデル
7－2　RNA におけるトルク算定法
7－3　まとめ

第8章　リラクタンスネットワークによる
　　　　永久磁石モータの解析
8－1　集中巻表面磁石モータ
8－2　分布巻表面磁石モータ
8－3　埋込磁石モータ
8－4　まとめ

第9章　電気―磁気回路網によるうず電流解析
9－1　電気―磁気回路によるうず電流解析の基礎
9－2　電気回路網の導出
9－3　電気―磁気回路網によるうず電流損の算定例
9－4　永久磁石モータの磁石うず電流損解析
9－5　まとめ

第10章　鉄損を考慮した磁気回路
10－1　鉄損を考慮した磁気回路モデル
10－2　直流ヒステリシスを考慮した磁気回路モデル
10－3　異常うず電流損を考慮した磁気回路モデル
10－4　まとめ

付録
A　Excel を利用した計算
B　Excel による磁化係数の求め方

発行／科学情報出版（株）

●ISBN 978-4-904774-17-5　　㈱東芝　野田　伸一　著

設計技術シリーズ
モータの騒音・振動と対策設計法

本体 3,600 円＋税

第 1 章　モータの基礎
　1．モータの構造
　2．モータはなぜ回るのか
　3．実際のモータの回転構成と特性
　　3.1　三相誘導モータ
　　3.2　ブラシレス DC モータ
第 2 章　騒音・振動の基礎
　1．騒音・振動の基礎
　　1.1　自由度モデル
　　1.2　1 自由度モデルの強制振動
　　1.3　設置ベースに伝わる力
　　1.4　多自由度モデル
　　1.5　振動モード解析の基礎
　2．振動測定の基礎、周波数分析
　　2.1　振動測定
　　2.2　振動測定の原理
　　2.3　各種の振動ピックアップ
　　2.4　振動測定の方法と注意点
　　2.5　周波数分析
　　2.6　振動データの表示
　3．有限要素法による振動解析
　　3.1　CAE とは
　　3.2　有限要素法による解析
　　3.3　振動問題への取り組み
　　3.4　固有値解析
　　3.5　周波数応答解析
第 3 章　モータ構成部品の機械特性
　1．円環モデルの固有振動数と振動モード
　　1.1　円環モデルの固有振動数
　　1.2　実験方法
　　1.3　三次元円環モデルの有限要素法による振動解析
　　1.4　結果および考察
　　1.5　まとめ
　2．実際の固定子鉄心の固有振動数
　　2.1　簡易式による固定子鉄心の固有振動数の計算

　　2.2　実験
　　2.3　実験結果
　3．有限要素法による固有振動数解析
　　3.1　解析方法
　　3.2　スロット底の要素分割法による影響
　　3.3　解析結果
　　3.4　スロット内の巻線の影響
　　3.5　まとめ
第 4 章　モータの電磁力
　1．モータ電磁振動・騒音の発生要因
　　1.1　電磁力の発生周波数と電磁力モード
　　1.2　電磁力の計算
　2．モータの機械系の振動特性
　　2.1　電磁力による振動応答解析
　　2.2　測定結果
　3．騒音シミュレーション
　4．まとめ
第 5 章　モータのファン騒音
　1．モータのファン騒音
　　1.1　ファン騒音の大きさと発生周波数
　　1.2　冷却に必要な通風量
　　1.3　ファンによる送風方法
　2．モータファンの騒音実験
　　2.1　実験対象のモータの構造
　　2.2　ファン騒音の実測による検証
　　2.3　実験による空間共鳴周波数と騒音分布の検証
　　2.4　共鳴周波数解析
　3．モータファンの低騒音化
　　3.1　回転風切り音の発生メカニズム
　　3.2　等配ピッチ羽根による回転風切り音
　　3.3　不等配ピッチ羽根による回転風切り音
　4．まとめ
第 6 章　モータ軸受の騒音と振動
　1．モータ軸受の種類と特徴
　2．軸受音の経過年数の傾向管理
　3．軸受音の調査方法
　　3.1　振動法とは
　　3.2　軸受の傷の有無の解析方法
　　3.3　軸受の音の周波数
　4．モータ軸受振動と騒音の事例
　5．まとめ
第 7 章　モータの騒音・振動の事例と対策
　1．モータの騒音・振動の要因
　　1.1　電磁気的な要因
　　1.2　機械的振動の要因
　　1.3　軸受音の要因
　　1.4　通風音の要因
　　1.5　モータ据付け架台の要因
　　1.6　モータの基礎要因
　事例 1　　モータの磁気騒音　音源
　事例 2　　ファン用モータのうなり音　音源
　事例 3　　ファンモータの不等配羽ピッチ　通風の音源
　事例 4　　インバータ駆動によるモータ　インバータ音源音
　事例 5　　モータ固定子鉄心の固有振動数　共振伝達
　事例 6　　モータ運転時間経過による騒音変化　伝達特性
　事例 7　　モータのスロットコンビ　音源と伝達
　事例 8　　ボール盤用モータの異常振動　音源
　事例 9　　モータ据付け系の振動　伝達系
　事例 10　隣のモータからもらい振動　伝達
　事例 11　モータの架台と振動　据付け振動
　事例 12　工作機械とモータの振動　相性の振動

発行／科学情報出版（株）

●ISBN 978-4-904774-57-1　　　第一工業大学　村岡 哲也 著

設計技術シリーズ

－IoTシステムによる－
モーター設計と
ローコスト技術

本体 3,600 円＋税

第Ⅰ章　ライフサイクル・コスティング
1.1　ライフサイクル・コスティングの歴史
1.2　ライフサイクル・コスティングと保全

第Ⅱ章　故障と保全
2.1　民生品や業務用製品の故障
　2.1.1　初期故障（Early failure）
　2.1.2　偶発故障（Random failure）
　2.1.3　劣化故障（Degradation failure）
2.2　民生品や業務用製品の保全
　2.2.1　定期保全（Scheduled maintenance）
　2.2.2　事後保全（Breakdown maintenance）
　2.2.3　予知保全（Predictive maintenance）
2.3　調査対象に要求される条件

第Ⅲ章　調査対象
3.1　調査対象の選定
3.2　調査対象の三相誘導モーター
　3.2.1　かご形三相誘導モーター
　3.2.2　巻線形三相誘導モーター
3.3　敷根清掃センター開所から2008年度まで
3.4　2009年以降のライフサイクル・コスティング

第Ⅳ章　部品交換の評価方式
4.1　三相誘導モーターと軸受の部品交換
4.2　五感を用いた巡回点検と部品交換
　4.2.1　五感の弁別機能を用いた故障診断
　4.2.2　寿命推定への聴覚弁別の導入
　4.2.3　聴覚弁別による判定モデル
4.3　簡便な部品交換の評価方式

第Ⅴ章　定期検査・保全方式および
　　　　評価のための計算モデル
5.1　三相誘導モーターの定期検査と保全方式
5.2　ライフサイクル・コスティングの計算モデル

第Ⅵ章　定期検査と保全方式
6.1　三相誘導モーターの自動計測
6.2　五感による実用的で簡便な定期検査と保全方式
6.3　実用的で簡便な定期検査と保全方式にIoTを導入する

第Ⅶ章　定期検査と保全費用
7.1　自動計測による定期検査と保全費用
7.2　五感による定期検査と保全費用
7.3　高額計測器と五感の場合の定期検査と保全について比較する
7.4　実用的で簡便な定期検査と保全方式のまとめ

第Ⅷ章　IoTを利用した
　　　　新しい情報共有化システム
8.1　IoTとは
8.2　IoTに用いるセンサ
　8.2.1　センサの基本
　8.2.2　IoTで使用するセンサ
　8.2.3　IoTセンサのまとめ
8.3　新しい情報共有化システム
　8.3.1　IoT以外の情報共有化システム
　8.3.2　新しい情報共有化システムの構成
8.4　情報処理に用いる統計学
　8.4.1　統計処理の前に
　8.4.2　統計解析
8.5　情報の読み出しと統計処理

第Ⅸ章　自動計測システムから
　　　　視聴覚による故障弁別機能診断へ
9.1　五感による新しいライフサイクル・コスティング
9.2　新しいライフサイクル・コスティングの定義

第Ⅹ章　ライフサイクル・コスティングに
　　　　おける今後の展望
10.1　新しいライフサイクル・コスティングの提案
10.2　新しいライフサイクル・コスティングの応用に対する期待

発行／科学情報出版（株）

● ISBN 978-4-904774-53-3

長崎大学　樋口　剛　㈱安川電機　宮本　恭祐
　　　　　阿部　貴志　　　　　　大戸　基道　著
　　　　　横井　裕一

設計技術シリーズ

交流モータの原理と設計法
― 永久磁石モータから定数可変モータまで ―

本体 3,700 円 + 税

第 1 章　モータの原理と特性
1.1　交流モータの起磁力、電磁力と誘導起電力
1.2　永久磁石モータの原理と特性
1.3　三相誘導モータの原理と特性
1.4　スイッチトリラクタンスモータの原理と特性

第 2 章　モータの制御法
2.1　モータドライブの概要
2.2　交流モータモデル
2.3　交流モータの制御方式

第 3 章　モータ設計の概要
3.1　交流モータの設計概論
3.2　主要寸法の決定
3.3　最適設計
3.4　評価関数

第 4 章　電気回路設計
4.1　巻線
4.2　回転起磁力と巻線係数
4.3　かご形誘導機の固定子と回転子のスロット数の組合せ
4.4　材料

第 5 章　磁気回路設計
5.1　磁性材料
5.2　磁気回路設計の基礎
5.3　磁石設計の基礎

第 6 章　永久磁石モータの設計
6.1　モータ定数の向上
6.2　出力範囲の拡大
6.3　トルク脈動の低減
6.4　永久磁石界磁設計
6.5　電機子巻線設計
6.6　SPMSMとIPMSMの特性と応用例
6.7　永久磁石モータの設計例

第 7 章　誘導モータの設計
7.1　トルク発生原理の相違
7.2　誘導モータ設計のポイント
7.3　可変速用誘導モータ　用途例
7.4　誘導モータの設計例

第 8 章　定数可変モータ
8.1　定数可変・界磁可変モータの研究動向
8.2　巻線切替えモータ
8.3　可変界磁モータ
8.4　半波整流ブラシなし同期モータ

発行／科学情報出版（株）

● ISBN 978-4-904774-09-0

大阪府立大学　森本　茂雄
　　　　　　　真田　雅之　著

設計技術シリーズ
省エネモータの原理と設計法

本体 3,400 円＋税

第1章　PMSMの基礎知識
1. はじめに
2. 永久磁石同期モータの概要
2－1　モータの分類と特徴
2－2　代表的なモータの特性比較
3. 固定子の基本構造と回転磁界
4. 回転子の基本構造と突極性
5. トルク発生原理

第2章　PMSMの数学モデル
1. はじめに
2. 座標変換の基礎
2－1　座標変換とは
2－2　座標変換行列
3. 静止座標系のモデル
3－1　三相静止座標系のモデル
3－2　二相静止座標系（α-β座標系）のモデル
4. d-q座標系のモデル
5. 制御対象としてのPMSMモデル
5－1　電気モデル
5－2　電気―機械エネルギー変換
5－3　機械系

第3章　電流ベクトル制御法
1. はじめに
2. 電流ベクトル平面上の特性曲線
3. 電流位相と諸特性
3－1　電流一定時の電流位相制御特性
3－2　トルク一定時の電流位相制御特性
3－3　電流位相制御特性のまとめ
4. 電流ベクトル制御法
4－1　最大トルク／電流制御
4－2　最大トルク／磁束制御（最大トルク／誘起電圧制御）
4－3　弱め磁束制御
4－4　最大効率制御
4－5　力率1制御
4－6　電流ベクトルと三相交流電流の関係
5. インバータ容量を考慮した制御法
5－1　電流ベクトルの制約
5－2　電圧・電流制限下での電流ベクトル制御
5－3　電圧・電流制限下での最大出力制御

第4章　PMSMのドライブシステム
1. はじめに
2. 基本システム構成
3. 電流制御
3－1　非干渉化
3－2　非干渉電流フィードバック制御
3－3　電流制御システム
3－3－1　電流検出と座標変換

3－3－2　電圧指令値の作成
4. トルク・速度・位置の制御
4－1　トルクの制御
4－2　速度・位置の制御
5. 電圧の制御
5－1　電圧形PWMインバータ
5－2　電圧利用率を向上する変調方式
5－3　デッドタイムの影響と補償
6. ドライブシステムの全体構成
7. モータ定数の測定法
7－1　電機子抵抗の測定
7－2　電機子鎖交磁束の測定
7－3　d,q軸インダクタンスの測定
7－3－1　停止状態での測定
7－3－2　実運転状態での測定

第5章　PMSM設計の基礎
1. はじめに
2. 永久磁石・電磁鋼板
2－1　永久磁石
2－1－1　希土類磁石とその特徴
2－1－2　フェライト磁石とその特徴
2－2　永久磁石の不可逆減磁
2－2－1　永久磁石の熱減磁
2－2－2　永久磁石の反磁界による減磁
2－3　電磁鋼板
2－4　モータへの適用時における特有の事項
3. 実際の固定子巻線構造
3－1　分布巻方式
3－2　集中巻（短節集中巻）方式
3－3　分数スロット、極数の組み合わせ
4. 実際の回転子構造
4－1　永久磁石配置
4－1－1　横埋込形
4－1－2　縦埋込形
4－1－3　V字形
4－2　フラックスバリア
4－3　スキュー

第6章　PMSMの解析法3
1. はじめに
2. 磁気回路と電磁気学的基本事項
3. パーミアンス法
4. 有限要素法
4－1　有限要素法の概要
4－2　ポストプロセスにおける諸量の計算
5. 基本特性算出法
6. モータ定数算出法
6－1　d軸位置と永久磁石の電機子鎖交磁束Ψa
6－2　インダクタンス
7. S-T特性計算法
7－1　基底速度以下
7－2　基底速度以上（弱め磁束制御）
7－3　基底速度以上（最大トルク／磁束制御）
7－4　鉄損の考慮
7－5　効率の計算

第7章　PMSMの設計法
1. はじめに
2. 設計のプロセス
3. 設計の具体例1（SPMSMの場合）
3－1　設計仕様
3－2　設計手順
4. 設計の具体例2（IPMSMの場合）
4－1　設計仕様
4－2　設計手順
5. 回転子構造と特性
5－1　磁石埋込方法
5－2　埋込深さ
5－3　磁石層数
5－4　フラックスバリアの影響
6. 脱レアアースモータ設計
7. コギングトルク・トルクリプル低減設計
7－1　フラックスバリア非対称化
7－2　異種ロータ構造の合成

発行／科学情報出版（株）

●ISBN 978-4-904774-42-7

東京都市大学　西山 敏樹
㈱イクス　遠藤 研二　著
㈲エーエムクリエーション　松田 篤志

設計技術シリーズ
インホイールモータ原理と設計法

インホイールモータ
原理と設計法

[著]
東京都市大学
西山 敏樹　Toshiki Nishiyama
株式会社イクス
遠藤 研二　Kenji Endo
有限会社エーエムクリエーション
松田 篤志　Atsushi Matsuda

科学情報出版株式会社

本体 4,600 円＋税

1．インホイールモータの概要とその導入意義
2．インホイールモータを導入した実例
　2.1　パーソナルモビリティの実例
　2.2　乗用車の実例
　2.3　バスの実例
　2.4　将来に向けた応用可能性
3．回転電機の基礎とインホイールモータの概論
　3.1　本章の主な内容と流れ
　　3.1.1　本書で取り扱うモータの種類
　　3.1.2　磁石モータ設計の流れ
　3.2　モータの仕様決定
　　3.2.1　負荷パターンの算出
　　3.2.2　定格の決定
　　3.2.3　モータ特性への秤賛
　　3.2.4　温度の遅れ要素
　　3.2.5　1次遅れの話
　3.3　電磁気学
　　3.3.1　帰納と演繹
　　3.3.2　マクスウェルに至るまでの歴史
　　3.3.3　マクスウェルの電磁方程式
　　3.3.4　磁気ベクトルポテンシャルの導入
　　3.3.5　マクスウェルの方程式に残る不可解さ
　　3.3.6　マクスウェルの式が扱えない理解不能な事象
　　3.3.7　マクスウェルの式が扱えない事象
　3.4　電磁気の簡易公式
　　3.4.1　ローレンツ力
　　3.4.2　フレミングの法則
　　3.4.3　簡易則の留意点
　　3.4.4　その他の簡易法則
　3.5　モータの体格
　　3.5.1　機械定数
　　3.5.2　電気装荷
　　3.5.3　磁気装荷
　　3.5.4　機械定数と電気装荷、磁気装荷
　3.6　モータと相数

　　3.6.1　交流モータの胎動
　　3.6.2　単相
　　3.6.3　2相
　　3.6.4　コンデンサ
　　3.6.5　インダクタンス
　　3.6.6　抵抗
　　3.6.7　虚数
　　3.6.8　虚時間
　　3.6.9　n相
　　3.6.10　3相
　　3.6.11　5相、7相、多相
　3.7　極数の選択
　3.8　コイルと溝数および設計試算
　　3.8.1　コイル構成と溝数
　　3.8.2　磁気装荷
　　3.8.3　直列導体数
　　3.8.4　直並列回路
　　3.8.5　隣極接続と隔極接続
　　3.8.6　スター結線とデルタ結線
　　3.8.7　溝面積の設定と導体収納
　　3.8.8　温度推定
　　3.8.9　ロータコアの構造
　　3.8.10　内外逆転したアウターロータ構造
　3.9　素材
　　3.9.1　コア材
　　3.9.2　技術資料に見る特性の留意点
　　3.9.3　高珪素鋼板
　　3.9.4　ヒステリシス損と渦電流損
　　3.9.5　付加鉄損
　　3.9.6　圧粉磁心
　　3.9.7　芯線の素材
　　3.9.8　マグネットワイヤ
　　3.9.9　被覆材の厚み
　　3.9.10　高温下での寿命の算出
　　3.9.11　丸断面からの逸脱
　　3.9.12　磁石素材
　　3.9.13　希土類元素
　　3.9.14　磁石性能の向上
　　3.9.15　モータの中で磁石が果たす役割
　　3.9.16　磁石利用の実務
　　3.9.17　効率最大化への試み
　　3.9.18　鉄機械と銅機械
　　3.9.19　効率最大原理
　3.10　制御
　　3.10.1　2軸理論
　　3.10.2　トルク式
　　3.10.3　3相PWMインバータの構成
　3.11　誘導モータ
　　3.11.1　構造
　　3.11.2　原理
　　3.11.3　磁石モータとの比較
　3.12　小括
　3章の参考図書と印象

4．インホイールモータ設計の実際
　4.1　要求性能の定量化
　　4.1.1　インホイールモータについての予備知識
　　4.1.2　インホイールモータの役割
　　4.1.3　走行抵抗の計算
　　　4.1.3.1　平坦路走行負荷の計算・・・転がり抵抗（F_{r0}）
　　　4.1.3.2　平坦路走行負荷の計算・・・空気抵抗（F_l）
　　　4.1.3.3　登坂負荷の計算（F_{sl}）
　　　4.1.3.4　加速負荷の計算（F_a）
　　　4.1.3.5　負荷計算のまとめと走行に必要な出力
　　4.1.4　電費の計算
　　　4.1.4.1　電費評価の方法（規格・基準）
　　　4.1.4.2　電費計算の実際
　4.2　設計の実際
　　4.2.1　基本構想（レイアウト）
　　4.2.2　強度・剛性について
　　4.2.3　バネ下重量について

5．商品化、量産化に向けての仕事
　5.1　評価の概要
　　5.1.1　構想～計画
　　5.1.2　単品設計～試作手配
　　5.1.3　組立～試運転
　5.2　評価の詳細
　　5.2.1　性能評価
　　5.2.2　耐久性の評価
　5.3　評価のまとめ
　4章から5章の参考文献

発行／科学情報出版（株）

設計技術シリーズ
磁気浮上技術の原理と応用

2018年3月26日　初版発行

| 編　集 | 一般社団法人　電気学会
磁気浮上技術調査専門委員会 | ©2018 |

発行者　松塚　晃医

発行所　科学情報出版株式会社
〒300-2622　茨城県つくば市要443-14 研究学園
電話　029-877-0022
http://www.it-book.co.jp/

ISBN 978-4-904774-65-6　C2053
※転写・転載・電子化は厳禁